WESTEND

Sven Plöger

ZIEHT EUCH WARM AN, ES WIRD HEISS!

Den Klimawandel verstehen und aus der Krise für die Welt von morgen lernen

Unter Mitarbeit von Andreas Schlumberger

WESTEND

Mehr über unsere Autoren und Bücher:
www.westendverlag.de

Die Deutsche Nationalbibliothek verzeichnet diese Publikation in der Deutschen Nationalbibliografie; detaillierte bibliografische Daten sind im Internet über http://dnb.d-nb.de abrufbar.

Das Werk einschließlich aller seiner Teile ist urheberrechtlich geschützt. Jede Verwertung ist ohne Zustimmung des Verlags unzulässig. Das gilt insbesondere für Vervielfältigungen, Übersetzungen, Mikroverfilmungen und die Einspeicherung und Verarbeitung in elektronischen Systemen.

2. Auflage 2020
ISBN: 978-3-86489-286-8
© Westend Verlag GmbH, Frankfurt/Main 2020
Mit Beiträgen von Andreas Schlumberger, Kira & Hermann Vinke sowie Eckart von Hirschhausen
Umschlaggestaltung: Buchgut, Berlin
Umschlagfotos: © Sebastian Knoth
Satz: Publikations Atelier, Dreieich
Druck und Bindung: CPI – Clausen & Bosse, Leck
Printed in Germany

Inhalt

Vorwort	7
Zum Umgang mit diesem Buch	11
Eine ehrliche Bestandsaufnahme	13
Kann uns die Coronakrise beim Umgang mit dem Klimawandel helfen?	14
Nur Wetter oder schon Klima?	19
Der Blick aufs große Ganze	23
Warum wir viel wissen, aber nicht danach handeln	34
Muss nicht auch jeder selbst etwas ändern?	57
Es braucht Regeln – hart, aber ehrlich	63
Den Klimawandel verstehen	77
Wetter ist nicht gleich Klima	78
Von Projektionen und Prognosen	83
Der Treibhauseffekt und das Leben auf der Erde	87
Vom Urknall zum Menschen – einmal durch die Klimageschichte	93
Die Rolle der Treibhausgase – und des Menschen	114
Was unser Klima bestimmt – von der Arktis bis zum Ozon	119
Den Klimawandel vermitteln	169
Nicht missionieren, sondern informieren	170
Kritischen Äußerungen begegnen und daraus lernen	171
Herausforderung für die Medien	189

Die Folgen des Klimawandels	199
Welche Klimaveränderungen kommen auf uns zu?	200
Klima, Krieg und Frieden	212
Der Wettlauf zum Klimaziel – was jetzt zu tun ist	219
Kohlenstoffsenken schützen, Kohlenstoffquellen schließen	220
Die Bedeutung der Wälder	225
Die Meere als größte Kohlenstoffsenken	236
Rettet die Moore!	244
Energieverbrauch runter, Grünstrom rauf	251
Stromfresser Internet	261
Um die Welt – um jeden Preis?	270
Richtig einheizen und mit dem Klima warm werden	287
Aufgetischt! Unsere Ernährung	295
Klima und Gesundheit – ein Gastbeitrag von Eckart von Hirschhausen	303
Wie wollen wir die Welt?	310
Danksagung	312
Sachregister	314

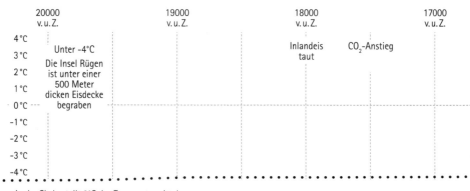

In der Skala stellt 0°C das Temperaturmittel der Jahre 1961-1990 dar.

Vorwort

Hätten wir im Frühjahr 2020 nicht fast ausschließlich über Corona gesprochen, so hätten wir stattdessen fast ausschließlich über die Trockenheit gesprochen! Ein April fast ohne Regen und mit ersten Waldbränden weit vor dem Sommer. Ein neues Waldsterben, sorgenvolle Mienen bei den Landwirten und die klare und wiederkehrende Prognose der Klimawissenschaft, dass sich solche Trockenperioden häufen werden.

Aber nun ist das Coronavirus über uns hereingebrochen und hat das Leben, wie wir es bis dato gewohnt waren, in kürzester Zeit völlig auf den Kopf gestellt. Die Politik ist im weltweiten Krisenmodus und alle Fragestellungen, die uns vor Corona umtrieben, scheinen uns plötzlich seltsam fern, fast wie aus einer anderen Welt. Einige Wirtschaftszweige drohen nach nur wenigen Wochen nahezu gänzlich zusammenzubrechen und wir sehen klarer denn je, auf welch fragilem Fundament unsere Gesellschaft steht. Menschen geraten deshalb trotz aller politischer Bemühung um schnelle Hilfen in absolute Existenznot. Es ist also nur allzu verständlich, dass jetzt die Coronakrise klar im Mittelpunkt steht und wir versuchen müssen, sie in den Griff zu bekommen.

16000 v.u.Z.	15000 v.u.Z.	14000 v.u.Z.
Höhlenmalereien von Lascaux	Eisschmelze legt Landbrücke zwischen Asien und Nordamerika frei	

Erwärmung beschleunigt sich

Andere Themen geraten dadurch verständlicherweise eine Weile in den Hintergrund. Aber: »Im Hintergrund« heißt keinesfalls »weg«. Die Natur tut uns leider nicht den Gefallen, unseren Prioritäten in der Bewältigung paralleler Krisen zu folgen. Vielmehr sind wir ihr schlicht und einfach egal, denn sie ist für unsere Wünsche völlig taub. Soll es uns gut gehen, müssen wir solche Krisen bestmöglich lösen, und wenn sie parallel ablaufen, müssen wir sie zumindest auch parallel denken. Im Idealfall sollten wir dabei einsehen, dass wir Täter und Opfer zugleich sein können, also die Krise, unter der wir leiden, (mit)ausgelöst haben. Das zu erkennen kann im Falle klugen Handelns dazu beitragen, gleiche Fehler in der Zukunft nicht zu wiederholen. Bei Corona könnte ein solcher Fehler eine unangemessene Nähe zu Wildtieren und ihrer »Nutzung« in Asien sein, beim Klimawandel sind es zweifellos die Massen an Treibhausgasen und anderen Schadstoffen, die wir stetig und in weiterwachsender Menge in die Luft blasen.

Der Dalai-Lama bringt es auf den Punkt, wenn er sagt: »Katastrophen können unsere Lernhelfer werden!« Kann der Shutdown durch Corona – ohne die daraus hervorgehenden teils riesigen Probleme zu verharmlosen – mit all seiner Entschleunigung vielleicht dazu beitragen, dass wir unser Verhalten einmal ernsthaft mit einer gewissen Außensicht hinterfragen? Die immer schneller getaktete Welt, die in einem gierigen Konsumrausch des »Größer! Höher! Weiter!« quasi als Kollateralschaden versehentlich den eigenen Planeten zerstört, müsste doch durch etwas für uns alle Vernünftigeres ersetzbar sein! Eine Welt mit Wohlstand, aber

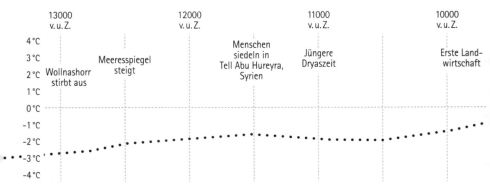

mehr Zeit, weniger Stress und einer gesunden Umwelt klingt eigentlich nicht so unangenehm. Was hindert uns daran, so etwas anzustreben? Welcher Zwang weist so vielen von uns das heutige System als alternativlos aus, wohlwissend, dass das gleiche System unseren eigenen Nachkommen kaum Perspektiven bieten wird?

Viele Politiker, einige mit durchaus ehrlich wirkender Korrektur ihrer Auffassung aus jüngeren Jahren, erkennen immer deutlicher die Notwendigkeit des Umsteuerns und fordern dieses auch ein: Corona als Chance nutzen, quasi ein Neuanfang unter der Leitlinie des »Green Deal«. Sie denken parallel – Corona *und* Klima – und binden etwa die notwendige Unterstützung einer wahrlich krisengebeutelten Fluggesellschaft an ihre zukünftige Umweltfreundlichkeit. Wer nur zu linearem Denken befähigt ist, gibt derzeit hingegen magere Sätze wie »Jetzt geht es erst mal um die Wirtschaft, das Klima muss warten« von sich. Wer aber an einer Küste steht und wegen eines 5 Meter hohen Tsunamis auf den er starrt, nicht in der Lage ist, den 50 Meter hohen Wellenberg zu sehen, der dahinter tosend anrollt, schwebt in Gefahr. Und wer sich mit dem Denken generell schwertut – was kein Karrierehindernis für manche Staatslenker zu sein scheint –, äußert nicht nur magere, sondern sogar verstörende oder gefährliche Sätze, die Menschenleben kosten können.

Die Coronakrise ist mitten in die abschließenden Arbeiten zu diesem Buch hereingeplatzt und hat so einiges durcheinandergewirbelt. Das Leid, das sie verursacht, ist eine Prüfung unserer Gesellschaft, von der wir heute noch nicht sagen können, wie sie

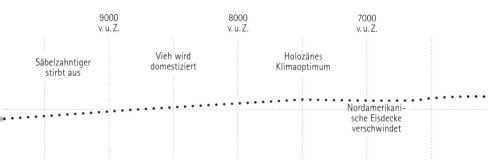

ausgeht und wie in 10, 20 oder 50 Jahren darüber berichtet werden wird. Aber wir können jetzt schon eine ganze Menge Schlüsse und Lehren aus ihr ziehen. Genau das könnte – dem Dalai-Lama folgend – ein Ansatz sein für ein vernünftigeres Handeln in der heutigen Zeit des Klimawandels. An welchen Stellen die Pandemie und die Analyse des bisherigen Umgangs mit ihr eine Hilfe dafür sein können, wird gleich auf den ersten Seiten dieses Buches behandelt.

Ich freue mich sehr darüber, dass Sie, liebe Leserinnen und Leser, sich in diesen Zeiten dazu entschieden haben, sich *parallel* zu Corona auch mit dem Klima und unserer Umwelt zu beschäftigen. Ich wünsche mir, dass es diesem Buch gelingt, Ihre Perspektive auf das Weltklima und die herausragende Wichtigkeit seines Schutzes etwas zu erweitern.

Sven Plöger, im Juni 2020

	6000 v.u.Z.		5000 v.u.Z.		4000 v.u.Z.		3000 v.u.Z.
4°C							
3°C	Meeres- spiegel fast		Erfindung des Rads		Minoische Kultur in		
2°C	auf heuti- gem Level				Kreta		
1°C							
0°C							
-1°C							
-2°C							
-3°C							
-4°C							

Zum Umgang mit diesem Buch

Der Klimawandel ist ein schier unerschöpfliches Thema, das naturwissenschaftliche, geisteswissenschaftliche und gesellschaftspolitische Aspekte umfasst. Mit diesem Buch versuche ich, verschiedene Ebenen zu verbinden, um Ihnen als Leser einen »gesunden Überblick« zu ermöglichen. Mein Wunsch ist, dass es Ihnen damit in Zukunft leichter fallen wird, Nachrichten und Schlagzeilen rund um den Zustand unseres Planeten sowie zu Klimaschutzmaßnahmen einzuordnen.

Im ersten Teil des Buches wird gezeigt, wo wir als menschliche Gesellschaft stehen und warum wir uns trotz der deutlich spürbaren Klimaveränderungen weiterhin so schwer damit tun, die Dinge umzusetzen, die wir uns auf diversen Konferenzen längst verbindlich versprochen haben. Das komplexe Thema wird hier aus verschiedenen Blickwinkeln betrachtet, um eine taugliche Übersicht zu gewinnen, die unsere derzeitigen Debatten ebenso einordnet, wie die vertiefenden Kapitel im weiteren Verlauf des Buches.

Im Mittelteil werden die naturwissenschaftlichen Zusammenhänge erklärt: Wie funktioniert das Klimasystem und was ändert

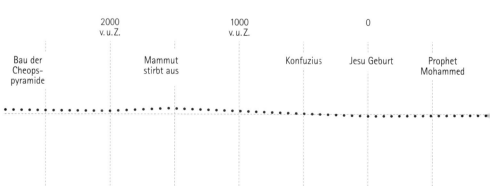

sich gerade aus welchen Gründen? Dabei werden auch klimaskeptische Äußerungen einbezogen und auf ihre Sachlichkeit überprüft.

Der letzte Teil vertieft schließlich die behandelten Themen in praxisnaher Weise. Hier geht es darum, unser Klimaverhalten anhand der großen Stellschrauben zu untersuchen und mit Ideen und Vorschlägen zu zeigen, wie unsere Gesellschaft – das schließt Sie ein! – klimafreundlicher werden kann.

Stichwort klimafreundlich: Um Platz und Papier zu sparen, haben wir uns dazu entschlossen, das Literaturverzeichnis online unter www.westendverlag.de/klima zur Verfügung zu stellen.

Dieses Buch will nicht missionieren, sondern ein komplexes Thema für jedermann »übersetzen«. Im Indefinitpronomen »jedermann« steckt etymologisch übrigens nicht »Mann«, sondern »man«. Dem Wortursprung nach ist hiermit also »jeder« gemeint. Das bietet mir auch die Gelegenheit für einen Hinweis: Aus Gründen der Lesbarkeit sind in diesem Buch sämtliche Personalpronomen und allgemeinen Ausdrücke stets inklusiv für Frauen, Männer und auch alle anderen zu verstehen.

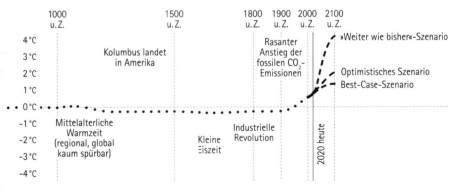

Eine ehrliche
Bestandsaufnahme

Kann uns die Coronakrise beim Umgang mit dem Klimawandel helfen?

Ein Erdbeben, ein Vulkanausbruch oder ein Asteroideneinschlag passiert schlagartig. Der Mensch hat keine Möglichkeit einzugreifen. Es handelt sich dabei schlicht um ein tragisches Schicksal, das uns allenfalls verdeutlicht, wie klein wir trotz all unserer technischen Entwicklungen und all unseres Erfindungsgeistes gegenüber der Natur weiterhin sind. Wir können in einem solchen Fall nichts anderes tun, als zu versuchen, die Überlebenden zu versorgen und den Schaden zu beseitigen.

Setzt man die Ausbreitung des Coronavirus mit einem Asteroideneinschlag gleich, so hätten wir es quasi mit einem Asteroideneinschlag in Zeitlupe zu tun. Wir sind plötzlich nicht mehr völlig machtlos, sondern haben Zeit, um mit beschränkten Mitteln einzugreifen, die Ausbreitung zu steuern und abzubremsen – »flatten the curve« ist dafür der englische Ausdruck, der nun auch Eingang in unseren Wortschatz gefunden hat. Je intelligenter wir mit dieser Zeit umgehen, desto besser das Ergebnis oder konkret, desto mehr Leben können wir retten.

Und jetzt der Sprung zum Klimawandel. Er ist in dieser Analogie ein Asteroideneinschlag in Superzeitlupe. Für unser Gefühl derart schleichend langsam, dass wir eigentlich alle Zeit der Welt hätten, um Einfluss auf ihn zu nehmen. Der Satz von eben kann also wiederholt werden: Je intelligenter wir mit dieser Zeit umgehen, desto besser das Ergebnis. Das Bedauerliche ist, dass der große Zeitvorteil leider zum Nachteil für uns wird, denn unsere Spezies ist nicht besonders begabt im Umgang mit sehr langen Zeiträumen. Haben wir viel Zeit, dann schieben wir einfach alles vor uns her. Dafür ist die Evolution verantwortlich, die dem Hier und Jetzt aus damals vernünftigen Erwägungen heraus stets den Vorrang vor der Zukunft gab. Nähert sich der Säbelzahntiger, ist es nämlich besser, eiligst davonzulaufen, als zum Beispiel unbeirrt mit dem Bau einer Behausung fortzufahren, die einen in den kommenden Jahren besser vor Regen und Wind schützen wird. Je weiter ein Ereignis in der Zukunft liegt und je weniger es damit für uns unmit-

14 Eine ehrliche Bestandsaufnahme

telbar zu spüren ist, desto schlechter können wir ein solches Problem erkennen.

Sowohl bei Corona als auch beim Klimawandel handelt es sich um weltweite Ereignisse, die an keiner Grenze Halt machen. Aber Corona findet praktisch genau auf unserer Zeitskala statt. Die Bedrohung ist unmittelbar und konkret. Es geht um Wochen und Monate. Wir sehen die Bilder, wir wissen, dass wir selbst, unsere engsten Verwandten oder besten Freunde von heute auf morgen betroffen sein können, und hoffen ebenso, dass wir diese Krise in einer überschaubaren Zeit bewältigen können.

Beim Klima stimmt die Zeitskala für unser Empfinden nicht. Die Bedrohung ist deshalb abstrakt und diffus. Hier geht es um Jahre oder Jahrzehnte und darum funktioniert der Begriff »Krise« auch nicht mehr, dem sprachlich ein eher kürzerer Zeitraum zugeordnet wird. Wir haben es beim Klima mit einem fundamentalen Wandel zu tun, dem wir nur durch eine Transformation in vielen Bereichen unserer Gesellschaft erfolgreich begegnen können. So langsam der Klimawandel beginnt, so lange wird er dauern – wohl weit über das Lebensende von uns oder unseren Kindern hinaus. Nicht umsonst laufen Modellrechnungen und Klimaprojektionen oft bis zum Jahr 2100 oder länger. Dass sich die Klimaveränderung trotzdem – schleichend natürlich – in unserem Bewusstsein festsetzt, hat mit dem Wetter zu tun: Das wird extremer und genau das fühlen wir! Wenn man so will, fühlt sich der Klimawandel ein bisschen an wie das Blätterrauschen, das die ersten Windböen vor einem kräftigen Gewitter erzeugen. Die Wolken sind düster, die Stimmung ist sorgenvoll und man hofft, dass das Schlimmste vorbeizieht. Wir fangen gerade erst an, den Luftzug des »Klima-Asteoriden« wirklich zu spüren.

Covid-19 – der »kleine Bruder« des Klimawandels?

Lassen Sie uns trotz aller offensichtlichen Unterschiede versuchen, Corona einmal als »Klimawandel in kleinem Maßstab« zu lesen. Dann ist zweifellos die erste Erkenntnis, dass wir bei Corona überwiegend auf die Wissenschaft hören. Virologen ordnen das Thema ein und viele Medien nehmen sich die Zeit, deren Erkenntnisse differenziert zu vermitteln. Dabei wird akzeptiert, dass Forschung ein

Entwicklungsprozess ist, bei dem Aussagen hier und dort korrigiert werden müssen und dass verschiedene Expertenmeinungen sich trotz großer Gemeinsamkeit in Nuancen unterscheiden können. In der Hoffnung, dass es bei diesem Verständnis für die Wissenschaft bleibt, lässt sich sagen: »Viel vernünftiger geht es nicht!« Deshalb zweifelt auch kaum jemand an der Sinnhaftigkeit von Maßnahmen, um dem Virus vorbeugend zu begegnen. Eine Anweisung, man solle überhaupt nichts unternehmen, ehe man nicht hundertprozentig weiß, woher dieses Virus kommt und warum es Menschenleben fordert, wäre im Licht der jüngsten Ereignisse geradezu absurd. Beim Klimawandel ist diese Akzeptanz, wie in diesem Buch ausführlich erläutert und begründet wird, keinesfalls dieselbe.

Schaut man sich die Datenlage an, so ist es ganz einfach: Länder, die den Ausbruch frühzeitig bemerkt haben und entsprechend der wissenschaftlichen Erkenntnisse schnell reagieren konnten, sind die erfolgreichen. Hier wurde das Gesundheitssystem nicht überlastet und es waren die wenigsten Toten zu beklagen – sicherlich das wichtigste Ziel bei der Bekämpfung dieser Pandemie. In Ländern, in denen die Wissenschaft ignoriert wurde und Staatschefs deshalb zu spät handelten oder die Gefahr mit völlig absurden Beiträgen verharmlosten, starben Menschen, die unter vernünftigerer Führung hätten überleben können. Wäre genau das nicht so unglaublich tragisch und abstoßend, dann wäre es fast heiter, sich anzusehen, wie diese Populisten tölpelgleich durch die Welt irrlichtern. Auch wenn es in diesem Buch nochmals wiederholt werden wird, möchte ich meinem Wunsch bereits hier Ausdruck verleihen, solche Gestalten schlicht nicht zu wählen. Sie lösen keine Probleme, sie schaffen nur welche.

Insgesamt sei aber festgestellt, wie wohltuend es ist, dass von den typischen Vereinfachern, Schuldzuweisern und Kurzdenkern in diesem Land während der Krise wenig zu hören ist. Peter Dabrock, der ehemalige Vorsitzende des Deutschen Ethikrates, sagte in einem Interview am 7. April 2020 deshalb auch den klugen Satz, dass die Coronakrise die Stunde demokratisch legitimierter Politik sei. Es ist zu hoffen, dass im Verlauf der Krise weiterhin demokratisch und sachbezogen agiert wird. Das würde den großen und von mancher Seite längst vergessenen Wert dieser freiheitlichen Staatsform unterstreichen.

Darüber hinaus bietet sich – beide Krisen gemeinsam betrachtet – die Möglichkeit, die Generationen stärker zusammenzuführen und mehr gegenseitige Solidarität zu üben. Bei Corona müssen die jungen Menschen zum Schutz der Alten beitragen und beim Klimawandel sind die Älteren in der Pflicht, ihr Verhalten im Sinne der Jüngeren zu ändern. Hans Joachim Schellnhuber, der lange Jahre das Potsdam-Institut für Klimafolgenforschung (PIK) geleitet hat, spricht hier von der konkreten Idee eines »Klima-Corona«-Vertrages zwischen den Generationen.

Der Klimaeffekt einer globalen Quarantäne

Derzeit gibt Corona alle zögerlichen Klimapäckchen, welche die Regierungen in unserem und in anderen Ländern dieser Welt geschnürt haben, der Lächerlichkeit preis. Das kleine Virus leistet hier ungleich mehr, macht aber auch den Unterschied von Freiwilligkeit und Unfreiwilligkeit deutlich sichtbar. Auch wenn es noch sehr viele Unsicherheiten gibt, wie lange diese Krise dauert und welche konkreten Auswirkungen sie auf die Wirtschaft haben wird, so gibt es doch einige Studien, die bereits jetzt zu berechnen versuchen, um welchen Anteil die CO_2-Emissionen weltweit aufgrund der Coronakrise zurückgehen werden. Da wir zwar weniger reisen, aber weiterhin viel transportieren, produzieren, heizen und kühlen, sind derzeit häufig Angaben von rund 5 oder 6 Prozent für 2020 zu finden. Trotz aller Unsicherheiten gibt uns das ein Gefühl für die Größenordnung, mit der wir es ungefähr zu tun haben. Und die liegt in der Gegend dessen, was notwendig ist, um bis zum Jahr 2100 das auf der UN-Klimakonferenz in Paris im Jahr 2015 beschlossene Ziel einer maximalen Erwärmung von 1,5 Grad Celsius gegenüber dem vorindustriellen Niveau zu erreichen. Hierfür wäre nämlich eine Reduktion von 7,6 Prozent – und zwar jährlich und das bis zur Mitte des Jahrhunderts – erforderlich.

Betrachtet man unseren Shutdown, so erleben wir derzeit »ganz schön viel Nichts«, und trotzdem spart dieses magere Dasein nur ein paar Prozent unserer Emissionen ein. Liefe unsere Wirtschaft nach Corona nun ohne irgendwelche Konsequenzen wieder im altem Modus, also gleichsam mit dem Hyperkonsum für eine Minderheit der Erdbevölkerung, an, so würden die bisherigen Emissionsreduktionen wie in früheren Krisen, beispielsweise der Finanzkrise 2008, wohl schnell überkompensiert. Dies auch deshalb, weil das für den Klimaschutz benötigte Geld jetzt natürlich in den – vielfach notwendigen – Rettungspaketen steckt.

Wo müssen wir hin?

Den meisten von uns ist völlig klar, dass die bedingungslose Expansion, die der Philosoph und Publizist Richard David Precht einmal als »Droge der Wertfreien« bezeichnet hat, schlicht keine Zukunftsoption ist. Erst recht keine Option ist es aber, Klimaschutz in der Weise des aktuellen Lebens mit Corona, sprich durch einen dauerhaften Shutdown, betreiben zu wollen – das käme dem absurden Wunsch nach »zurück in die Höhle« gleich. Deshalb wird an dieser Stelle fast von allein klar, dass wir *jetzt* und nicht in aufgeschobener Zukunft den »Green Deal« brauchen.

Corona donnert als eine regelrechte Schockwelle über unseren Planeten und die Frage ist nun, ob diese den Fortgang unserer modernen Zeit erheblich hemmen oder kräftig beschleunigen wird. Die Wahl steht uns offen: Wenn wir einsehen, dass wir durch die zu große Einmischung in weltweite Ökosysteme die Sicherheit unserer Gemeinschaftsgüter und damit viele Bereiche von unserer Gesundheit bis hin zu einem in für uns notwendigem Rahmen stabilen Klima gefährden, dann wächst auch die Bereitschaft, wirtschafts- und sozialpolitische Fehler unseres Systems ernsthaft zu korrigieren.

Am Ende schließt sich der Kreis, denn »flatten the curve« gilt für Corona und den Klimawandel gleichermaßen. Wir müssen mit aller Kraft versuchen, eine Überbelastung des Systems zu vermeiden. Bei Corona geht es darum, die Gesundheitssysteme nicht über ihre Kapazitätsgrenze hinaus zu belasten und dadurch Menschenleben zu retten. Beim Klimawandel geht es darum, die Anpassungsfähigkeit der Fauna, Flora und auch des Menschen nicht überzustrapazieren. Das rettet ebenfalls Menschenleben und verhindert obendrein das Aussterben vieler Arten. Einen großen Unterschied gibt es derzeit aber schon: Nach einem Impfstoff gegen Corona suchen wir noch fieberhaft, einen gegen den Klimawandel haben wir schon: die erneuerbaren Energien!

Nur Wetter oder schon Klima?

Springen wir nun zurück in eine Zeit vor Corona, die vielen von uns – gerade durch den trockenen April 2020 – noch sehr präsent ist: der Sommer 2018. Hitze und Dürre über Wochen, Noternten und in Teilen Deutschlands nur 30 Liter Regenwasser pro Quadratmeter – aufsummiert in Juni, Juli und August. Waldbrände in Schweden und tagelang über 30 Grad am Polarkreis. Das Gegenteil übrigens vom Sommer 2017, wo im Norden Deutschlands wochenlange Regenfälle für massive Überschwemmungen sorgten.

Sommer 2019. Der 25. Juli ist der bisher heißeste Tag in Deutschland seit Beginn der Messungen: Mehr als 60 Wetterstationen melden Temperaturen über 40 Grad im Schatten. Waldbrände in Alaska, Sibirien und Brasilien in ungeheurem Ausmaß, in Brasilien vor allem durch Brandrodung.

November 2019. Südlich der Alpen verursacht ein unbeirrt bei Korsika stehendes Tief Regenmassen ungeahnten Ausmaßes. Vom schweizerischen Graubünden über Südtirol bis in die Steiermark und im Apennin fallen teilweise 600 Liter Wasser auf jeden Quadratmeter in nur einer Woche. Mengen, die hierzulande vielerorts in einem Jahr fallen. Die Folge: zahlreiche Murenabgänge, die Gebäude oder Straßen zerstören, Leib und Leben der Bevölkerung bedrohen und unglaubliche Kosten verursachen. Venedig wird in dieser Zeit mehrmals schwer überflutet und schon im Dezember steht die Stadt erneut zu einem Großteil unter Wasser. Dazu großflächig Stürme in Frankreich, Spanien und Portugal mit ausgedehnten Überschwemmungen und Sachschäden, die mit öffentlichen Geldern beseitigt werden müssen.

Am 17. Dezember werden in Rosenheim 19 Grad gemessen, in Piding im Berchtesgadener Land sind es fast 20. Dann der Blick gen Süden: In Australien beginnt gerade der Frühsommer und ein neuer Hitzerekord jagt bereits den nächsten. Häufig hat es mehr als 45 Grad im Schatten, in Nullarbor und Eucla am 19. Dezember sogar jeweils 49,9 Grad – nicht auszuhalten! Das Ergebnis: Waldbrände in einem Ausmaß, das Australien noch nie gesehen hat. Das völlig ausgetrocknete Land brennt wie Zunder,

Feuerstürme entstehen, brennende Äste wirbeln durch die Luft und entzünden neue Waldregionen. Die Brände wachsen zu riesigen Feuerfronten zusammen, denen die bis zur Erschöpfung kämpfenden Feuerwehrleute keinen Widerstand entgegenbringen können. Eine Apokalypse, die Menschenleben und 1,25 Milliarden – noch einmal: über eine Milliarde – Tiere das Leben kostet. Bis Mitte Januar sind mehr als 100 000 Quadratkilometer Wald verbrannt – eine Fläche größer als die der Schweiz und der Niederlande zusammen oder ein knappes Drittel Deutschlands. Eine solche Situation lässt sich mit Worten nicht mehr beschreiben, insbesondere wenn man bedenkt, dass Australien gleichzeitig neben den USA und Brasilien zu den Ländern gehört, deren Regierungen bei der 25. Weltklimakonferenz in Madrid verhinderten, dass ein entschlossenes Abschlusskommuniqué zustande kommt.

Die Regierung will mit Kohle eben Kohle machen. Das sichert Einnahmen und damit Wohlstand und Arbeitsplätze. In den Städten, wo bisher keine Brände vorkommen, mag man der Argumentation folgen. Anders auf dem Land, das verbrennt und verdorrt. Für Politik und Stadtmenschen stehen weder das Leid der Farmer noch deren Auskommen und Besitz im Mittelpunkt. Jeder denkt eben aus seiner Warte ...

Man merkt schnell: Nicht der globale Temperaturanstieg um ein Grad in 100 Jahren, sondern extreme, oft tragische Wetterereignisse sind es, die uns nachdenklich auf das blicken lassen, was um uns herum geschieht. Wenn man so will, »weckt« uns die Atmosphäre gerade auf. Und wenn wir weiterschlafen wollen, dann wird sie immer neue Einfälle haben, uns aus unserem Schlummer wachzurütteln. In dieser Phase fragen wir uns, ob wir noch auf einem vernünftigen Kurs segeln oder ob wir längst auf ziemlich gefährliche Klippen zusteuern. Ängste auf der einen und innere Abwehrmechanismen zum Selbstschutz auf der anderen Seite ringen in uns allen miteinander und so gelangen wir in der ganzen Dynamik der täglichen und intensiven Berichterstattung schnell in einen Strudel aus »Für und Wider«, in dem wir gehörig herumgewirbelt werden, bis uns ziemlich schwindlig ist. Dieses Buch will deshalb »entschwindeln« – ein in jeder Hinsicht schönes Wort, auch wenn es nicht im Duden steht.

Suchen wir also nach Klarheit und beginnen mit unserem Einstiegsbeispiel, den Wetterextremen: Alles »nur« Wetter? Oder doch Klimawandel? Die Antwort ist klar: Wir spüren hier den Klimawandel! Warum? Weil wir bei vielen – nicht allen – Parametern, aber etwa bei Temperatur oder Niederschlag, statistisch signifikante Veränderungen erleben. Extreme Ereignisse wie Hitze, Dürre, Starkregen oder Hagel häufen und verstärken sich und verlassen damit den bisherigen typischen Schwankungsbereich ihres Auftretens. Altbekannte Abläufe scheinen verschwunden, und ein neues, extremeres Wettergeschehen spielt sich – auch direkt vor unserer Haustür – ab. Wir können einen messbaren Trend über einen langen Zeitraum beobachten, das heißt, es ändert sich die Statistik des Wetters und damit eben das Klima. Klimawandel bedeutet also nicht mehr, dass irgendwann irgendwo irgendwem auf dieser Welt irgendetwas meist Unerfreuliches passiert, sondern er ist eine Tatsache, mit der wir hier und jetzt konfrontiert sind. Die Häufung extremer Ereignisse ist dabei kein Widerspruch dazu, dass es natürlich auch früher mitunter schon extremes Wetter gab. Das ist logisch, bekannt und nicht verblüffend. Die Veränderung liegt genau in dieser Häufung und im Auftreten neuer Extrema, die es bisher noch nicht gab.

Die Klimaforschung hat uns die oben beschriebenen Szenarien schon 1990 für das Jahr 2020 vorausgesagt und bereits im Februar 1979 konnte man in der Tagesschau einen Beitrag sehen, in dem die Erwärmung der Atmosphäre, die wir jetzt erleben, auf die menschengemachten Treibhausgasemissionen zurückgeführt und die Folgen sehr treffend eingeschätzt wurden. Dafür darf man den Klimaforschern ein gutes Zeugnis ausstellen. Wir haben wohl vieles gut verstanden und mithilfe der Computermodelle schon früh wichtige Zusammenhänge vernünftig berechnet. Wäre das alles nicht der Fall gewesen, erschiene eine so gute Vorhersage für die heutige Zeit schon extrem verblüffend. »Verstehe nichts, rechne sinnlos und freue dich über das korrekte Ergebnis« ist noch unwahrscheinlicher als ein Sechser im Lotto. Ich kenne überhaupt kein Beispiel, wo das in der Naturwissenschaft geklappt hätte – kein Flugzeug würde fliegen, kein Auto fahren und kein Computer funktionieren. Auch Selbstversuche dieser

Art bei Mathearbeiten in der Schule erzielten nachvollziehbarerweise wenig erfreuliche Resultate.

Kurzgefasst: Unser Wetter wird weltweit extremer und dafür verantwortlich ist der Klimawandel. Die Klimaforschung hat viel verstanden, sonst wären die Vorhersagen für heute nicht richtig. Auf dieser Grundlage werden die eingesetzten Computermodelle stets weiterentwickelt.

Der Blick aufs große Ganze

Wir müssen also reden. Über noch viel mehr als Extremwetter. Und zwar ganz offen. Ohne Tabus und mit sortierten Gedanken. Dafür braucht es ein umfassendes Bild des großen Ganzen. Also lautet die erste Aufgabe bei diesem komplexen Thema, das uns alle etwas angeht: Wir müssen die sprichwörtliche Ansammlung vieler Bäume zunächst einmal als Wald wahrnehmen, sonst versumpfen wir im Dickicht der Nebensächlichkeiten. Beim Thema Klimawandel heißt das, dass wir zwei große Bereiche unterscheiden müssen: einerseits den *akademischen* und andererseits den *gesellschaftspolitischen*.

Die akademische Aufgabe

Diese besteht darin, die Frage zu beantworten, was sich warum in unserer Atmosphäre und – erweitert – in unserem ganzen Erdsystem tut. Dazu werden alle relevanten Größen gemessen und unter Anwendung komplexer mathematischer Verfahren wird versucht, daraus eine Prognose der weiteren Entwicklung abzuleiten. Den unverrückbaren Rahmen dafür setzt die Physik des Systems, daher müssen wir sie als Erstes verstehen. Begreift und akzeptiert man die zugrunde liegenden Abläufe nicht, hat man schlicht Pech. Denn dieser Planet und seine Atmosphäre interessieren sich nicht im Mindesten für uns. Jacques Monod hatte es in *Zufall und Notwendigkeit* so formuliert: Der Mensch muss sich zurechtfinden in einem Universum, »das für seine Musik taub ist und gleichgültig gegen seine Hoffnungen, Leiden oder Verbrechen«.

Passen wir uns den Bedingungen dieses Planeten nicht an, so ist das unser Problem – und fertig! Deshalb sind Meinungen und Emotionen hier völlig uninteressant. Auch wenn mir persönlich der Aufkleber »Schwerkraft, nein danke!«, den ein paar heitere Physiker im Zuge der Diskussion über Atomkraft erfunden hatten, viel Freude bereitete: Es half nichts, die Schwerkraft blieb und wird unabhängig von unserem ironischen Protest auch immer bleiben. Es gibt eben Dinge, die wir hinnehmen müssen, unabhängig davon, ob es uns gefällt. Und so laufen auch in unserer

Atmosphäre schlicht physikalische Prozesse ab, nicht mehr und nicht weniger.

Und die Dynamik dieser Prozesse verändert sich, wenn etwa der Mensch durch sein Zutun in die Zusammensetzung der Atmosphäre eingreift. Wenn er Chlor in die Luft pustet, das dort ursprünglich nicht vorhanden war, dann verändert sich in der Folge etwas – chemische Reaktionen ließen das Ozonloch entstehen. Wenn immer mehr Kohlendioxid (häufig mit CO_2 abgekürzt) in die Atmosphäre gelangt, so wird diese wärmer und in der Folge verändern sich die Wetterabläufe, unter deren Bedingungen wir uns vor Hunderten oder Tausenden Jahren angesiedelt haben und an die wir bis heute gewöhnt sind. Das kann man etwa an Kapstadt beobachten. Der Metropole geht durch den ausbleibenden Regen als einer Folge des Klimawandels das Wasser aus und das bedeutet aus heutiger Klimasicht schlicht und einfach, dass die Stadt an der falschen Stelle steht. So leicht es sich schreibt, so tragisch ist dieser Umstand für die Menschen dort – aber natürlich nur für den ärmeren Teil der Bevölkerung, denn die reichen Bürger bohren sich tiefe Privatbrunnen und sind deshalb noch gut mit Wasser versorgt. Das Wort »noch« spielt allerdings eine große Rolle, denn der Grundwasserspiegel sinkt schnell. Und dieses Problem ist nicht etwa den entlegenen Regionen dieser Welt zu eigen, denn auch in Deutschland bekommen wir gerade ein veritables Problem mit der Grundwasserneubildung.

Die Klimaforschung – es seien noch mal die zutreffenden Prognosen erwähnt – ist sich heute sicher, dass der Mensch erhebliche Auswirkungen auf das Klimageschehen hat und stellt klar fest, dass die derzeitigen rasanten globalen Veränderungen unseres Klimas, die wir unbestritten beobachten können, mit rein natürlichen Prozessen nicht erklärbar sind. Hierin stimmen 99 Prozent der Wissenschaftler überein – eine Einigkeit, die sich über mehrere Jahrzehnte intensiver Forschungsarbeit mit zigtausenden Veröffentlichungen in wissenschaftlichen Zeitschriften herausgebildet hat. So sicher, wie heute vernunftbegabte Menschen sagen, dass zwei plus zwei vier ergibt und dass die Erde eine Kugel ist, können wir auch sagen, dass der Mensch das Klima maßgeblich beeinflusst. Der letzte Satz schließt natürlich nicht aus, dass es Menschen gibt, die in Gänze an der Mathematik zweifeln, und lässt auch zu, dass heute in etwa 3 500 Menschen der »Flat Earth Society« anhängen und von der Scheibenerde überzeugt sind. An dieser Stelle müssen Sie vielleicht lachen, weil es so ein offensichtlicher Unsinn ist. Lachen befreit und glücklicherweise denken die wenigsten Menschen so. Würden wir alle in weltfremdem Irrsinn durch die Welt geistern, wären wir schon vor langer Zeit ausgestorben. Die natürliche Selektion ist ein mächtiges Korrektiv, wenn man die Realität falsch einschätzt.

Aber lacht man auch sofort über jemanden, der anzweifelt, dass der Mensch maßgeblich für den Klimawandel verantwortlich ist? Weit gefehlt! Das Thema Klimawandel wird in der Öffentlichkeit und – wie man an manchen Staatschefs sehen kann – auch in der Politik durchaus kontrovers diskutiert. Warum aber folgen wir bei diesem Thema oftmals nicht den eindeutigen wissenschaftlichen Erkenntnissen? Was berechtigt uns, die Klimaforschung trotz ihrer sichtbaren Qualität offen und häufig ohne eigene physikalische Kenntnis anzuzweifeln?

Das hat mit kognitiver Dissonanz zu tun. Kognitionen sind die Erkenntnisse eines Individuums über die Realität, nachdem es die Eindrücke verarbeitet hat, die es aus unserer Wahrnehmungsrealität erhält. Da es davon aber viele gibt, können sie auch zueinander in Widerspruch stehen, und dann entsteht in uns eine Dissonanz, ein Spannungszustand. Diesen empfinden wir als nicht gerade schön, aber wir halten ihn aus, weil wir die widersprüchlichen Kognitionen am Ende unterschiedlich gewichten, um eine Handlung oder eine Haltung vor uns selbst und anderen begründen zu können. Diese Abwägung kann je nach Kontext oder den Menschen, die uns gerade umgeben, von Moment zu Moment unterschiedlich ausfallen. Ein bekanntes Beispiel für kognitive Dissonanz ist der kettenrauchende Lungenfacharzt. Den dürfte es eigentlich nicht geben, denn er hat eine positive Einstellung zum Rauchen, obwohl er sehr genau um dessen Schädlichkeit weiß. Um die Dissonanz kleinzuhalten, wird er vielleicht selektiv auf Helmut Schmidt hinweisen, der trotz intensiven Rauchens sehr alt wurde. Möglicherweise wird er auch einige Studien als nicht so glaubwürdig abtun oder sie gleich komplett ignorieren, nur um am Ende mit nicht allzu schlechtem Gewissen zu rauchen – und seinen Patienten gleichzeitig intensiv davon abzuraten.

Übertragen wir dieses Konzept auf die Klimaforschung. Wenn man ihren Ergebnissen zustimmt, stimmt man automatisch auch der Aussage zu, dass das ungebremste Wirtschaftswachstum mit der Folge der bisher ungezügelten Ausbeutung der Natur in gefährliche Zustände führt. Sir Nicholas Stern, britischer Ökonom und von 2000 bis 2003 Chefökonom der Weltbank, hat das 2007 klar formuliert: »Der Klimawandel ist das Ergebnis des größten Marktversagens, das die Welt je gesehen hat.« Genau dieses Wirtschaftswachstum hat uns, zusammen mit technologischem Fortschritt, aber auch erlaubt, seit Ende des Krieges einen beachtlichen Wohlstand zu erlangen. Dass wir heute so leben, wie wir leben, gefällt den meisten Menschen. Und jetzt: Schauen Sie auf beide Aussagen gleichzeitig. Spüren Sie es? Das ist die kognitive Dissonanz. Ich kann nicht das, was ich gut finde, gleichermaßen auch schlecht finden. Um einer Konsonanz, sprich einem inneren Gleichgewicht möglichst nahezukommen, kann ich nun entweder die Erkenntnisse der Klimaforschung als besonders bedeutend einstufen oder sie eben anzweifeln. In beiden Fällen gewinnt eine der widerstreitenden Kognitionen die Oberhand und der innere Spannungszustand wird schwächer.

Bewertet man die Erkenntnisse der Klimaforschung als korrekt, führt das automatisch dazu, dass man seine Haltung zu Klimawandel und Umwelt und damit letztendlich auch sein Verhalten ändern muss. Weist man sie hingegen zurück – was umso einfacher ist, je weniger Ahnung man von den physikalischen Prozessen in der Atmosphäre hat – muss man beides nicht tun. Kurz: Je nach Gewichtung kommt unter dem Strich entweder eine konsequente und damit mühsame Verhaltensänderung heraus oder die Gelegenheit, alte Gewohnheiten unbeirrt fortzuführen. Letzteres – wir sind nun mal Gewohnheitstiere – fällt erkennbar leichter. Um die erste, anstrengendere Variante zu wählen, muss man also entweder wirklich inhaltlich überzeugt sein oder eine konkrete Bedrohung spüren.

Die Geburt klimaskeptischer »Argumente«

Der kognitive Wettbewerb zwischen Wissen und Wunsch legt das Fundament dafür, dass die wissenschaftliche und die öffentliche Diskussion völlig unterschiedlich verlaufen. Weil der Wunsch des

»schönen Lebens« aber in der Kraft der Argumentation gegen den bedrohlichen Klimawandel – auch wenn es zweifellos sehr ehrlich wäre, diesen Wunsch auszudrücken – ganz schön schwach dasteht, versucht man der öffentlichen Diskussion einen »fachlichen Anstrich« und damit eine Gleichberechtigung zur akademischen Diskussion zu geben. Genau das ist die Stelle, an der die außerhalb der Wissenschaft typischerweise vorgetragenen »Kritikerargumente« ihren Weg in die »große weite Welt« finden und hier seit Jahren für Verunsicherung und teilweise Diskreditierung der Klimawissenschaft sorgen. Deshalb werden Beiträge dieser Art zur »Erweiterung unseres Horizonts« später im Buch aufgegriffen und jeweils hinsichtlich ihres physikalischen Inhaltes geprüft. Nehmen Sie zum Beispiel diesen Klassiker: »Es gibt nur 0,04 Prozent CO_2 in der Atmosphäre – wie soll das denn so einen Klimawandel verursachen?« Das klingt gut und verunsichert viele auf vermeintlicher Sachebene, weil 0,04 Prozent nach wenig klingt. Der einfache Denkfehler: »Wenig macht wenig!« Das Gegenteil vom berühmten Spruch »Viel hilft viel«. Und beides stimmt eben nicht. Doch dazu später mehr im Kapitel »Kritischen Äußerungen begegnen und daraus lernen«. An dieser Stelle sei dazu nur Kurt Tucholskys sehr kluger Satz zitiert: »Plausibilität ist der größte Feind der Wahrheit.«

Dieser gefühlt fachliche Ansatz der Argumentation ist aus zwei Gründen sehr erfolgreich: Erstens, weil sich viele von uns eine Absolution für ihr nicht klimafreundliches Verhalten wünschen und hinter solchen Behauptungen Schutz suchen können, und zweitens, weil wir – Pisa lässt grüßen – zunehmend an kollektiver physikalischer Ignoranz leiden. »Physik« und »Phantasie« fangen zwar beide mit »Ph« an, enden aber doch völlig anders. Das scheint so manchem zu entgehen und darum klingt völliger Unsinn in vielen Ohren leider absolut vernünftig. Aber anstatt diesen Umstand zu betrauern, orientieren wir uns lieber an so einigen prominenten Vorbildern, die in diversen TV-Sendungen fröhlich lachend damit kokettieren, wie ahnungslos sie in allen naturwissenschaftlichen Belangen sind. Gernot Hassknecht aus der »heute-show«, als dessen großer Fan ich mich hier oute, würde mutmaßlich brüllen »Peinlich ist was anderes als lustig. Wenn ihr schon nichts wisst, haltet wenigstens die Klappe und lasst eure Kinder nicht glauben, Doofheit verdient einen Ritterschlag!« Und danach schaut er immer so freundlich ...

Kurzgefasst: Die Wissenschaftler stimmen fast ausnahmslos darin überein, dass der Mensch maßgeblich für den heutigen Klimawandel verantwortlich ist. Weil uns diese Erkenntnis aber nicht passt, da sie Handeln verlangt, sind wir empfänglich für Aussagen, die uns von der Verantwortung gegenüber der Umwelt und unseren Mitmenschen befreien. Dabei hilft uns eine Fähigkeit unseres Gehirns, die wir regelmäßig zum Bestehen unseres Alltags benötigen: Der Umgang mit kognitiver Dissonanz.

Die gesellschaftspolitische Aufgabe

So weit der akademische Teil, den inhaltlich zu erklären eines der Hauptziele dieses Buches ist. Um zunächst aber eine Übersicht über das große Ganze zu bekommen, gehen wir nun zum *gesellschaftspolitischen* Teil über. Hier ist nämlich die Frage zu beantworten, welche Schlüsse wir aus den erworbenen Erkenntnissen ziehen und wie wir diese zu Handlungsanweisungen verwerten. Dabei wird freilich vorausgesetzt, dass man die wissenschaftlichen Erkenntnisse auch akzeptiert. Die Option, sich wegzuducken, das Thema unter fadenscheinigen Argumenten zu ignorieren und dummdreist, aber fröhlich weiterzumachen, bis wirklich alle fossilen Energieträger verbraucht sind, ist raus, weil sie nicht unserem Intellekt entspricht, auf den wir Menschen zu Recht gerne stolz sind. Für ein sinnvolles Handeln sind wieder zwei Pfade zu betrachten. Zum einen, wie wir weitere Treibhausgasemissionen vermeiden, und zum anderen, wie wir uns an den schon existierenden Klimawandel anpassen können – etwa durch bessere Warnsysteme gegen Unwetter, besseren Hochwasserschutz, aber auch bessere Wasserspeichersysteme, um großen Dürren zu begegnen, oder mehr Grün- und Wasserflächen in den Städten, um dort im Hochsommer für erträglichere Temperaturen zu sorgen.

Die Gewichtung zwischen Vermeidung und Anpassung liegt irgendwo zwischen der Einsicht, dass wir eine weitere Erwärmung nicht vollständig verhindern können, und der Ahnung, dass wir ausschließlich auf Anpassung zu setzen nicht bezahlen können.

Folgt man einer Vielzahl von Studien zu den Kosten von Klimaschutz und Klimaanpassung, führt jeder heute nicht sinnvoll in den Klimaschutz gesteckte Euro später zu Ausgaben zwischen 2 und 11 Euro. Selbst beim konservativen Wert von 2 Euro geht es also um eine Verdopplung des Kapitaleinsatzes. Ganz ehrlich: Ich kenne wenige Anlagemöglichkeiten mit solch einer quasi gesicherten Rendite.

Momentan sind wir beim Umgang mit unserer Umwelt schlicht Opfer unserer eigenen Taten. Übersetzt sind wir also gerade fleißig dabei, an dem Ast zu sägen, auf dem wir sitzen. Das ist unklug – deswegen das zugehörige Sprichwort. Aber was tun, wenn man erst einmal klar erkannt hat, dass es dumm wäre, nichts zu tun, und das von einer eindeutigen Mehrheit der Menschen auf diesem Erdball auch nicht als sinnvolle Reaktion auf das Problem gesehen wird? Leider gibt es hierfür keine Bedienungsanleitung mit der Überschrift »Der Umgang mit dem Klimawandel und die Arbeitsschritte für die daraus folgende weltweite Transformation einer Gesellschaft von 7,7 Milliarden Menschen, in der ein kleiner Teil hoch technisiert ist und ein größerer unter ärmlichen Verhältnissen lebt«. Unsere Situation gleicht eher einem Sprung in ein Bällebad, wobei jeder kleine Ball eine Handlungsoption mit ihren jeweiligen Vor- und Nachteilen darstellt – von der weltpolitischen Bühne, wo es sinnvoll ist, eine globale Energiewende voranzutreiben, bis hinunter zum kleinsten Alltäglichen, wo es sinnvoll ist, das Licht in Räumen auszuschalten, in denen wir uns gerade nicht befinden.

Die Erkenntnis und die zugehörige Plattitüde: Alles hängt mit allem zusammen. Die Folgen dieser banalen Einsicht sind aber dramatisch. Dreht man an einer Stellschraube, verändert man leider viele andere unabsichtlich mit und weiß am Ende oft gar nicht mehr so genau, was gut und was vielleicht trotz guter Absicht kontraproduktiv ist. Und »gut« oder »schlecht« hängt zu allem Überfluss noch von der jeweiligen Sichtweise ab, die sich aus der eigenen Interessenlage generiert. Jeder Einzelne verfolgt seine Interessen – schauen Sie in eine typische vierköpfige Familie, idealerweise mit zwei pubertierenden Kindern, und versuchen Sie, zu einer gemeinsamen Meinung etwa hinsichtlich eines Ausfluges zu gelangen. Äußerst schwierig! Ähnlich wie die Familie verfolgt auch jede Firma, ob mittelständisches Unternehmen oder multinationaler Großkonzern, ihre Interessen. Selten ist dabei die eigene Verkleinerung das Ziel ...

Und am Ende kommen noch die nationalen Interessen hinzu. Nationen mit großen Unterschieden hinsichtlich Wirtschaftskraft, Entwicklungsstand und kultureller Prägung treffen dabei aufeinander. Sie merken schnell, wie schwer es wird, das alles unter einen Hut zu bringen und aus dieser Gemengelage eine konstruktive, uns allen gemeinsam nützliche Handlungsoption zu basteln. Und zwar ohne Schiedsrichter, der bei nicht enden wollenden, egoistischen Diskussionen irgendwann einfach laut in seine Trillerpfeife pustet und sagt, wo es nun langgeht. Diese Macht hat niemand und den »guten Weltdiktator«, der für alle nur das Beste will und alle Probleme in einer Weise, die jeden glücklich macht, löst, gibt es nicht.

Wo stehen wir?

Als der Club of Rome 1972 die »Grenzen des Wachstums« veröffentlichte, wurde verschriftlicht, was sich viele von uns schon als Kinder hin und wieder überlegten und dann auch ihre Eltern fragten: Kann ein Planet von gleichbleibender Größe immer mehr Menschen ernähren und mit Energie versorgen, sodass es allen auf Dauer immer besser gehen wird? Wäre das eine Quizfrage, würden wir wohl alle erst mal den Kopf schütteln. Und dann flott ergänzen, dass man natürlich nicht genau weiß, wann und wo die Grenze erreicht ist – was unser Handeln ein Stück weit rechtfertigt. Die kognitive Dissonanz lässt grüßen.

Als in den frühen 1980ern das Ozonloch entdeckt wurde, wurden wir Menschen nervös, weil wir bemerkten, dass wir offensichtlich einen sehr großen Einfluss auf unsere Umwelt ausüben können – und zwar ganz »aus Versehen«. Der Grund für dieses Versehen ist in der Theorie der freien Güter zu suchen – einem der eminenten Denkfehler der Wirtschaftstheoretiker, da er den grundlegenden Aussagen der Physik abgeschlossener Systeme – ein solches ist unser Planet in erster Näherung – widerspricht. Nach der Definition sind freie Güter solche, »die begrenzt aber nicht knapp sind. Sie sind in einem bestimmten Gebiet zu einem bestimmten Zeitpunkt im Überfluss vorhanden und kosten deshalb grundsätzlich kein Geld.« Aus dieser Sichtweise heraus wurde und wird eben auch das freie Gut Luft, also unsere Atmosphäre, als Gratisdeponie für unsere Rückstände in Anspruch genommen. Ein Gegenentwurf dazu besteht im Emissionshandel, auf den wir später noch zu sprechen kommen.

Als erste Ergebnisse der bis dahin eigentlich unter Ausschluss der Öffentlichkeit arbeitenden Klimaforschung den Weg in die Medien fanden, wurden schrille Begriffe wie etwa »Klimakatastrophe« geprägt. Die Wissenschaft musste plötzlich lernen, dass sich ihre Denk- und Arbeitsweise von der der Medien stark unterscheidet. Eine vorsichtige, abwägende und differenzierende wissenschaftliche Ausdrucksweise ist nicht gerade die Grundlage für eine knappe, reißerische Überschrift. Der Lernprozess der Wissenschaft war natürlich auch in der Lage, die eigenen Geschäftsgrundlangen zu gefährden, und so versuchte man sich schnell vor den Auswirkungen neuer Erkenntnisse zu schützen: Unsicherheiten, die es in diesem (und jedem anderen) Forschungszweig in Detailfragen zweifellos bis heute gibt und immer geben wird – darum ist Wissenschaft ja stets auch etwas, was Wissen schafft –, wurden zur Verunsicherung schnell mit Unfähigkeit und Unwissen gleichgesetzt. Und wie bringt man das besonders destruktiv in die Öffentlichkeit? Mit Geld! Wer früher Artikel gegen die Klimaforschung schrieb, bekam von so manchem Konzern große Summen bar auf die sprichwörtliche Kralle. »Berühmt« sind Koch Industries oder Scaife Affiliated Foundations, die jeweils Millionen in Skeptiker-Einrichtungen wie das Heartland Institute stecken. Da wird schon so mancher zum willfährigen Unterstützer monetärer Ziele der Wirtschaft. Im weiteren Verlauf des Buches wird genauer eingeordnet, auf welche Weisen Erkenntnisse der Klimaforschung von diversen Gruppen abgelehnt wurden.

Trotz aller Versuche aus verschiedenen Richtungen, Klima- und Umweltthemen klein- oder nichtigzureden, wuchs die weltweite Erkenntnis, dass irgendetwas aus dem Ruder läuft. So wurde im Juni 1992 der Erdgipfel von Rio – oder korrekt die »Konferenz der Vereinten Nationen über Umwelt und Entwicklung« – ausgerufen. Es herrschte eine große Aufbruchsstimmung, denn die Menschheit schien eine Bereitschaft zu entwickeln, Erkenntnissen Handlungen folgen zu lassen. Ähnlich war es nochmals 1997, als das Kyotoprotokoll beschlossen wurde. Es trat 2005, also lange 8 Jahre später, in Kraft mit dem Ziel, die Treibhausgasemissionen bis 2012 gegenüber 1990 um 5,2 Prozent (richtig gelesen) zu reduzieren. 2015, als das Pariser Abkommen beschlossen wurde, keimte wiederum Hoffnung auf. In den vielen Jahren dazwischen und besonders in Madrid 2019 bestimmte, abgesehen von kleinen, meist nur verbalen Erfolgen, das Geschacher ums Geld die Szenerie. Im Wesentlichen zeigte jeder auf den anderen und forderte, zunächst möge man die Dinge bei sich verbessern und dann könne man gerne wieder reden – das bekannte »blame game«. Und so blieb alles wie immer, nur zeitigten die Steigerung des Lebensstandards und der damit einhergehende stark wachsende Energiebedarf sowie das Bevölkerungswachstum stetig mehr Emissionen. Derweil nahmen Unwetter und Hitzerekorde auf diesem Planten wie vorhergesagt zu.

Mittlerweile ist der Ausstoß von CO_2, dem wichtigsten anthropogenen Treibhausgas, gegenüber dem Zeitpunkt des Erdgipfels von Rio um 67 Prozent (!) gestiegen. Das war sicher nicht das, was wir mit unserer Aufbruchsstimmung und dem durchaus intensiven politischen Dialog bezwecken wollten. Die Menschheit verbraucht derzeit jedes Jahr die nachwachsenden Ressourcen von nicht einer, sondern 1,75 Erden, wir Deutschen sogar die von 3, doch wissen wir qua schulischer Bildung recht genau, dass wir nur eine Erde haben. Drum finden wir den sogenannten »Earth Overshoot Day«, den Tag, an dem wir eben diese nachwachsenden Ressourcen für das Jahr verbraucht haben, mittlerweile bereits Ende Juli. Danach leben wir auf Kredit der Natur, derzeit ohne den ernsthaften Willen, diesen zurückzuzahlen. Da 1,75 größer ist als 1, ist auch die Frage der Nachhaltigkeit geklärt: Die Gattung Mensch ist nicht nachhaltig. Punkt. Natürlich gibt es viele kleine Maßnahmen, die etwa Kommunen oder auch Einzelne ergreifen, denen Umwelt, Natur und Klima sehr am Herzen liegen. Das ist erfreulich und gut, wird aber in keiner Weise ausreichen, das Problem auch nur annähernd zu lösen. Dazu braucht es nun einmal die großen Player und die überwiegende Masse der Erdbevölkerung.

Kurzgefasst: Betrachten wir die vergangenen fast 50 Jahre, so ist der Klimawandel zunehmend zum relevanten Thema geworden. Es wird viel darüber geredet, aber kaum etwas getan. Weder eine ständige Erhöhung der Dosis medialer Dramatik noch die mittlerweile 25 weltweiten jährlichen Klimakonferenzen brachten hier einen Durchbruch. Beides scheint also nicht besonders effektiv oder zumindest nicht ausreichend zu sein.

Warum wir viel wissen, aber nicht danach handeln

Wir müssen also offen darüber nachdenken, ob ein »Weiter so« noch akzeptabel ist. Nicht nur deshalb, weil es immer fragwürdig ist, Dinge fortzusetzen, die erkennbar wenig bringen, sondern vor allem deshalb, weil die Menschheit es in ihrer Existenz hier erstmals mit einem globalen Problem zu tun hat, für dessen Lösung sie sich nicht beliebig viel Zeit nehmen kann. Da steht jemand mit einer Stoppuhr hinter uns, den wir nicht ignorieren können! Um das in Paris vereinbarte Ziel zu halten, die globale Erwärmung auf 2 Grad zu begrenzen, passen noch rund 720 Gigatonnen CO_2 in die Atmosphäre (eine Gigatonne ist eine Milliarde Tonnen). Da wir derzeit weltweit – leider immer noch mit steigender Tendenz – pro Jahr etwa 38 Gigatonnen emittieren, bleiben uns noch knapp 19 Jahre. Ebenso einig wie über die 2 Grad als äußersten Wert war man sich in Paris, dass wir eigentlich nur »1,5 Grad plus« erreichen sollten. Eine echte Herausforderung, für die wir noch rund 10 Jahre Zeit hätten. Was bedeutet das für jeden Einzelnen? Mittelt man weltweit den Ausstoß von CO_2 pro Kopf und Jahr, so setzt jeder Mensch derzeit knapp 5 Tonnen frei. Will man das 2-Grad-Ziel einhalten, dürfen es aber nicht mehr als 2 Tonnen sein. Wir Deutschen liegen heute bei 9!

Lassen Sie uns gedanklich an dieser Stelle also einfach die Tafel leer wischen und nehmen wir uns vor, bei der Neubeschriftung nicht sofort in Nebensächlichkeiten zu versinken. Als Erstes schreiben wir nun auf die leere Tafel, dass wir einen Klimawandel haben und dass wir maßgeblich dafür verantwortlich sind. Darunter, dass deshalb auch *wir* das Problem lösen *müssen*. Wir lieben unsere Kinder und Enkel. »Nach mir die Sintflut« ist zutiefst unanständig und damit unakzeptabel. Schreiben wir also die wichtigsten Gedanken zur Lösung des Problems auf, und skizzieren eine Weltanschauung, die konstruktiv zur Verbesserung der Zustände beiträgt:

1. Wir brauchen einen begründeten Optimismus, die große Herausforderung überhaupt bestehen zu können. Jeder Leis-

tungssportler weiß: Wenn man nicht an sich glaubt, ist der Wettkampf vorbei, bevor er begonnen hat.

2. Wir müssen die Bevölkerungszunahme in den Griff bekommen. Das Thema darf nicht tabuisiert und außen vor gelassen werden, da es Maßnahmen konterkarieren kann. Entwicklungspolitik ist darum ein zentraler Bestandteil guter Klimapolitik.

3. Weltklimakonferenzen muss es weiterhin geben. Aber dort dürfen nicht die Bremser bestimmen, die sagen, was nicht geht, sondern die Zugpferde müssen den Takt angeben und aufzeigen, was notwendig, aber auch was möglich ist. Deshalb muss die Regel aufgegeben werden, die für das Abschlusskommuniqué einer solchen Konferenz Einstimmigkeit fordert.

4. Forschung und Technik spielen eine entscheidende Rolle. Sie können die Bedingungen dafür schaffen, dass die Masse der Menschen, die »ganz normal« ihrem Alltag nachgeht, per se umweltfreundlicher wird. Das funktioniert aber nur, wenn der Ausbau der erneuerbaren Energien im Mittelpunkt unserer Bemühungen steht.

5. Wir müssen unser Verhalten an Schlüsselstellen ändern. Freiwillig, so haben wir bewiesen, schaffen wir es nicht. Wir brauchen Regeln für alle und der summierte Beitrag von 7,7 Milliarden kleinen Emissionsminderungen ist nicht zu unterschätzen. Allein durch kleine Verhaltensänderungen kann man das Klimaproblem aber nicht lösen. So realistisch müssen wir sein.

6. Wir brauchen attraktive Alternativen. Menschen etwas wegzunehmen und keine Alternative anzubieten, stiftet Unfrieden und Ablehnung, die dem Populismus der Klimaleugner in die Hände spielen.

7. Damit zusammenhängend: Diese Veränderungen werden Geld kosten. Anderslautende Aussagen sind absurd. Aber die Kosten müssen jene tragen, die viel haben und dementsprechend mit ihrem Lebensstil auch viel emittieren. Später werden uns die heutigen »Vorauszahlungen« Vorteile verschaffen.

8. Bildung ist notwendig und muss ernst genommen werden. Von Sir Francis Bacon stammt der Satz: »Wissen ist Macht«.

Kehrt man ihn um, steht da ebenso richtig »Unwissen ist Ohnmacht«. Eine von Unkenntnis der Sache getriebene, emotionale und möglicherweise ideologisch motivierte Auseinandersetzung ist Zeitverschwendung.

9. Die Berichterstattung zum Thema Klimawandel muss auf den Prüfstand. Wissensvermittlung, die Physik von Phantasie trennt, sowie der Hinweis auf Erfolge beim Vorgehen gegen den Klimawandel tun not. Sie können die Bevölkerung zum Nach- und Mitmachen motivieren.

10. Die Zeit drängt. Wir müssen Prozesse beschleunigen, die raschen Klimaänderungen erhöhen den Handlungsdruck. Zu viele oft veraltete Regeln und Gesetze, die durch immer neue Vorschriften und Ausnahmen in ein Bürokratiedickicht verwandelt werden, bremsen uns aus.

Nehmen wir also diese Punkte auf – wobei wir auf den folgenden Seiten vor allem auf die ersten fünf intensiver eingehen werden – und geben noch eine ordentliche Prise »gesunden Menschenverstand« dazu. Darin liegt nämlich das Erfolgsrezept des *Homo sapiens*: Es waren unsere Anpassungsfähigkeit und unser Erfindungsreichtum, die uns überhaupt erst ermöglichten, zu überleben und zu gedeihen.

Begründeter Optimismus ist wichtig

Mancher sagt, es wäre völlig naiv, noch Optimismus zu haben. Aber was dann? Verhalten wir uns völlig anders, wenn wir uns nun sagen, es sei »fünf nach zwölf« und nicht mehr »fünf vor zwölf«? Möglicherweise ist das sogar kontraproduktiv, denn wenn alles zu spät ist, kann man ja sowieso nichts mehr tun. Dann doch lieber »mitnehmen, was geht« und so resignierend und gleichzeitig trunken in den Ausverkauf der Welt taumeln! Pessimismus, der sich aus Behäbigkeit generiert und dann in Selbstmitleid wechselt, hilft ebenso wenig wie aufgeregte Worte. Vermutlich würden wir uns einfach an den »Fünf nach zwölf«-Satz genauso gewöhnen wie an alle anderen Klimasätze oder -wörter. Auch schlimme Unwetterbilder aus aller Herren Länder, großes und sichtbares Leid der Betroffenen eingeschlossen, sind irgendwann »Normalität«. Es ist auch unproblematisch, dauerhaft im Klimanotstand zu leben, solange diese Feststellung quasi keine Auswirkungen auf unseren Alltag hat.

Den nötigen Optimismus generieren wir mit Blick auf das Ziel und die Chancen. Die Wissenschaft sagt uns, dass wir noch 10 bis 20 Jahre Zeit haben, um wirkungsvoll umzusteuern. Es ist nicht zu spät! Und natürlich löscht es uns auch danach nicht gleich aus, aber das mögliche Erreichen von Kipp-Punkten im Klimasystem wird immer unberechenbarer, immer gefährlicher für Leib und Leben und zudem auch immer teurer.

Schauen Sie sich Bilder europäischer oder asiatischer Städte nach dem Zweiten Weltkrieg an: Alles lag in Trümmern, das Leid war entsetzlich und trotzdem hatten die Leute mit Optimismus in die Zukunft geblickt und waren in der Lage zuzupacken. Heute neigen wir dazu, gesättigt auf dem Sockel des Luxus zu sitzen und in untätiger Angststarre von dort herab zu schauen. Schluss damit!

Die Bevölkerungszunahme und der Klimawandel

Der britische Autor Aldous Huxley, Verfasser von *Schöne neue Welt*, starb 1963 – übrigens am selben Tag, an dem John F. Kennedy erschossen wurde. Von Huxley stammt der Satz »Wenn wir dieses Problem nicht lösen, wird es all unsere Probleme unlösbar machen«, und er meinte damit die wachsende Zahl der Menschen – damals waren es etwa 3, heute fast 8 Milliarden. Jedes Jahr kommen rund 80 Millionen neue Erdenbürger hinzu, vorwiegend in den sogenannten Entwicklungsländern. Das bedeutet, dass wir einmal im Jahr die Einwohner Deutschlands zusätzlich auf dieser Welt unterbringen müssen. Stellen Sie sich mal eine Weltkarte vor und überlegen Sie, wie das vernünftig gehen soll. In jeder Sekunde sind etwas mehr als zwei von uns neu auf der Erde – vier werden geboren, knapp zwei versterben. Die Fläche ist dabei allerdings unproblematisch: Rechnet man nüchtern, dann passen zwei Menschen stehend auf einen Quadratmeter und so bräuchten wir alle zusammen knapp 4000 Quadratkilometer (auch wenn das natürlich kein besonders komfortabler Zustand wäre). Dafür reicht schon ein recht kleines Fleckchen aus:

Das Saarland und Luxemburg haben zusammen zum Beispiel 5 000 Quadratkilometer. Das Problem liegt vielmehr im Input und Output, sprich einerseits in der Versorgung mit Nahrung und Trinkwasser und andererseits in der Emission von Treibhausgasen. Denken Sie an die »erlaubten« zwei Tonnen CO_2 pro Kopf und Jahr. Dann lautet der einordnende Satz, dass wir *für unseren Lebensstil* zu viele sind. Genauer und im Klimakontext: Alle, die über zwei Tonnen liegen, sind das Problem. Daran lässt sich aus dem Stand freilich nichts ändern, wir sind ja nun mal alle da. Selbstverständlich möchte auch jeder Mensch ein möglichst reiches und erfülltes Leben führen und es gibt wohl niemanden, der dafür kein Verständnis hat. Wunsch und Wirklichkeit klaffen allerdings massiv auseinander und so ist die Welt ein Hort der Ungerechtigkeiten. Ist man in Mitteleuropa geboren, hat man das glückliche Los gezogen – in Malawi oder Bangladesch nicht.

Es muss also vieles verändert werden: Neben dem Lebensstil auch die Verteilung der Güter. Den moralisch in uns steckenden Gerechtigkeitswunsch haben wir, seit es den *Homo sapiens* gibt, nie erfüllt und die dafür notwendigen Anpassungen unseres Lebensstils sind erkennbar schwer. Richten wir unseren Blick also zunächst darauf, unsere Vermehrung in *geeigneter* Weise in den Griff zu bekommen. Exemplarisch für die ungeeigneten Herangehensweisen steht die chinesische Ein-Kind-Politik. Abgesehen von soziologischen Fragestellungen zum Thema Einzelkind und der tragischen Entwicklung, dass immer mehr weibliche Föten vor allem in ländlichen Gebieten abgetrieben wurden, steht die chinesische Bevölkerungspyramide nun Kopf – eine alternde Gesellschaft mit starkem Männerüberschuss –, und niemand in China weiß, von wem die vielen Alten später versorgt werden sollen. Auch wenn China diesen Irrweg 2016 verlassen hat, wird der radikale Eingriff noch lange nachwirken.

Geeigneter ist wahrscheinlich ein gänzlich anderer Pfad, der über Bildung und Gleichberechtigung führt. Je gebildeter die Menschen sind und je mehr Frauen selbst über ihre Schwangerschaft bestimmen können, desto weniger Kinder bekommen sie. Diese Tendenz lässt sich auf der ganzen Welt anhand der Daten beobachten und – ohne es an dieser Stelle komplett zu analysieren – ist auch intuitiv nachvollziehbar. Legt man mehr Wert auf Ausbildung, bekommen die Frauen ihr erstes Kind später, und wo sie entscheiden können, erhält das Thema Verhütung oder Abtreibung einen ganz anderen oder oft überhaupt erst einen Stellenwert. Vernünftige Entwicklungspolitik reduziert den globalen Zuwachs und liefert folglich einen ordentlichen Beitrag zum Klima- und Ressourcenschutz.

Aber – wie so oft – muss man vorsichtig sein und das ist der Grund, warum im letzten Satz das nicht gerade euphorische Wort »ordentlich« steht. Ein Mensch, der etwa in der Republik Niger geboren wurde – Niger hat derzeit das größte Bevölkerungswachstum der Welt, denn jede Frau hat im Schnitt rund sieben Kinder –, wird wahrscheinlich niemals ein Flugzeug sehen oder erst recht nicht besteigen. Will heißen, die Menschen dort verursachen durch ihren oft ärmlichen Lebensstil nur wenig Emissionen und damit verbleibt die große Klimawirkung – trotz stagnierender oder rückläufiger Bevölkerung – aufseiten der Industrienationen.

»Rückläufig« ist in diesem Zusammenhang ein spannendes Wort. Manchen Prognosen zufolge erreichen wir um das Jahr 2100 mit 11 Milliarden Menschen die maximale Bevölkerungszahl, die von den natürlichen Ressourcen der Erde getragen werden müsste, andere sehen sie knapp unter 10 Milliarden im Jahre 2070 und Jørgen Randers, der schon 1972 am Bericht »Die Grenzen des Wachstums« und auch am Nachfolgebericht »2052. Der neue Bericht an den Club of Rome« mitgewirkt hat, sieht etwa 8,1 Milliarden Menschen im Jahre 2040 als Maximum. Unabhängig davon, welche Prognose letztlich zutrifft, stets ist von einer Obergrenze die Rede. Wir wissen also schon – sonst wäre es ja kein Maximum –, dass unsere Anzahl wieder abnehmen wird. Warum aber ist das so und wohin führt das bezüglich des Klimawandels?

Schauen wir uns dazu ein paar Zahlen an: Zu Shakespeares Zeiten lebten in Summe etwa 0,4 Milliarden Menschen, die erste Milliarde wurde um 1800 überschritten, die zweite nach 128 Jahren im Jahre 1928. 1959 waren es drei Milliarden, 1973 schon vier, 1986 dann fünf, 1998 sechs und 2010 schließlich sieben Milliarden. Der zeitliche Abstand zur nächsten Milliarde damit:

128 Jahre, dann 31, 14, 13, 12 und wieder 12. Das zeigt, dass wir es schon jetzt nicht mehr mit einer Bevölkerungsexplosion zu tun haben, denn das Wachstum beschleunigt sich nicht mehr. Der Zusammenhang ist mittlerweile linear: Wir brauchen 12 bis 14 Jahre für die nächste Milliarde. Das geht natürlich nur, weil die Geburtenrate im Mittel bereits jetzt abnimmt. Damit eine Population stabil bleibt, muss jede Frau durchschnittlich 2,1 Kinder bekommen, damit die Bevölkerung nicht schrumpft. Und jetzt: Sämtliche Industrienationen und in Summe die Hälfte aller Länder dieser Erde liegen unterhalb dieses Wertes – Südkorea mit weniger als einem Kind pro Frau am deutlichsten, in Deutschland und Japan sind es beispielsweise anderthalb Kinder pro Frau. Experten sehen drei Stufen der historischen Demografie: Stufe eins dauerte von Beginn der Menschheit bis ins 18. Jahrhundert. Die Geburtenrate war hoch, die Sterberate auch, die Bevölkerung wuchs langsam. Stufe zwei hält Einzug mit besserer Ernährung und vor allem verbesserter Medizin. Die Geburtenrate ist noch hoch, die Sterberate geht aber deutlich zurück und so wächst die Population stark. In Stufe drei nimmt nun auch die Geburtenrate ab, wahrscheinlich durch die Urbanisierung. In der Stadt kostet ein Kind Geld, da es Nahrung braucht, aber anders als auf dem Land nichts zum Erwerb der Familie beitragen kann. Die Geburtenrate ist in Zeiten der wachsenden Metropolen vor allem eine ökonomische Frage und mit zunehmender Bildung geht die Anzahl der Kinder zusätzlich zurück.

Für das Thema Klimawandel bedeutet diese wichtige Komponente zusammengefasst folgendes: Je schneller die Klimaänderung kommt, desto schwieriger wird es, weil sie dann mit dem Zeitpunkt der höchsten Weltbevölkerung zusammenfällt. Wenn gut gemachte Maßnahmen den Klimawandel frühzeitig erfolgreich abmildern, dann wird die spätere Abnahme der Zahl der Menschen automatisch zum Klimaschutz beitragen. Noch kürzer: Emissionen und Population werden beide ein Maximum haben und wir müssen organisieren, dass beide Maxima *nicht* zeitgleich eintreten. Auch hier zeigt sich die Notwendigkeit des Wahlspruchs »flatten the curve« – genau wie beim Umgang mit dem Coronavirus.

Klimakonferenzen neu denken

Die weltweiten jährlichen Klimakonferenzen sind zunächst natürlich sinnvoll. Würde man international gar nicht mehr miteinander sprechen, hätte niemand etwas gewonnen. Aber die Systematik gehört auf den Prüfstand! Heute muss jeder Beschluss von den 190 Unterzeichnerstaaten der Klimarahmenkonvention einstimmig getragen werden. Es erklärt sich damit eigentlich ganz von selbst, dass wir seit Jahren immer das Gleiche erleben: ermüdende Konferenzen an deren Ende eine verwaschene Minimalaussage steht. Der Zwang zur Einstimmigkeit führt dazu, dass der Bremser bestimmt und nicht die Mehrheit, getreu der Eskimoweisheit: Der Schlitten ist so schnell wie der langsamste Hund. Übrigens: Die Top Ten der Emittenten machen zusammen zwei Drittel der jährlich produzierten CO_2-Menge aus.

Ein neues Format könnte ein Zusammenschluss derer sein, die wirklich etwas verändern wollen, egal ob beim CO_2, beim Lachgas, beim Methan, beim Feinstaub oder an anderen Stellen. Oft geschieht das aus eigener Einsicht, wie etwa im Fall Chinas, wo die Gesundheitskosten durch die vielen Smogwetterlagen förmlich explodieren und die Lebensqualität spürbar sinkt – auch und gerade in der Hauptstadt Peking. Dort leben rund 25 Millionen Menschen, vor allem aber auch die chinesische Regierung. Sind die Lenker selbst betroffen, reagieren sie bedeutend zügiger.

Aber bringt es etwas, wenn einige – zumal auch bedeutende Emittenten dieser Welt wie die USA oder Brasilien und vielleicht auch andere – nicht mitmachen? Natürlich wäre es besser, wenn alle entschlossen und gemeinsam gegen den Klimawandel vorgingen und eine große Transformation aller Lebensbereiche vorantrieben. Quasi eine große gemeinsame Revolution. Aber ist so etwas realistisch? Die großen Revolutionen in der Geschichte wurden nie in einer konzertierten Aktion geplant und dann allerorten gleichzeitig umgesetzt. Die industrielle Revolution etwa begann in England und breitete sich von dort über Jahrzehnte auf die ganze Welt aus. Ähnlich war es mit der neolithischen Revolution, die den Übergang von Jäger- und Sammlerkulturen zu Hirten- und Bauernkulturen markierte. Es wurde nie einstimmig beschlossen, dass man sich überall auf einen Schlag niederzulassen hatte. Vielmehr brachte die Sesshaftigkeit mehr Vor- als Nachteile und setzte sich daher gegenüber anderen Lebensentwürfen durch.

Denken wir das Gleiche für eine »Klimarevolution«. Der Zug derer, die wirklich etwas erreichen wollen, könnte sich endlich in Bewegung setzen und wird dabei nicht von Bremsern zurückgehalten. Die laufen aber sicher interessiert nebenher und sehen früher oder später womöglich auch die Vorteile des sinnvollen Umgangs mit der eigenen Umwelt – und springen dann auf den Zug auf.

Beim Blick in die USA drängt sich freilich der in nahezu allen Belangen mehr als erstaunlich agierende Präsident Trump in den Vordergrund. Dabei übersieht man leicht die wirklich interessanten Zusammenhänge. In vielen Staaten der USA herrscht nämlich eine gänzlich andere Denke als die von Trump propagierte Rückwärtsgewandtheit. Denken Sie nur an Kalifornien, Florida oder New York. Wenn der Deckel dann irgendwann mal vom Topf ist, kann durchaus ein zügiges, vernunftorientiertes Handeln einsetzen.

Vielleicht an dieser Stelle eine kurze Anmerkung zum 45. US-Präsidenten, der – ganz nebenbei bemerkt – wohl Kabarettisten arbeitslos machen will, da er immer selbst noch einen draufsetzt: Herr Trump ist schlicht bauernschlau. Wenn er seiner Lieblingsbeschäftigung »Deals machen« ungestört nachgehen will, dann passt der Klimawandel wirklich nicht ins Konzept. Einfache Lösung: Abstreiten! In 20 Jahren, wenn der Schuh vielleicht so sehr drückt, dass kein Leugner mehr auch nur noch einen Strohhalm in der Hand hält, ist eben jener Donald weit über 90. Das alles ficht ihn dann nicht mehr an. Er weiß im Übrigen ganz genau, dass es den Klimawandel gibt: Seinen westirischen Golfplatz nahe der Küste lässt er entsprechend den Hinweisen der Klimaforscher durch aufwendige bauliche Maßnahmen vor dem drohenden Meeresspiegelanstieg schützen. Das erstaunlichste am Phänomen Trump ist eigentlich die Tatsache, dass er trotz seiner vielen völlig absurden und populistischen Äußerungen *gewählt* wurde.

Populismus verfängt – leider immer wieder und überall auf der Welt. Warum das so ist, wird in vielen Geschichts- und Soziologiebüchern behandelt. Mit Rücksicht auf den Umfang dieses Buches möge ein Gedanke genügen: Wir leben in einer uns förmlich erschlagenden Informationsflut. Immer schneller dringen immer mehr Informations- und Wissensschnipsel auf uns ein. Das kollektive Wissen der Menschheit wächst rasant, aber das bedeutet umgekehrt auch: Der Wissens- und Informationsanteil des Einzelnen relativ zur Gesamtmenge nimmt immer mehr ab! Überspitzt formuliert werden wir also relativ immer dümmer und vor allem immer orientierungsloser. Nicht trotz, sondern gerade wegen der Zunahme an Information. Und genau an dieser Stelle greift der Populist ein und ordnet die Welt mit robusten Vereinfachungen und Schuldzuweisungen neu. Man kann sich wieder entspannen und weiß, wie die Welt aussieht. In fünf Sätzen. Wie schön. Nur leider ist das nichts anderes als Selbstbetrug, denn die Geschichte liefert kein einziges Beispiel, wo der Populismus Probleme gelöst hätte. Deswegen möchte ich den einzigen politischen Appell aus den ersten Seiten dieses Buches noch einmal aufgreifen: Lassen Sie uns gemeinsam vorsichtig sein und unsere große Errungenschaft, die Demokratie, die gemeinsam mit der Diplomatie für viele Friedensjahre in Europa gesorgt hat, schützen. Demokratien stehen durchweg besser da, denn es gibt weniger (nicht keine!) Korruption und Vetternwirtschaft und ihre Bürger sind im Mittel zufriedener als in Diktaturen. Manche Diskussionen mögen durchaus zu lange dauern und so gibt es sicher Verbesserungsmöglichkeiten, aber das Prinzip ist erfreulich, denn jeder kann partizipieren. Eine reine Protestwahl ist ein Spiel mit dem Feuer, das wir am Ende möglicherweise nicht mehr gelöscht bekommen. Lassen Sie uns gesellschaftsspaltenden Vereinfachern den Rücken kehren und den Blick in eine gute, demokratische und immer klimafreundlichere Zukunft richten! Wir haben das Zeug dazu.

Forschung und Technik

Sehr vielen Menschen geht es heute besser als vor 100, 200 oder 500 Jahren. Sie leben im Mittel länger, gesünder und haben mehr Annehmlichkeiten. Ich kenne eigentlich niemanden, der sich heute ein Leben wie im Mittelalter oder der Steinzeit wünscht –

außer vielleicht mal ein paar Erlebnistage mit einer Zeitmaschine. Dann aber schnell wieder zurück! Übrigens sind Zeitreisen für uns physikalisch unmöglich. Der »Beweis« ist einfach: Es hat noch nie jemand Besuch aus der Zukunft bekommen! Oder ist das nur ein Hinweis darauf, dass es uns nicht mehr so lange geben wird, als dass wir eine solche Maschine erfinden könnten? Kehren wir lieber zurück ins Jetzt.

Ein wesentlicher Grund dafür, dass wir heute besser leben als früher, findet sich in unserem technologischen Fortschritt. Natürlich ist auch hier – wie immer – eine Schwarz-Weiß-Sicht nicht hilfreich. Die Erzeugnisse des menschlichen Erfindungsreichtums reichen von genialen Geniestreichen wie Schrift, Elektrizität und Antibiotika bis hin zu Ideen, die man besser nie in die Praxis umgesetzt hätte; man denke nur an die Atombombe. Zwischen diesen Polen finden sich Errungenschaften, die sowohl vor- als auch nachteilsbehaftet sind. Der Sinn technischen Fortschritts besteht darin, die Nachteile zu minimieren oder alte Erfindungen durch neue zu ersetzen. Und – klar – immer wieder ganz neue Ideen zu haben.

Was unser Verhalten beeinflusst

Als Johann Wolfgang von Goethe die Hymne *Das Göttliche* schrieb, setzte er die erste Zeile nicht umsonst in den Konjunktiv: »Edel sei der Mensch, hilfreich und gut.« Bei einem »ist« hätten wir nämlich alle gestaunt und an Goethes bekannter Fähigkeit gezweifelt, die Welt feinsinnig zu beobachten.

Natürlich gehören zu uns edle, hilfreiche und gute Momente, aber eben auch solche, die damit einfach überhaupt nichts zu tun haben. Kriege, Kriminalität aller Art, Folter, Gier, Korruption, Armut, Hunger und vieles mehr gäbe es schlichtweg nicht, wenn wir das Ideal, das wir uns seit Menschengedenken vorhalten, tatsächlich erfüllen würden. An uns selbst zu appellieren und in der Zukunft alles besser machen zu wollen, ist sicher vernünftig und die erkennbare Dauerstrategie politischer Reden. Allein wird das aber kaum reichen, obwohl wir in einiger Hinsicht durchaus einen sozialen Fortschritt zu verzeichnen haben, der sich aus unseren guten Momenten nährt.

Schwer tun wir uns aber beispielsweise mit dem großen Wort »Gerechtigkeit«. Aus dem politischen Raum sind Sätze bekannt wie »Wir wollen die Welt gerechter machen«. Das ist löblich und man kann es nicht oft genug sagen. Nur sorgen wir gleichzeitig dafür, dass die Reichen immer reicher und die Armen immer ärmer werden. Obwohl die Besitztümer der Superreichen im Jahre 2019 gegenüber 2018 weltweit tatsächlich leicht abnahmen, besitzen die 85 reichsten Personen dieser Welt ebenso viel wie die 3,5 Milliarden ärmsten Menschen – was für ein absurdes Verhältnis. Tut man das Gegenteil von dem, was man eigentlich tun möchte oder sollte, dann wird man sein Ziel nicht erreichen. So einfach ist das.

Im Jahr 2019 – Corona war noch kein Thema – wurde ein weiterer Rekord beim CO_2-Ausstoß aufgestellt, wenngleich der Zuwachs aufgrund der leicht schwächelnden Weltwirtschaft etwas weniger stark ausfiel als im Jahr davor. Wir wollen den Ausstoß seit Jahren vermindern, machen aber auch hier das Gegenteil und erreichen folglich unser Ziel nicht. Und entsprechend sieht unsere Klimagerechtigkeit aus: Müsste nicht jeder Mensch gleich viele Rechte und Pflichten gegenüber der Atmosphäre haben? Doch es zeigt sich, dass global und in den einzelnen Nationen die Wohlhabenderen auch diejenigen sind, die weit über dem Schnitt Treibhausgase emittieren. Dass denjenigen, die das Klima über die Maßen aufheizen, der Planet noch nicht um die Ohren geflogen ist, liegt auch an den vielen, die aufgrund ihrer bescheidenen Verhältnisse fast nichts zum Klimawandel beitragen.

Und dann ist da noch die Frage der Zurechnung: Der Inselstaat Palau liegt mit 57 Tonnen pro Kopf weltweit auf Platz 1. Wie das? Der CO_2-Ausstoß der Flugzeuge und Kreuzfahrtschiffe, die jede Menge Touristen zu den rund 500 Inseln transportieren, wird den nur 17 700 Einwohnern zugerechnet. Pech? Oder ungerecht? Palau gilt übrigens als Steueroase, was ein Grund dafür sein könnte, warum manche so dringend dorthin düsen müssen.

Hoffnung auf den »Green Deal«

Wie eingangs schon erwähnt: Wollen wir unsere bisherigen Fehler korrigieren, so müssen wir, um die Ziele von Paris einhalten zu können, von jetzt an bis Mitte des Jahrhunderts jedes Jahr die

Treibhausgasemissionen um 7,6 Prozent senken. Da macht es Hoffnung, dass die neue EU-Kommissionspräsidentin Ursula von der Leyen in Anlehnung an Roosevelts »New Deal« den »Green Deal« für die EU bezweckt und durchsetzen will, dass Europa bis 2050 der erste klimaneutrale Kontinent der Welt ist. Mehr Investitionen in grüne Technologien und in die Spitzenforschung und mehr nachhaltige Lösungen, gepaart mit mehr sozialer Gerechtigkeit, sind das Konzept – im Grunde ein neues Wirtschaftssystem mit maximaler Wiederverwertung von Ressourcen im Kreislauf. Namentlich geht es zudem um eine saubere Energiewirtschaft, einen klimaneutralen Verkehrssektor noch in den 2030er Jahren, und besonders um die energetische Sanierung des Gebäudebestands. Die Ideen sind nicht verblüffend neu, aber sehr vernünftig – wenn man sie umsetzt und nicht einfach nur davon spricht.

In Deutschland haben wir vor allem eine gute Klimarhetorik. Jahrelang wurde stets wiederholt, dass wir Europas Vorreiter beim Klimaschutz sein wollen und bis 2020 die Emissionen um 40 Prozent gegenüber 1990 reduzieren werden. 2017 hat man dann urplötzlich bemerkt, dass 2020 ja nicht mehr so weit weg ist und … all die ambitionierten Ziele kurzerhand auf 2030 vertagt! Ganz ehrlich: Mit dieser »Strategie« wird man dem Klimawandel nicht beikommen, und dass uns am Ende ein Virus unterstützen würde, war ja nicht abzusehen. Im Jahr 2019 lagen wir beim Erreichen unserer Klimaziele auf Platz 8 der nunmehr nur noch 27 EU-Staaten. Mit dem 8. Platz ist man noch nicht mal auf dem Podest und sicher kein Vorreiter. Aus der falschen Selbsteinschätzung wachsen Aussagen der Art, dass nach unseren vielen Taten nun erst einmal die anderen dran seien, wir können die Welt ja schließlich nicht allein retten! Keine Sorge, das tun wir auch nicht im Mindesten. Leider. Summiert man unsere Emissionen von Kohlendioxid seit 1750 auf, so liegt Deutschland auf Platz 4 von 194 Ländern, und wir sind zudem das Land, das auf Platz 6 bei den aktuellen Emissionen liegt. Ein maßgeblicher Grund für diese hohen Werte ist natürlich die Nutzung der Braunkohle. Kurzum: Wir haben es sehr wohl nötig, uns zu ändern – ohne auf die anderen zu zeigen!

Unsichtbares Problem, kaum sichtbare Erfolge

Was wir nicht mit eigenen Augen sehen können, fällt für uns – und das war evolutionär sinnvoll – erst mal kaum ins Gewicht. Beim Klimaschutz erhält dieses »mit den eigenen Augen sehen« eine fast tragische Rolle. Kohlendioxid ist völlig unsichtbar und geruchlos. Stellen Sie sich mal kurz vor, dieses Gas wäre schwarzer Qualm und wir sähen nie mehr die Sonne! Unsere beliebten Urlaubsziele im Mittelmeer oder ferne Traumstrände lägen ständig in bleigraudämmrigem Zwielicht. Oder stellen Sie sich vor, das Kohlendioxid hätte den gleichen Geruch wie die Stinkbomben, die wir zu Schulzeiten gerne im Lehrerzimmer hochgehen ließen! Wir müssten mit klobigen Gasmasken herumlaufen, um den widerlichen Gestank auszuhalten. Dann würden wir unser Problem dauerhaft spüren und nicht nur – wie bei Extremwetter – mal hier, mal da und mit längeren Unterbrechungen. Das Thema stünde auf allen politischen Agenden auf Platz 1 und man würde schleunigst nach Lösungen suchen. Und sie auch sofort finden – denn die Nachteile wären so offensichtlich, sie würden die individuellen Vorteile im wahrsten Sinne des Wortes in den Schatten stellen.

Wichtig ist an dieser Stelle zu erwähnen, dass CO_2 natürlich ein für unser Leben sehr wichtiges Gas ist. Ohne es könnten Pflanzen – und das schließt die so wichtigen Algen ein – keine Photosynthese, die Umwandlung von Kohlendioxid und Wasser in Glucose (Traubenzucker), betreiben. Als »Abfall« entsteht, nicht ganz unwichtig, Sauerstoff. Also: Kohlendioxid ist weder ein »böses Gas« noch ein »Klimakiller«, sondern einerseits wichtig und andererseits ein Treibhausgas. Es hat Vor- und Nachteile. Die Dosis macht's und darum ist ein vernünftiges Gleichgewicht sinnvoll. Wenn wir in Rekordzeit immer mehr CO_2 in die Atmosphäre drücken, wird es eben wärmer und die Wetterabläufe ändern sich. So einfach ist das.

Die Unsichtbarkeit spielt auch beim Klimaschutz eine Rolle. Wohnt jemand, der sich stets klimafreundlich verhält, Tür an Tür mit jemandem, den man mit Fug und Recht als Umweltsau bezeichnen würde, so sehen beide die exakt gleiche Welt: Der Erfolg des eigenen Handelns bleibt unsichtbar – so unsichtbar wie das CO_2 selbst. Die Erfolge von sinnvollem Klimaverhalten, wenn wir denn kollektiv erfolgreich agieren, sehen wir leider erst mit großer Verzögerung, ebenso wie wir erst jetzt die Folgen unserer früheren Klimaschädigung sehen. Erschwerend kommt hinzu, dass das Erreichen der Klimaziele kein konkretes »Ergebnis« hat, sondern lediglich Schlimmeres abwendet. Das hat eine gänzlich verdrehte Motivationsstruktur zur Folge, vergleichbar mit dem alltäglichen Verhalten vieler Leute, Reparaturen oder Behandlungen nie aufzuschieben, während Vorsorgemaßnahmen gerne schleifen gelassen werden: Der Aufwand hat keinen greifbaren, sondern nur hypothetischen Gegenwert.

Wenn eine neue Eiszeit drohte ...

Bilder von der Erdatmosphäre, etwa einen Sonnenaufgang aus der Internationalen Raumstation ISS, zeigen, wie hauchdünn und zart die Lufthülle ist, die unsere Erde umspannt. Gleichzeitig ist sie aber auch äußerst gewichtig: Es lasten nicht weniger als 5 Billiarden Tonnen Luft auf unserer Erdoberfläche, die wir als Luftdruck messen. Diese riesige Masse kaschiert unsere »kleinen Sünden« sehr lange: Statt die Atmosphäre respektvoll sauber zu halten, stopfen wir sie mit unseren Abgasen voll – zunächst merkt man ja nichts davon, und alle anderen tun das doch auch. Es dauert eben eine ganze Weile, bis 5 Billiarden Tonnen aufgeheizt sind, und die Reaktion der Atmosphäre auf unser Verhalten ist extrem träge. Sie kennen das von Ihrer Heizung: Drehen Sie den Thermostat drei Stufen höher, ist das Zimmer ja nicht schlagartig wärmer, sondern es wird dauerhaft mehr Energie zugeführt. Die Temperatur steigt, bis ein neues Gleichgewicht zwischen Energiezufuhr und Wärmeverlust herrscht. Drehen Sie den Thermostat irgendwann zurück, so führen Sie weniger Energie zu und die Temperaturen sinken wieder.

Genauso, nur viel langsamer, laufen die Prozesse in der Atmosphäre ab. Daher können wir mit Aussagen wie »in den letzten 100 Jahren ist es global um rund ein Grad wärmer geworden« auch kaum etwas anfangen oder zumindest nichts Besorgniserregendes daran erkennen – anders als bei Unwettern, die den Klimawandel heute »spürbar« machen. Wir brauchen also einen griffigen Vergleich, um Änderungen der Mitteltemperaturen erfassen und einordnen zu können: Seit dem Ende der letzten Kaltzeit vor rund 11 000 Jahren ist die globale Mitteltemperatur um gerade einmal 4 Grad angestiegen. Aber eine 4 Grad kältere Welt ist eine völlig andere als die heutige. Damals waren sämtliche Alpentäler mit Eis aufgefüllt, der Norden Europas lag unter einer Eisdecke von 2 bis 3 Kilometer Dicke. Der Nordosten Deutschlands ruhte unter einem bis zu 500 Meter dicken Eispanzer. Knapp ein Drittel des heute flüssigen Wassers war zu Eis erstarrt und der Meeresspiegel lag 120 Meter tiefer. Also noch einmal: Eine 4 Grad kältere Welt hat mit der heutigen schlicht nichts zu tun. Vor diesem Hintergrund versteht man, dass eine 4 Grad *wärmere* Welt ebenso eine ganz andere sein würde, mit der heutigen nicht zu vergleichen. Nur, dass wir Menschen die Prozesse erheblich beschleunigen. Folgt man Szenarien der Klimaforschung, bei denen wir wenig bis nichts zum Klimaschutz leisten, steigen die globalen Temperaturen bereits bis zum Ende dieses Jahrhunderts um weitere 4 Grad. Heißt: Die Natur braucht 11 000 und wir 100 Jahre. Linear überschlagen passiert alles 110-mal schneller, als es durch natürliche Ursachen erfolgen würde.

Das ist der entscheidende Unterschied! Das macht diesen Klimawandel für uns Menschen, aber auch für Fauna und Flora weitaus belastender als alle vorangegangenen. Das Leben muss sich den Veränderungen anpassen, kann mit dieser Geschwindigkeit aber oft nicht Schritt halten. Das führt zum Aussterben vieler Arten. Für unseren Planeten ist das freilich alles völlig unkompliziert – ihm ist es egal, ob er Leben beheimatet oder nicht.

Nun stellen Sie sich doch mal vor, durch den menschlichen Klimaeinfluss drohte anstatt einer Hitzeperiode eine neue Eiszeit. Es würde von Jahr zu Jahr kälter mit immer längeren Wintern, Gletschervorstößen und nur noch sehr durchwachsenen, kurzen Sommerperioden. Ich wage zu vermuten, dass wir aus Angst vor einer solchen Entwicklung hin zu einem Klimapessimum viel aktiver gegen den Klimawandel vorgehen würden. Eine Erwärmung verbinden wir klimahistorisch und intuitiv hingegen mit einem Optimum und sind weniger besorgt. Mancher freut sich auch auf eine wärmere Umwelt, schließlich kommt uns unser gewünschtes warmes Urlaubsklima dadurch sogar näher. Wie schön. Leider werden bei diesem Gedankengang Dürren, Noternten, Hitzewellen, Starkregen, Hagel, Überschwemmungen und ihre Häufung meist ausgeblendet.

Wie ein Asteroideneinschlag in Superzeitlupe

Das Klimasystem ist also ein sehr »träger Tanker«, der unglaublich verzögert auf unseren Energieeintrag reagiert. Obwohl wir schon seit Jahrzehnten höchst unvernünftig mit unserer Atmosphäre umgehen, spüren wir erst jetzt an der sich beschleunigenden Erwärmung und den Unwettern, dass sich dieses riesige System gerade in einen anderen Gleichgewichtszustand bewegt. Diesen Übergang nennen wir Klimawandel. Das Tragische ist, dass unser Zeitgefühl und die Zeitskala, auf welcher der Klimawandel stattfindet, völlig verschieden sind. Auch wenn uns all das wie ein schleichender Prozess erscheint, verlief doch noch nie ein globaler Klimawandel so schnell wie dieser. Für uns wirkt er trotzdem wie ein Asteroideneinschlag in extremer Zeitlupe. Ein riesiger Himmelskörper hängt quasi direkt vor unserer Nase, aber bewegt sich für unser Zeitempfinden so langsam, dass wir ihn nicht wahrnehmen. Stellen Sie sich vor, man wüsste, dass ein solcher Erdbrocken in wenigen Tagen mit tödlichen Folgen auf unserer Erde einschlagen würde. Was wäre die Konsequenz? Wir alle würden schlagartig alles stehen und liegen lassen, alle weltweiten Streitigkeiten beenden und mit aller Kraft an einem Strang ziehen, um das Problem irgendwie zu lösen. Viele spannende Filme befassen sich mit diesem Szenario und jedem Zuschauer ist sofort klar, dass es auch gar keinen anderen Weg gibt, als gemeinsam alle Kräfte für die Rettung zu mobilisieren.

Beim Klimawandel sind alle Voraussetzungen für ein solches kollektives Handeln gegeben, nur die Zeitskala passt nicht und deshalb blenden wir – wie eingangs erwähnt – das Problem aus.

Zusammengefasst lässt sich bis zu diesem Punkt also erkennen: Der Klimawandel ist ein physikalisch komplexer Prozess, der sich schon dadurch dem inhaltlichen Verständnis vieler Menschen zunächst entzieht. Zudem wird dieser Wandel durch unsichtbare Gase ausgelöst und erscheint uns daher als schleichend, weil er auf einer ganz anderen Zeitskala stattfindet als unser tägliches Leben. Allein diese Punkte machen es schwer, die Bedeutung des Themas überhaupt zu erkennen.

Hinzu kommt unsere – evolutionär begründbare – Eigenschaft, unser eigenes Wohlergehen, unseren Besitz und unseren Luxus über alles andere zu stellen. Jedenfalls im Mittel, was die erfreuliche Existenz einiger Idealisten natürlich einschließt. Im Kapitalismus lässt sich Wohlstand dadurch erzeugen, dass man wenig Geld ausgibt und viel einsammelt. Der daraus zwingend entstehende Preiskampf geht auf Kosten derer, die sich nicht oder schlecht wehren können. Das ist zum einen der ärmere Teil der Weltbevölkerung und zum anderen die Natur – die neben der Atmosphäre die Ozeane und die Biosphäre, also die Tiere und Pflanzen, einschließt. Wir beuten diese wissentlich aus, die Wertschätzung dafür geht immer mehr verloren – und wenn diese Erkenntnis mal »wehtut«, machen wir schnell die Augen zu!

Neben mehr Klimabildung, die verhindern würde, dass wir uns immer und immer wieder mit längst widerlegten Scheinargumenten von Klimawandelleugnern beschäftigen müssten, könnten wir zur Lösung des Problems versuchen, den Kapitalismus abzuschaffen. Das klingt sehr verwegen und das ist es auch, denn bisher haben wir einfach keine funktionierende Alternative: Alle Systeme, die ausprobiert wurden, erwiesen sich als erfolglos. Solange es also keine Idee gibt, die wir quasi automatisch zu übernehmen bereit sind, bleiben die heutige Art des Wirtschaftens und damit der Kapitalismus mit all seinen Nachteilen die Grundlage unseres Handelns. Mit dieser Einsicht müssen wir unsere weiteren Überlegungen führen. Dennoch sollte sich hier nicht sofort Pessimismus breitmachen, denn das System des Kapitalismus bietet auch einige Möglichkeiten, den Klimawandel mit einer gewissen Effizienz zu bekämpfen. Dazu später mehr.

Ein Wandel der Menschheit?

Der Klimawandel ist da, er betrifft die ganze Menschheit und wir verhalten uns dem Problem nicht angemessen. Wir beklagen die Situation, kommen aber nicht voran. Wenn wir den Klimawandel einfach ignorieren, dann wird er den nachfolgenden Generationen unermesslichen Schaden zufügen und macht die von Stephen Hawking einst geäußerte Prognose wahrscheinlich, dass die Erde in 100 Jahren dann nicht mehr bewohnbar sein könnte. Die Konsequenz ist also völlig klar: Wir müssen uns ändern! Aber ist das realistisch?

Ein Freund sagte mir mal, dass sich ein Mensch nur aus zwei Gründen wirklich verändert: aus Liebe oder durch ein Unglück.

Ich glaube, er hat Recht. Ersteres ist unbestritten, denn was machen frisch Verliebte nicht alles für merkwürdige Dinge, und was kann eine tiefe Beziehung zu einem Menschen nicht alles für neue Interessen wecken? Und das zweite, das Unglück? Manchmal ist es ganz offensichtlich: Wer plötzlich erblindet oder querschnittsgelähmt ist, kann gar nicht anders, als sein Leben und damit sich selbst zu verändern. Auch der Tod eines geliebten Menschen oder die Verwüstung der eigenen Heimat durch einen Krieg oder eine Schlammlawine kann das ganze bisherige Leben verändern – selbst, wenn man körperlich unversehrt davongekommen ist. Doch die meisten Dinge, die uns widerfahren, sind irgendwo zwischen großer Liebe und großem Unglück und damit allenfalls geeignet, unser Verhalten kurzfristig zu beeinflussen. Bisher zeigen wir jedenfalls unbeeindruckt von allen Herausforderungen dieser Welt eine große Beharrlichkeit in unserem Verhalten – wider besseres Wissen.

Um dem Klimawandel pragmatisch zu begegnen, müssen wir uns wohl oder übel eingestehen, dass wir sind, wie wir sind! Unsere hinderlichen Eigenschaften sind ein Teil von uns. Alle Ideen, die darauf beruhen, dass wir uns zunächst kollektiv zum Guten mit durchweg vernünftigen Einsichten wandeln, müssen scheitern. Solch ein »Wandel der Menschheit« ist in der Vergangenheit nicht erfolgt und wird wohl auch weiterhin ausbleiben. Diese Erkenntnis ist keinesfalls als Widerspruch dazu zu verstehen, dass sich nicht jeder von uns nach Kräften darum bemühen sollte, die Dinge zum Besseren zu wenden. Was da möglich ist, besprechen wir weiter hinten im Buch (Kapitel »Der Wettlauf zum Klimaziel – was jetzt zu tun ist«). Der Wandel zu einem klimafreundlichen Lebensstil kann eine äußerst bereichernde Erfahrung sein. Aber aus einem Erfolg einiger zu schließen, dass das Gros der Menschen es schlagartig schafft, plötzlich einfach mal anders zu sein und vernünftiger zu handeln, ist wohl an der Lebenswirklichkeit vorbeigewünscht.

Politiker wollen gewählt werden

Regierungen in einer Demokratie haben es nicht unbedingt leicht. Sie können nämlich nur dann entscheiden und gestalten, wenn sie vorher gewählt wurden. Nun kann ein Politiker aus reiner

Überzeugung für etwas eintreten, sodann für seine Haltung kämpfen und damit gewinnen oder eben verlieren. So ist Demokratie gedacht. Die Wirklichkeit sieht aber oft so aus, dass viele auf die Umfragen schielen und möglicherweise bereit sind, an der ein oder anderen Stelle bisweilen auch opportunistisch zu agieren. Die eigene Macht steht eben doch schnell im Mittelpunkt. Letzteres führt beim Umgang mit dem Klimawandel oft zu sehr ambivalenten Aussagen, schließlich will man ja keine potenziellen Wähler verprellen. Das Thema verlangt Klarheit, doch die könnte zum Verlust von Stimmen führen. Hier hilft aber ein Blick auf die Europawahl 2019. Sie hat eindrücklich gezeigt, dass eine klare Haltung doch goutiert wird. Das Klimathema liegt den Menschen am Herzen und wer sich dazu politisch klar positioniert, kann damit auch Wahlen gewinnen. Freilich verschiebt sich die Bedeutung von Themen in extremen Krisenzeiten wie bei Corona, aber der Grundsatz, dass Klarheit ein guter politischer Weg ist, gilt dennoch.

Wenn nun große Finanzinvestoren erklären, dass sie nachhaltige Geldanlagen fördern wollen, ist das – sofern sie auch tun, was sie sagen – gut. Noch viel wichtiger wäre für die Gesellschaft aber ein politisches Zeichen, ein Konsens. Eine globale Verabredung darüber, dass man sich einig ist, die richtigen Rahmenbedingungen zu schaffen, um ein nachhaltiges Wirtschaften planbar und gewinnbringend zu gestalten. Ein Emissionshandel für alle, der etwa den CO_2-Ausstoß in ausreichend hoher Weise bepreist, sodass wirklich eine Lenkungswirkung entsteht, ist ein vernünftiger Ansatz. Bisher gilt für diese Form des Handels eher »gut gedacht, schlecht gemacht«, weil die Vergabe viel zu vieler kostenloser Zertifikate und die zahlreichen Ausnahmen vom Handel das System binnen Kürze völlig durchlöchert hatten.

Ganz ohne Moralisieren oder Ideologie kann man den Klimawandel mit diesem mächtigen Werkzeug bekämpfen: Geldströme steuern und dadurch schnell für nachhaltige Technologien sorgen, die dann als Investitionsziel und Kapitalanlage erkannt werden! Dann wird jeder, der nichts weiter tut, als seinen Alltag zu leben – und genau das tut die Masse der Menschen nun einmal –, automatisch umweltfreundlicher. Hier sitzen die großen Hebel erfolgreichen Umgangs mit dem Klimawandel!

Die Gier lenken

Gier steckt in uns allen und der Kapitalismus fördert sie. Diese Gier hat 2008 zur weltweiten Finanzkrise geführt, die mit der Lehman-Pleite begann. Schnell erkannte man, welch schreckliche Fehler unser Finanzsystem enthielt, und beschloss, dass von nun an alles ganz anders werden muss. Im Umfeld des weltweiten Börsenhandels mit seinen exorbitanten Bonuszahlungen ist bis heute allerdings vieles geblieben, wie es immer war – mal abgesehen vielleicht von größerem bürokratischem Aufwand für jene Banken, die am damaligen dramatischen Schaden durch ihr Anlageverhalten gar nicht beteiligt waren. Die Gier hat gewonnen, weil sie in uns steckt. Die Vernunft, die gegensteuern muss, hat verloren. Moralisch bedauerlich, aber eine Tatsache. Wir können unsere Gier nicht abschaffen und sollten keinen Kampf führen, den wir ohnehin nie gewinnen werden. Vielmehr müssen wir die Gier lenken, sie ausnutzen und quasi hinterlistig mit uns selbst sein. Wäre es nicht allemal besser, wenn jemand dadurch richtig reich würde, dass er die Umwelt sauber hält, anstatt ihr zu schaden? Um das zu erreichen, benötigen wir Regeln, die unser Verhalten steuern. Sich auf solche Regeln weltweit politisch zu einigen, sollte die Aufgabe bei den großen Klimakonferenzen sein. Wie lenken wir Kapital in eine von der Weltgemeinschaft gewünschte Richtung? Soll doch die Gier das grüne Geschäft beleben, wenn wir sie schon nicht beseitigen können!

»Wenn der Wind des Wandels weht, bauen die einen Windmühlen und die anderen Mauern«, sagt ein kluges chinesisches Sprichwort. Der größte Vermögensverwalter stellt nun Windmühlen auf. Denn die Anleger entwickeln rasant ein Bewusstsein dafür, dass der Klimawandel sich massiv auf das Wirtschaftswachstum und den Wohlstand auswirkt, und dass diesem Umstand nun Rechnung getragen werden muss. Der Klimawandel wird dadurch zur Triebfeder für eine tief greifende Veränderung bei der Risikobewertung von Anlagen und vorausschauende Investoren planen eine wesentliche Umschichtung des Kapitals.

Unternehmen, die Billionen Dollar an Vermögen verwalten und damit jeden Tag (!) Millionen Dollar Gewinn einfahren, besitzen erhebliche Macht. Ob das in Ordnung ist, will ich hier nicht bewerten, sondern auf die enorme Hebelwirkung – »Leverage«, wie die Banken das nennen – hinaus, die entsteht, wenn ein solches Unternehmen auf Nachhaltigkeit setzt. Was auch immer die Triebfeder der Akteure ist, ob blanke Gier oder nur der Wunsch, in zinslosen Zeiten den Ruhestand zu sichern – hier werden die Weichen dafür gestellt, dass an Schlüsselstellen Kapital für grüne Technologien zur Verfügung steht.

Ein solcher Weg, begonnen durch einen marktmächtigen Konzern, hat nebenbei auch zur Folge, dass Investoren die wirtschaftliche Unzulänglichkeit einer rückwärtsgewandten Investition aufgezeigt wird, da sich die Anleger über kurz oder lang abwenden werden. So können die Kapitalströme – quasi durch einen Schubs – immer mehr in nachhaltige Unternehmen fließen. Schon heute wächst der Anteil »grüner Anlagen« erkennbar: In Großbritannien haben sie 2018 gegenüber dem Vorjahr um 34 Prozent zugenommen, im deutschsprachigen Raum sogar um 45 Prozent statt um vergleichsweise niedrige 9 Prozent wie noch im Jahr davor. Ökologisch, sozial und langfristig sind Stichwörter für die Anlageform, die sich viele Menschen, deren Kapital in Summe nicht zu unterschätzen ist, wünschen. Doch eins muss uns klar sein: Dieser Hebel wirkt nur, wo Profit lockt. Unterprivilegierte Länder, die jetzt schon schier unter den Kosten des Klimawandels zusammenbrechen, versprechen da wenig und sind dieser Form des Kapitals – leider ziemlich wurscht. Also hat auch dieser wichtige Gedanke nicht nur Vorteile, sondern muss ein Element unter vielen sein.

Der Schlaue greift nicht zu

Daher zum zweiten großen Hebel, der ebenfalls mit einer dafür notwendigen politischen Einigkeit auf der großen Bühne zu tun hat und auf dem ungewöhnlichen Wege des »Nichtstuns« zu einem Erfolg werden könnte. Durch den Klimawandel zieht sich das arktische Eis zurück, wodurch wir plötzlich Zugriff auf Diamanten, Zink, Kupfer, Platin und seltene Erden haben, die etwa für die Produktion von Smartphones und Autobatterien erforderlich sind. Und vor allem auf etwa 90 Milliarden Barrel Erdöl – die eine unglaubliche Geldsumme bedeuten. Greifen wir hier zu, werden wir das Problem verschärfen, gegen das wir eigentlich vorgehen wollen. »Nichtstun« wäre die vernünftige Lösung, also die Vorräte im Boden lassen und konsequent auf erneuerbare Energieträger setzen. Dieser Schritt braucht – wie oben erwähnt – natürlich politische Einigkeit, wieder ein mögliches Thema für eine internationale Klimakonferenz. Ohne diese Einigkeit landen wir in einer Art »Tragik der Allmende«, also in einer Tragik des gemeinschaftlichen Eigentums.

Die Arktis ist ein Sinnbild dafür, denn es gibt bis heute keinen klaren »Besitzstatus«. Nach dem Seerechtsübereinkommen der Vereinten Nationen von 1982 haben die Anrainerstaaten des Nordpolarmeeres mit Gebieten nördlich des Polarkreises gewisse Hoheitsbefugnisse: Norwegen, Dänemark, Island, Russland, die USA und Kanada. Der Rest ist – wie gesagt – unklar. So investiert etwa China Milliarden in der Region, um mit Unterstützung Russlands am großen Geschäft mitverdienen zu können. Schaffen wir es nicht, gemeinsam und geschlossen die Finger von solchen »vergifteten Geschenken« zu lassen, ist in einem System, das noch immer die Zerstörung des gemeinschaftlichen Eigentums finanziell belohnt, derjenige der Dumme, der nicht zugreift!

Muss nicht auch jeder selbst etwas ändern?

In den letzten Abschnitten könnte möglicherweise der Eindruck entstanden sein, dass unter der Voraussetzung vernünftiger politischer Vereinbarungen »irgendjemand mit Geld« und Hilfe der Technik nun alles löst und man sich einfach zurücklehnen kann. Der irrige Schluss könnte sein: »Hurra, das Thema ist für mich erledigt, ich kann weitermachen wie bisher!« Das hat aber nur damit zu tun, dass man in einem Buch nicht alles gleichzeitig schreiben kann: Natürlich gibt es noch eine zweite Säule, um am Ende wirklich substanziell gegen die Klimaänderung anzukommen, und die hat mit jedem Einzelnen von uns zu tun. Wir müssen tatsächlich so einiges verändern und die Summe vieler kleiner Verhaltensänderungen sorgt am Ende für einen wichtigen und notwendigen Beitrag zum Klima- und Umweltschutz. Aber wie stellen wir das an? Wer macht warum was und wer bestimmt, wer was machen soll oder nicht? Das wird gerade trefflich und kontrovers diskutiert, und die vor allem in den Medien und den sozialen Netzwerken ausgetauschten Beiträge lassen viele Gemütszustände zu: Freude, Trauer, Wut, Verwunderung und beliebige Mischformen davon.

Nicht selten wird zu Beginn argumentiert, dass Deutschland doch viel zu klein und unbedeutend sei: Wir gut 80 Millionen Bürger bilden doch gerade mal rund 1 Prozent der insgesamt 7 700 Millionen Menschen und sind für nur rund 2 Prozent aller CO_2-Emissionen verantwortlich. Was sollen wir da global erreichen, selbst wenn jeder von uns seinen Lebensstil von Grund auf ändert? Dieses »Argument« verfängt tatsächlich immer wieder und dahinter steckt ein – wenn es nicht so ernst wäre – fast amüsanter Denkfehler: Wir vergessen zu addieren!

Suggeriert wird, dass wir mit 2 Prozent des weltweiten CO_2-Austoßes eigentlich keine Rolle spielen. China ist doch für 30 Prozent der Emissionen verantwortlich. Die USA für 14, Indien für 7, Russland für 5 und Japan für 3 Prozent. »Sollen doch die erst einmal etwas tun«, ist dann eine gerne vorgebrachte Äußerung. Aber Achtung! Mit unseren 2 Prozent sind wir nach den oben genannten 5 Ländern auf Platz 6 von 194 Ländern dieser Welt. Es liegen also 187 Länder hinter uns und die könnten das gleiche Argument, ihr Land spiele ja keine Rolle, mindestens ebenso gut verwenden wie wir. Addiert man aber deren Emissionen, so macht das 39 Prozent aus! Lässt man es bleiben, kann sich natürlich jeder hinter seiner eigenen Bedeutungslosigkeit verschanzen. Um es auf die Spitze zu treiben, wäre mein Rat an die verbleibenden großen Emittenten, sich einfach in viele kleine Länder zu zerlegen. Teilte man China in 15 Regionen auf, würde jede Region auch nur noch 2 Prozent emittieren. Genau wie wir! Nach einer solchen Landesteilung könnten dann alle Länder sagen, ihr Anteil sei zu klein und alle fühlten sich im Recht. Und die globalen Emissionen hätten sich kein bisschen verändert.

Landesgrößen und ihre jeweilige Bevölkerungsdichte sind natürlich völlig willkürlich, weshalb man Länder nie vergleichen kann. Stattdessen kommt es logischerweise darauf an, wie viel jeder Einzelne von uns emittiert. Beim CO_2 liegen – wie schon skizziert – die Deutschen bei 9 Tonnen pro Kopf, die Chinesen hingegen bei 7 Tonnen, aber Deutschland ist insgesamt auf Platz 6 und China auf Platz 1. Es gibt eben viele Chinesen. Länderbezogene Argumente sind also eigentlich gar keine und so wäre es sinnvoller auszudrücken, dass Deutschland als wirtschaftlich starke Nation durchaus eine Vorbildrolle übernehmen kann und aufgrund unserer zahlreichen Emissionen seit Beginn der Industrialisierung auch muss.

Dieser Satz bekommt beim Blick nach Brasilien eine noch stärkere Bedeutung. Das Land mit seinem an der Umwelt sichtlich desinteressierten Präsidenten Bolsonaro hat einen CO_2-Ausstoß von 2,4 Tonnen pro Kopf. Der Präsident erlaubt nun mehr Brandrodung und Abholzung des Amazonas-Regenwaldes, um die Wirtschaft seines Landes anzukurbeln. In Sorge um die »grüne Lunge« dieser Welt wurde nach dieser Entscheidung vielfach die Frage aufgeworfen, ob es nicht Gebiete geben müsse, die von der Allgemeinheit verwaltet werden, um solche Exzesse zu verhindern. Das ist natürlich schwierig durchzusetzen, aber immerhin bekam Bolsonaro zu Recht zahlreiche Ermahnungen, unter anderem aus Deutschland. Nur ist es eben schwierig, andere zu maßregeln, wenn man selbst fast viermal so viel CO_2 pro Kopf ausstößt und bis 2038 an der Braunkohle festhalten möchte. Das hat uns der brasilianische Präsident dann auch postwendend zurückgespielt. Und wir kaufen ja auch gern billige brasilianische Produkte von Agrarflächen, auf denen gestern noch Regenwald stand. Diesem Umstand widmen wir uns wieder im Kapitel »Die Bedeutung der Wälder«.

Die Freiheit, gegen besseres Wissen zu handeln

Wir lieben unsere Freiheit, tun zu können, was immer wir möchten. Und das ist in der Tat ein hohes Gut. Ein Gut, über das viele Zeitgenossen, die in diversen Diktaturen leben, nicht verfügen – was wieder dazu führen sollte, dass wir unsere Demokratie eher loben und uns für ihren Erhalt einsetzen sollten. Wer alle Freiheiten hat, lehnt Einschränkungen oder – um ein unerfreuliches Wort einzuführen, das ich im weiteren Verlauf des Buches möglichst selten gebrauchen möchte – Verbote natürlich ab. Jetzt kommt der zentrale Konflikt: Uns ist mehrheitlich klar, dass wir unsere Umwelt zerstören, wenn niemand auf irgendetwas Rücksicht nimmt, und alle die völlige Freiheit genießen, zu tun, was auch immer sie wollen. Regeln oder gar Verbote wollen wir aber ebenfalls nicht und Politiker sorgen sich – wie bereits beschrieben –, nicht gewählt zu werden, wenn sie Menschen Regeln oder Verbote ankündigen. Das Ergebnis dieser unterschiedlichen Kognitionen ist immer gleich und ein für alle zustimmungsfähiger Konsens: Wir einigen uns, dass wir freiwillig etwas ändern werden. Die Einigung ist prima, der praktische Nachteil: Es klappt nicht!

Eine im Jahr 2018 durchgeführte repräsentative Umfrage des Pew Research Center mit fast 28 000 Befragten in 26 Ländern förderte zutage, dass weltweit 67 und in Deutschland 71 Prozent der Menschen den Klimawandel als größte Bedrohung für ihren Wohlstand empfinden. Er steht damit sowohl bei uns als auch weltweit auf Platz 1 – was bedeutet, dass es sich also in der Wahrnehmung nicht um einen Fall von »German Angst« handelt. Daraus müsste eigentlich eine Bereitschaft hervorgehen, sich freiwillig zu ändern. Doch was geschieht? In Deutschland gab es noch nie so viele Flugreisen wie 2019, es wurden noch nie so viele Autos zugelassen, mit dem höchsten Anteil von SUVs (Sport Utility

Vehicle, große Geländewagen) jemals, und es haben auch noch nie so viele Passagiere Kreuzfahrten unternommen. Nebenbei, um das Bild abzurunden: Wir hatten auch noch nie so viel Plastikmüll zu verantworten wie 2019. Wurden in den 1950er Jahren pro Jahr noch weniger als 1,5 Millionen Tonnen Plastik produziert, so sind es heute rund 300 Millionen Tonnen.

Noch einmal: All das passiert, während wir immer mehr über Nachhaltigkeit und Umweltfreundlichkeit reden, während die Unwetter in der Weise, wie sie uns die Klimaforschung berechnet hat, zunehmen, und während wir sagen, dass uns das Thema Klimawandel am stärksten von allen Einflüssen um uns herum bedroht. Gäbe es die dissoziative Identitätsstörung (gespaltene Persönlichkeit) nicht schon, so müsste sie an dieser Stelle wohl erfunden werden.

Unser offenkundig widersprüchliches Verhalten zeigen wir in fast allen Bereichen, nicht nur beim Klima. So beklagen viele grobe Verstöße bei der Tierhaltung, möchten für Fleisch aber trotzdem möglichst wenig Geld ausgeben. Das funktioniert nicht, denn entweder bringt man dem Produkt eine Wertschätzung entgegen, dann kostet es entsprechend, oder man tut das eben nicht. Weil bei uns Preis vor Wertschätzung steht, passiert etwa bei unserer Schweinehaltung dies: Durch schlechte Bedingungen und Platzmangel verlieren in Deutschland jährlich 13 Millionen Schweine schon während der Aufzucht ihr Leben. Sie werden dann im wahrsten Sinne des Wortes in die Tonne geschmissen. Nahezu jeder von uns, der so etwas hört, findet das unerträglich, und so sagen 68 Prozent der Deutschen, dass sie sofort bereit wären, mehr Geld für Biofleisch auszugeben, wenn entsprechend auf das Tierwohl geachtet wird. Im Supermarkt kaufen 73 Prozent der Kunden dann das günstigste Fleisch. Dieses Ergebnis hat damit zu tun, dass wir im Alltag die immensen Probleme nicht wahrnehmen, die sich daraus ergeben, dass wir Fleisch zu einem »falschen Preis« kaufen. Man muss wohl nicht lange darüber diskutieren, dass der Fleischkonsum ein anderer wäre, wenn jeder sein Wild selbst jagen, häuten, zerlegen und einlagern müsste.

Die Moral von der Geschicht': Freiwillig funktioniert es nicht

Wir landen nun da, wo wir immer landen: bei der Feststellung, dass wir sind, wie wir sind. Es ist schlichtweg nicht zu ändern: Wir tun auch hier – wie die Zahlen uns zeigen – exakt das Gegenteil von dem, was wir noch in der Umfrage besorgt als nötig bewertet haben. Böse formuliert sind wir fast alle scheinheilig. Stehen wir vor der Entscheidung »SUV oder Klimaschutz?«, dann machen wir wohl wissend, dass es eigentlich besser wäre, nicht immer 3 Tonnen Blech zum Supermarkt zu bewegen, bei der eigenen Kaufentscheidung einfach mal »eine Ausnahme«. Ja, man müsste eigentlich ein kleineres Auto kaufen, aber man möchte sich gleichzeitig einmal im Leben ein schönes Fahrzeug leisten, jetzt wo man das Geld hat und ja auch älter wird und man so nun komfortabler einsteigen und sitzen kann. So hört man es nicht selten und das ist aus der Sicht des Einzelnen absolut nachvollziehbar. In der Summe vieler ergibt sich daraus dann aber unser riesiges Umweltproblem, an dem der Anteil jedes Einzelnen marginal erscheint. Da ist es also wieder, das Additionsproblem.

Freiwilligkeit klappt aus exakt dem gleichen Grund nicht, weshalb es auch die Tragik der Allmende gibt: Schuld sind die anderen! Stellen Sie sich vor, Sie machen sich massiv Sorgen über die Entwicklung unseres Klimas und beschließen deshalb, Ihr ganzes Leben umzustellen: Sie verkaufen Ihr Auto, machen keine Flugreisen mehr, beginnen vegan zu leben, vermeiden Müll, wo immer es geht, und so weiter und so fort. Was passiert ziemlich schnell: Sie sehen, dass Sie fast allein auf weiter Flur sind und dass die Menschen um Sie herum weiterhin das süße Leben genießen, während Sie sich selbst kasteien. Emotional noch unangenehmer: Sollten Sie tatsächlich etwas zum Besseren bewirken, bekommen die Untätigen das dann gratis, der berühmte »free ride«: Manche strampeln, während sich andere die milde Brise durch die Haare wehen lassen. Sehr schnell merken Sie nun, dass Sie allein die Welt ja überhaupt nicht »retten« können, und geben vielleicht sogar auf in der Erkenntnis, dass Sie machtlos sind. Quasi eigener Verzicht ohne Sinn.

Dass sich das so einpendelt, hat bei Freiwilligkeit damit zu tun, dass jeder eben völlig frei entscheiden kann, was er tut oder nicht tut. Es wird Leute geben, die sofort aktiv werden, und es wird Leute geben, die das Thema für unwichtig halten oder es vielleicht sogar trotzig ablehnen. Vor allem wird es die Masse geben, die unsicher ist, was sie eigentlich tun soll, und deswegen abwartet, oder Leute, die immer gerade einen stressigen Tag haben und einfach keine Zeit finden, jetzt auch noch am Alltagsverhalten herumzudoktern. Schließlich sind unsere Tage vollgestopft und es kommt immer mehr hinzu. An dieser Stelle bemerkt gerade so mancher von uns im Shutdown, wie schön Momente der Entschleunigung auch sein können. Vielleicht lässt sich etwas davon für die Zukunft mitnehmen.

Die Freiwilligkeit funktioniert eigentlich nur dann, wenn es einen sehr konkreten gemeinsamen Wunsch gibt, der zeitnah erreicht werden kann. So etwas gab es beispielsweise 1989, als die Bürger der damaligen DDR um ihre Freiheit kämpften. Das gemeinsame Ziel lag vor Augen und so wusste bei den Leipziger Montagsdemonstrationen jeder, dass er teilnehmen muss, weil erst eine große Menge von Menschen auch eine Wirkung erzielt und weil es für solche Demos gerade ein »Zeitfenster« gab. Die damalige Sowjetunion unter Gorbatschow griff nicht ein und weil gleichzeitig viele auf die Straße gingen, konnte dieses Kapitel der Geschichte friedlich geschlossen und ein neues aufgeschlagen werden. Hätte jeder Bürger argumentiert, dass es keine Rolle spiele, ob er mitmache, weil ja eh schon so viele andere dort seien, wäre am Ende genau niemand dort aufgekreuzt und die Mauer nie gefallen. Wieder ein Beleg fürs Addieren: Erst in Summe vieler wird etwas erreicht. So könnte es auch beim Klimaschutz sein, würden wir die Dringlichkeit und Wichtigkeit erkennen.

Es braucht Regeln – hart, aber ehrlich

Wir stellen fest, dass die freiwillige Verhaltensänderung nicht stattfindet und damit wird es etwas eng für uns. Es geht dann wohl nur unfreiwillig, sofern wir das ignorante Zerstören unserer Umwelt als Option für intelligente Lebewesen ausschließen. Wie wir »unfreiwillig« nun nennen, ist eigentlich egal. »Verbot« klingt unerfreulich, »Regeln für alle« schon besser. Diese sinnvollerweise in einem demokratischen Diskurs zu erringen am besten. Wenn wir so wollen, muss das Gleiche herauskommen wie bei unserer Gier. Wir müssen unser Verhalten lenken und uns austricksen. Aber bei diesem Thema haben wir schnell das Gefühl, dass Verhaltensregeln und sicher auch der ein oder andere Verzicht zum Schutz der Atmosphäre ein nahezu unerträglicher Eingriff in unsere Freiheit sind.

Aber mit der Freiheit ist das so eine Sache, denn die Freiheit des einen ist auch immer die Unfreiheit des anderen. Deswegen gibt es Regeln für unser Zusammenleben und damit überhaupt ein Staatswesen. Dem zugrunde liegt die Erkenntnis, dass Verbote manchmal unumgänglich sind. So wurde etwa verboten, betrunken Auto zu fahren, denn die Freiheit, das zu tun, ist eine große Gefahr für andere. Es wurde auch verboten, ohne Gurt zu fahren, was gut war, denn danach ging die Zahl der Verkehrstoten deutlich zurück – ein Erfolg, auch wenn er die Freiheit einiger, ohne Gurt zu fahren, einschränkt. Andere Regeln, wie die Einführung des Katalysators beim Auto oder der Filteranlagen in der Industrie, wurden ebenfalls per Gesetz erzwungen. Es hatte nicht länger jeder die Freiheit, nach eigenem Gutdünken Filter oder Katalysator einzubauen. Genau dadurch wurde beides zum Erfolg!

Die Geschichte hält noch mehr Beispiele parat: Nehmen Sie die Sklaverei. Wer einen Sklaven besaß, hatte die Freiheit mit ihm zu machen, was er wollte, während der Sklave selbst seiner Freiheit völlig beraubt war. Die Abschaffung der Sklaverei schränkte – etwas nüchtern geschildert – die Freiheit der Herren zugunsten ihrer vormaligen Untergebenen ein. Und als man später Arbeits- und Sozialgesetze einführte, verringerte das die Freiheit der Unternehmer. Der Kündigungsschutz verhinderte nämlich, dass man Arbeiternehmer grundlos entlassen konnte. Tarif- und Mindestlöhne wurden eingeführt und so ging die Freiheit verloren, die Bezahlung von Menschen unter das Existenzminimum zu drücken. Der Zwang, Sozialversicherungen mitzufinanzieren, schränkte wiederum die Möglichkeit ein, eine Notlage von alten und kranken Menschen auszunutzen. All dies waren Verbote und Regeln, die es vormals nicht gab und welche die Kosten steigen ließen. Das Ergebnis war aber, dass die Ausbeutung von Menschen eingegrenzt wurde. Freiwillig wäre davon nichts passiert.

Mit dieser Erkenntnis wird es nun ganz einfach: Ähnlich wie im Falle der ausgebeuteten Arbeiterschaft brauchen wir jetzt auch klare Regeln, um die Ausbeutung der Natur zu begrenzen! Das schränkt die Freiheiten Einzelner ein und kostet Geld, aber ist gleichzeitig gut für uns alle! Es gibt Tausende von Ideen, was man wo und auf welche Weise regeln kann – fast alles hat sein Für und Wider. All diese Ideen können im Folgenden nicht einzeln bewertet werden, sondern es geht vielmehr um grundsätzliche Erwägungen.

Marktwirtschaft oder Ordnungsrecht

Bei Regeln mit Lenkungswirkung gibt es immer zwei Möglichkeiten. Zum einen kann man etwas schlicht verbieten. Der Vorteil: Es ist gerecht, denn es trifft jeden gleich. Der Nachteil: Den Menschen Verbote auf eine Art zu vermitteln, dass sie einsichtig sind und dieses mehrheitlich akzeptieren, ist nicht gerade leicht, weshalb dieser Schritt vor einer hohen Hürde steht. Covid-19 konnte diese Hürde mühelos überspringen, denn fast jeder hat die Notwendigkeit von Verboten rund um das Virus recht zügig verstanden, zumindest zu Beginn der Maßnahmen. Die andere Möglichkeit liegt in der Lenkung durch Preise. Das ist einfacher zu vermitteln, aber weniger gerecht. Der Reiche, der im Schnitt mehr emittiert, wird dann weniger eingeschränkt als der Ärmere, obwohl dieser in deutlich geringerem Maße für den Klimawandel verantwortlich zeichnet. Bei einem solchen Ansatz müssen also flankierend Geldflüsse von Reich nach Arm erfolgen.

Um eine angemessene Wirkung bezogen auf das gesetzte Ziel zu erreichen, brauchen Preise die richtige Höhe. Die Bundesregierung hat ihre anfänglichen 10 Euro pro Tonne CO_2 im Klimaschutzpaket nun auf 25 Euro angehoben und will den Preis ab 2026 zwischen 55 und 60 Euro positionieren. Die Gruppe Scientists for Future sieht 180 Euro als notwendigen Betrag. Dieser Preis beruht auf Berechnungen des Umweltbundesamts (UBA) nach der sogenannten Methodenkonvention 3.0 zu den Folgeschäden unserer Emissionen.

Emissionshandel und weitere Instrumente

Mit dem Emissionshandel, wie er seit 2005 als einer der flexiblen Mechanismen des Kyotoprotokolls in der EU eingeführt wurde, hatte die Politik einen lobenswerten und überfälligen Paradigmenwechsel vollzogen. Die Idee, dass die Atmosphäre ein freies Gut sei, das jedermann beliebig zumüllen durfte, wurde von einem Prinzip der Verknappung abgelöst. Erstmals musste das Recht, CO_2 in die Luft zu blasen, beantragt und über entsprechende Zertifikate für kontingentierte Mengen genehmigt werden. Zur Teilnahme am Emissionshandel verpflichtete man Unternehmen mit besonders hohem spezifischen Ausstoß, maßgeblich aus Energiewirtschaft, Eisen-, Stahl-, Zement-, Papier- und chemischer Industrie. Im Handelszeitraum von 2013 bis 2020 waren es in Deutschland 1 900 solcher Firmen, die ihre Emissionen jährlich bei der Deutschen Emissionshandelsstelle (DEHSt) melden mussten und ihrerseits mit den zugeteilten Zertifikaten international handeln durften.

Die Idee markierte zwar einen Fortschritt gegenüber dem vorigen Laissez-faire, doch war sie anfangs schlecht umgesetzt. Denn um die energieintensiven Industrien vor Konkurrenznachteilen zu schützen, verteilte die Politik kostenlose Zertifikate, deren Volumen man überdies noch für ein deutlich überhöht angenommenes künftiges Wachstum nach oben »korrigiert« hatte. Der Markt war geflutet mit Verschmutzungsrechten, ihr Preis verfiel rapide und der beabsichtigte Druck auf die Industrie, sich in Richtung Effizienz und Einsparung zu entwickeln, löste sich in Luft auf. Ein klassischer Fall von Marktversagen, unter dem das System bis in die aktuelle Handelsperiode leidet, denn noch immer müssen diese überflüssigen Zertifikate abgefischt werden.

Immerhin hat die EU für diesen Zeitraum die Spielregeln für alle Mitgliedstaaten weitgehend angeglichen und zumindest der Stromsektor muss mittlerweile seine Zertifikate vollständig über Auktionen einkaufen. Ebenso wurden nun alle Treibhausgase einbezogen, also auch Lachgas und perfluorierte Kohlenwasserstoffe. Zwar erhalten Industriebranchen und Wärmeproduktion noch immer kostenlose Kontingente, aber sie müssen sich dem Wettbewerb untereinander stellen, da die Menge der Zertifikate sich daran orientiert, wie viel Treibhausgase die europaweit effizientesten 10 Prozent aller Anlagen eines Sektors pro Tonne des jeweiligen Produkts abgeben. Die Gesamtzahl der Berechtigungen nimmt dabei jährlich um gut 1,7 Prozent ab. Seit 2012 erstreckt sich der Emissionshandel auch auf den Flugverkehr mit Start- *oder* Landepunkt innerhalb der EU, dieser Anwendungsbereich wird 2020 überarbeitet. Da auch hier zahlreiche Geschenke und Ausnahmen gemacht wurden – 85 Prozent der Zertifikate waren kostenlos und bis 2016 wurden nur innereuropäische Flüge eingebunden – blieb die Wirkung minimal. Die Einnahmen aus dem Emissionshandel investiert die Bundesregierung in Klimaschutzmaßnahmen in den Kommunen, der Wirtschaft und bei den Verbrauchern, zum Beispiel für Zuschüsse zur Heizungsmodernisierung in privaten Haushalten.

Der Emissionshandel in der EU ist sicherlich weiterhin verbesserungswürdig, doch dürfte er einen wesentlichen Anteil daran haben, dass die deutschen Emissionen bereits 2019 stärker zurückgegangen waren als zunächst geschätzt. Man kann dies aber auch so lesen, dass ein stärkerer Gesetzesrahmen uns den notwendigen Klimaschutzzielen noch deutlich schneller nahebringen würde. Tatsächlich gehen die Überlegungen der EU-Kommission genau in diese Richtung. Bislang wurden die energieintensiven Branchen geschont, auch um zu verhindern, dass sie aus der EU abwandern und mit ihren Emissionen lediglich andernorts das Weltklima belasten – der sogenannte »Carbon-Leakage-Effekt«. Nun könnten bald CO_2-intensive Produkte beim Import an den Außengrenzen der EU mit einem Aufpreis belastet werden (»Border Carbon Adjustment«), der sich nach der Höhe ihrer Klimaschädlichkeit richten würde.

Wie auch immer solch ein Ansatz ausgestaltet wird – als Steuer, Zoll oder in anderer Form – eines zeichnet sich bereits ab: Die

Emissionsgeschenke an die Hochverbraucher *innerhalb* der EU sind mit einem solchen Aufschlag für Importeure nicht mehr vereinbar und ihre Zeit dürfte sich dem Ende neigen. Damit müssten die Produzenten ihre Effizienz endlich unabhängig von ihrem Standort steigern. Es sieht so aus, als ob sich das Blatt doch noch in die richtige Richtung wendet, denn nicht eine billige oder teure Tonne CO_2 entlastet das Klima, sondern nur eine, die nicht produziert wird. Allerdings, auch hier lernen wir aus der Coronakrise: Der CO_2-Preis ist aufgrund der stark geminderten Produktion und folglich mangels Nachfrage nach Zertifikaten rapide in den Keller gegangen. Dort dürfte er nach Einschätzung des Brüsseler Think Tanks Centre on Regulation in Europe (CERRE) wegen der wirtschaftlichen Unsicherheiten auch noch auf einige Zeit bleiben. Dies offenbart eine typische Schwäche rein marktwirtschaftlich konstruierter Mechanismen: Zum einen richten sich ihre Preissignale nach der Konjunktur, nicht nach der Physik. Zum anderen entsteht dadurch dem Prinzip nach ein endloses Pendeln – sinkt der Preis, steigen die Emissionen wieder. Das letztliche Ziel sollte aber kein ewiges Auf und Ab des CO_2-Ausstoßes sein, sondern eine konstante Senkung bis auf null – und das noch innerhalb der nächsten Jahrzehnte.

Parallel zum Emissionshandel auf EU-Ebene, der nur etwa 45 Prozent aller Emissionen erfasst, führt Deutschland ein eigenes System der CO_2-Bepreisung ein, das alle Produkte und Konsumenten einbinden soll – ein Ergebnis der Verhandlungen zum Klimapaket. Um nicht jedes Produkt im Detail behandeln zu müssen, soll diese Steuer weit oben in der Lieferkette erhoben werden, beispielsweise bei den Treibstoffherstellern, sodass sie ihre Wirkung im ganzen nachfolgenden Preisgefüge entfaltet. Der Einstiegspreis von 25 Euro pro Tonne CO_2 ab 2021 lässt allerdings keine echten Ambitionen erkennen. Laut den bereits erwähnten Zahlen des Umweltbundesamtes verursacht eine Tonne CO_2 Schäden von rund 180 Euro, wonach die deutschen Treibhausgasemissionen 2016 Gesamtkosten von rund 164 Milliarden Euro zu verschulden hatten. Entsprechend hatten Volkswirtschaftler im Sinne einer deutlichen Lenkungswirkung einen Einstiegspreis von 80 Euro gefordert. Aus der Geschichte des Emissionshandels konnte man bereits ersehen, dass zu niedrige CO_2-Preise eben kein Signal an die Marktteilnehmer senden. Sie sind sogar in zweifacher Hinsicht schädlich, indem sie Industrien, wenn auch nur in geringem Maße, belasten, dem Klima aber nichts nützen – Sprengstoff für die öffentliche Akzeptanz. An dieser Stelle lohnt sich ein Blick auf unsere Nachbarn, die Schweiz und Schweden: Die Schweiz hat sich 2008 für eine nationale Lenkungsabgabe auf fossile Brennstoffe entschieden, die heute 96 Schweizer Franken pro Tonne CO_2 beträgt. Die Gelder werden zu einem Drittel in Maßnahmen und Förderungen zur Gebäudesanierung gesteckt, der Rest geht direkt an die Steuerzahler zurück. Dadurch will die Schweiz eine angepeilte Reduktion des CO_2-Ausstoßes zu mindestens 60 Prozent im Inland erreichen. Schweden hingegen hat bereits 1991 eine CO_2-Steuer in Höhe von 30 Euro je Tonne eingeführt – also schon vor 30 Jahren mehr, als wir uns heute zutrauen. Inzwischen ist der Preis bei 115 Euro angekommen. Die Skandinavier haben diesen für manchen hierzulande schier undenkbaren Vorgang offenbar gut überstanden und wollen bis 2045 klimaneutral sein. Ölheizungen gibt es so gut wie keine mehr, geheizt werden Häuser dort mittlerweile größtenteils über Wärmepumpen. Man muss aber auch ehrlich darauf hinweisen, dass Schweden neben viel Wasserkraft auch noch einen hohen Anteil von Atomstrom nutzt, doch die Einnahmen aus der CO_2-Steuer werden genutzt, um den Ausbau der regenerativen Energien voranzutreiben.

Inlandsflüge verteuern

Nehmen wir als konkretes Beispiel für falsche Preise die Inlandsflüge in Deutschland. Sie finden täglich zu Hauf statt und der Kurzflug emittiert besonders fleißig. Die erste Frage muss also lauten: Braucht es so viele Flüge, wenn man doch mit der Bahn nahezu auf jeder Strecke im Land von Tür zu Tür oft ähnlich schnell unterwegs ist? Die zweite Frage muss lauten: Ist es auch nur annähernd zu erklären, dass oft die Taxifahrt zum Flughafen das Teuerste an der Flugreise ist? Erst für 70 Euro von der Münchener City zum Flughafen und dann für 29 Euro weiter nach Hamburg? Solche Preise sind zutiefst verantwortungslos. Natürlich reist man bei einem solchen Preis per Flugzeug von

München nach Hamburg. Da muss man einfach zugreifen! Und in Sachen Natur- und Klimaschutz wird eben mal ein Auge zugedrückt. Wenn man Inlandsflüge nicht gleich verbieten will, dann müssen klare Regeln für Vernunft sorgen und absurde Preise verhindern.

»Warum nicht Flugkilometer wie Taxikilometer bepreisen?«, schrieb mir kürzlich ein Zuschauer! Interessante Idee, dann würden die 600 Kilometer, die zu fliegen sind, rund 900 Euro kosten – ein Preis von rund 1,50 Euro pro Kilometer ist in Deutschland fürs Taxifahren realistisch angesetzt. Und schon – versprochen – wird weniger geflogen und weniger emittiert. Ein Erfolg! Und es ist nicht unfair, denn umweltfreundliche Alternativen sind mit der Bahn ja da. Und wer 900 Euro ausgeben will, kann das ebenfalls tun. Vielleicht gehört aber gerade der Inlandsflug zu den Dingen, die in einer Post-Coronazeit von uns allen gemeinsam mit mehr Vernunft angegangen werden.

Das Elend auf vier Rädern

Ein anderes Reizthema: sehr große Autos mit hohem Verbrauch. In Innenstädten stehen sie überdies vorwiegend recht nutzlos in der Gegend und vergeuden Platz. Wenn man das als Gesellschaft nicht möchte, muss man dafür sorgen, dass die Nutzung eines solchen Autos besonders unpraktisch und teuer wird. Hubraum, CO_2-Ausstoß, aber auch Abmessungen und Gewicht des Fahrzeugs müssten in die Steuer einfließen, die exponentiell steigt. Quasi »Verteuern durch Versteuern« und dann ein Gesetz einführen, das ermöglicht, Steuergelder für bestimmte Zwecke zu binden, etwa für den Ausbau des ÖPNV. Auch eine City-Maut zu erheben und gleichzeitig kostenlosen ÖPNV vom Park and Ride bis in die Innenstadt anzubieten, führt zu einer Lenkung. Außerdem müssen nicht die Parkplätze an riesige Autos angepasst werden, sondern die Autos an den verfügbaren Platz. Wer also ein Riesenauto will, darf gerne viel Zeit und Nerven bei der Parkplatzsuche verlieren. Vielleicht motiviert das dann zum Umstieg auf Bus und Bahn. Das wäre genau solch ein kleiner Beitrag jedes Einzelnen zu dem, was wir in Summe wollen: eine Umwelt, die uns nicht unter den Fingern zerrinnt.

Erfreulich ist da übrigens, dass jüngere Leute längst nicht mehr so aufs Auto »abfahren« wie die heutige Generation über 40. Das lässt in der Zukunft sicher ganz von selbst etwas mehr Verkehrsberuhigung erwarten. Genauer kommen wir darauf im Kapitel »Um die Welt – um jeden Preis?« zur Mobilität zurück. Wichtig aber: Wir neigen dazu, viele Dinge aus Sicht großer Städte zu beurteilen. Doch gibt es im ländlichen Raum Gegenden, wo das Auto fast die einzige Möglichkeit von Mobilität ist, zumal wenn es schnell gehen soll oder schwere Lasten zu transportieren sind. Für Pendler vom Land in die Stadt müssen Park-and-ride-Plätze und ein guter ÖPNV angeboten werden, damit sie überhaupt umsteigen können. Würde man hier nichts unternehmen, in der Stadt aber gleichzeitig schon Parkraum reduzieren und Fahrspuren anderweitig freigeben, ginge natürlich etwas schief. Dann entstünden nur noch mehr Stau und Verschmutzung, was man ja eigentlich vermeiden wollte. Kurz: Alternativen müssen verfügbar sein und die Reihenfolge ihrer Implementierung bei der Verkehrswende ist unbedingt zu beachten.

Es lohnt ein Blick nach Holland oder Dänemark, wo man uns oft weit voraus ist. Venlo oder Kopenhagen sind echte Radfahrstädte, wie ich es selbst bezeugen kann! Man kommt schneller voran als jedes Auto und praktische Lastenfahrräder sind reichlich zu sehen. Und in beiden Ländern ist man nicht deshalb so radelfreudig, weil da immer so gutes Wetter herrscht, sondern man hatte den Mut, Infrastruktur und Ampelschaltungen an Radlern und Fußgängern auszurichten. Der Autofahrer hat dort hingegen viel Wartezeit. An großen Kreuzungen in Deutschland ist das leider umgekehrt. Als Fußgänger muss ich oft in mehreren Etappen zeitaufwendig breite Straßen überqueren und darf zwischendrin mehrmals eine ganze Blechlawine beobachten, die endlos an mir vorbeizieht. Warum?

Und noch ein schnelles »Warum?«: Deutschland hat immer noch kein generelles Tempolimit auf Autobahnen – 70 Prozent unseres Netzes sind ohne Begrenzung. Einfacher als mit Tempo 130, vielleicht nachts stellenweise auch 150, sind etwas Klimaschutz und mehr Verkehrssicherheit nicht zu haben. Und wenn 71 Prozent der Menschen sich Sorgen wegen des Klimas machen und sich eine Mehrheit sogar für diese Begrenzung ausspricht, dann ist es wahrlich absurd, hier stoisch jedes Handeln zu verweigern. Am 14. Februar 2020 ist das Tempolimit ein weiteres Mal im Parlament gescheitert. Wer es unter 250 Kilometer pro Stunde nicht aushält, soll gerne alternativ die Möglichkeit bekommen, mal über eine Rennstrecke zu brausen und sich auszutoben … am besten mit einem E-Auto.

Retourenwahn und Lastkraftwagen

Man könnte nun weiter machen mit Retouren: Wie kann es sein, dass Artikel bestellt, zurückgeschickt und aus Kostengründen in Originalverpackung vernichtet werden? Das ist tatsächlich billiger, als sie zu lagern, aber nur, weil sie zuvor auf Kosten von Natur und Menschen in der dritten Welt produziert wurden. Das gehört verboten und es ist erfreulich, dass die Politik hier in Gestalt der Umweltministerin tätig wird.

Bei dieser Gelegenheit: Wie viele Lkw sollen eigentlich noch auf unsere Autobahnen und auf die immer weiter ausufernden Rastplätze geschickt werden? Aufgrund der niedrigen Transportkosten ist im Umkehrschluss ein Lager zu teuer. Also lagert man rollend auf der Straße und die Kosten, wie zum Beispiel die Überbeanspruchung der Autobahnbeläge, trägt die Allgemeinheit. Zahlreiche Baustellen lassen grüßen. Der Grund auch hier: ein falscher Preis, der durch Regeln korrigiert werden muss.

Immobilien und Energiewende

Hier könnte man ewig weiter machen, aber ich denke, das Prinzip sinnvoll lenkender Regeln ist deutlich geworden. Zwei große Punkte gibt es aber noch: die Immobilien und die Energiewende.

Heizen und Kühlen von Gebäuden sind der energetisch relevanteste Teil des privaten Energiebedarfs, allein das Heizen ist für 28 Prozent der deutschen Pro-Kopf-Emissionen verantwortlich. Menschen sind aber passiv und so braucht es die Ansprache. Wer durch einen Energieberater professionell erklärt bekommt, wie er Energie und Geld bei sich zu Hause sparen kann, wird fast sicher interessiert sein – sich aus eigenem Antrieb zu informieren, fällt vielen hingegen schwer.

Zur Energiewende an dieser Stelle nur ein Satz: Sie muss dringend vorangetrieben werden. Wenn man Regeln aufstellt, die beispielsweise die wichtige Windenergie in Deutschland ins Aus schießt und viele Arbeitsplätze gleich mit, dann tut man wieder das Gegenteil von dem, was man möchte. Und bald stehen wir wieder da und staunen über irrwitzige Kosten durch neue Unwetterschäden – schlau ist das nicht. Dazu später in den Kapiteln »Energieverbrauch runter, Grünstrom rauf« und »Richtig einheizen und mit dem Klima warm werden« zu Strom und Wohnen mehr.

Natürlich ist es von großer Wichtigkeit, die Energiewende möglichst im europäischen Verbund zu gestalten. Aber bekanntermaßen gibt es in den 27 EU-Staaten wieder höchst unterschiedliche Auffassungen und wenn die Dinge am Ende nicht wie bei unseren internationalen Klimakonferenzen laufen sollen, wo die Bremser den Takt vorgeben, dann muss ein Land notfalls auch selbst den Mut haben, voranzugehen. Denn andere werden folgen, da sich ihre Situation mit rückwärtsgewandtem Verhalten auch nicht dauerhaft bessert. Nicht von selbst tätig zu werden, ist so ein bisschen, wie zu zweit in einem Boot zu sitzen, das ein Leck hat: Wenn man bemerkt, dass man sinkt, bevor man die Küste erreicht, ist es sinnvoll, zu handeln und Wasser aus dem Boot zu schöpfen. Auch dann, wenn der Mitreisende untätig bleibt. Deswegen selbst auch nichts zu tun und dann mit unterzugehen, ist nicht besonders intelligent.

Regeln, notfalls Verbote, sind also notwendig, das ist anhand dieser wenigen Beispiele offensichtlich. Kontraproduktiv wäre allerdings, uns jeden Tag mit neuen Vorschlägen zu übertreffen, was man für den Klimaschutz alles verbieten könnte. So entsteht sonst schnell der Eindruck, da säße jemand mit einer Liste von Dingen, die uns Freude machen, und arbeitet diese dann aus einer diffusen Lust an der Angst ab. Silvesterfeuerwerk, Grillen am Wochenende, Skifahren und vieles mehr soll mit Hinweis auf Umweltschädlichkeit »ausgemerzt« werden. Eine Vielzahl von Menschen auf diese Weise mitzunehmen kann nicht gelingen; sturer Trotz und genervte Ablehnung werden die Reaktion sein. Kurz: nutzlos!

Fridays for Future – die junge Generation

Die ältere Generation unterschätzt die junge, das war noch nie anders. Der heutigen Jugend wurde oft vorgeworfen, sie interessiere sich für nichts, das über den Bildschirm ihres Handys hinausgeht. Weit gefehlt, und so staunen viele nicht schlecht, wie schnell eine Jugend politisch werden kann, wenn sie ein Thema wirklich betrifft. Die jungen Leute wissen, dass sie den Folgen des Klimawandels, den ihre Eltern und Großeltern ausgelöst haben, am längsten und stärksten ausgesetzt sein werden. Und sie sehen, dass der Großteil der Menschen trotz dieses Wissens nichts verändert – im Gegenteil, wie mehrfach schon gezeigt – und dass die Politik sich immer noch zu wenig bewegt.

Um darauf aufmerksam zu machen, stehen sie nun gemeinsam (!) auf der Straße oder versammeln sich im Zuge der Coronakrise im Internet. Und zwar sinnvollerweise an einem ihrer Arbeits-, also Schultage. Arbeitnehmer führen ihre Streiks auch nicht in der Freizeit durch. Wen sollte so etwas beeindrucken? Und die Jugend beeindruckt wirklich, denn nur sie ist es, die derzeit in der Politik den Anstoß gibt, das Thema Klimawandel mit vorne auf die Agenda zu setzen. Und einiges passiert ja auch, aber es darf und muss eben viel mehr werden.

Als ich den Vorgänger dieses Buches, *Gute Aussichten für morgen*, schrieb, formulierte ich den Satz, der Klimaschutz brauche eine Ikone. Heute haben wir sie – in Gestalt einer jungen Frau aus Schweden namens Greta Thunberg, die übrigens um einige Ecken mit dem Chemienobelpreisträger Svante Arrhenius verwandt ist, der 1896 erstmals auf die Treibhauswirkung des Kohlendioxids hinwies. Ein Problem sah Arrhenius im Temperaturanstieg damals jedoch noch nicht, sagte er doch sinngemäß, dass man sich in Zukunft darauf freuen dürfe, in einer wärmeren und stabileren Umwelt leben zu können.

Wie beim Zusammenbruch der DDR, muss die Zeit für etwas reif sein und so war es auch bei Greta. Anstatt weiter zur Schule zu gehen, machte sie mit einem Plakat vor dem Parlament auf die Klimakrise aufmerksam und wurde dabei wirklich beachtet. Der Grund: Durch die Haptik des Klimawandels, also die spürbaren Wetterveränderungen, war eben die Zeit für das Thema gekommen … und in Schweden standen Wahlen an. Hätte sie zwei Jahre vorher in gleicher Weise dort gesessen, hätte mutmaßlich alles ein jähes Ende gefunden. Mit einem Klassenbucheintrag und einer Standpauke.

So aber versammelt sich die Jugend der Welt hinter ihr und erreicht durch ihre Authentizität und Klarheit direkten Zugang zur internationalen Politik. Dabei mischt sich Greta nie in die Politik ein, sondern sagt im Grunde nur einen einzigen und sehr vernünftigen Satz: »Politiker dieser Welt, hört auf die Wissenschaft und handelt danach.« Auf dem großen Parkett hört man ihr zu, lobt sie, klatscht und … tut trotzdem noch viel zu wenig, wie auf der Klimakonferenz 2019 in Madrid zu sehen war. Die Gründe dafür wurden bereits erläutert. Die Jugend hat, so sie denn wirklich etwas erreichen will, noch viele Hürden zu nehmen und es ist wichtig, dass die oben genannte Authentizität und Klarheit ihrer Ikone erhalten bleibt. Dabei ist es wichtig, den Einfluss der PR-Leute zu begrenzen. Denn die schwirren ganz automatisch wie Satelliten um bedeutende Persönlichkeiten herum und haben mit ihren meist gut gemeinten Ideen schon so manches ursprünglich gute Image ruiniert.

Erfreulich ist, dass sich hinter den jungen Leuten auch Wissenschaftler als Scientists for Future versammeln. Sie spielen eine wichtige Rolle, muss das Thema doch – auch für die sichere Argumentation gegenüber Zweiflern – inhaltlich gut unterfüttert sein. Mindestens genauso wichtig ist, dass sich Teile der älteren Generation unter Namen wie Parents for Future oder Grandparents for Future anschließen, denn einen Generationenstreit vom Zaun zu brechen ist das Sinnloseste, was wir tun können. Das würde nur Zeit und Energie verschwenden und ob wir uns streiten oder nicht, ist dem Planeten und seiner Physik bekanntlich vollkommen schnuppe. Gerade hier sei nochmals der eingangs schon erwähnte und von Professor Schellnhuber erdachte »Klima-Corona-Vertrag« ins Spiel gebracht.

In diesem Kapitel ging es vor allem um unser Verhalten und die Begründungen, warum wir als Masse fast immer das Gegenteil von dem tun, was wir sagen und wollen. Bei aller Zustimmung zu den so wichtigen Protesten der Jugend: Natürlich ist auch sie selbst nicht davor gefeit, in die »Gegenteil-Falle« zu geraten. So fällt es jungen Menschen, die weder Auto noch Führerschein besitzen, logischerweise leichter, gegen Autos zu protestieren. Einen Bereich ausfindig zu machen, wo man auch selbst einen signifikanten Beitrag zum Klimaschutz leisten kann, ist jedoch wichtig für die eigene Glaubwürdigkeit. Schauen wir also auf das geliebte Smartphone – fast jeder Jugendliche, wie fast jeder Erwachsene auch, hat solch ein Gerät, dessen Herstellung bereits kein Ruhmesblatt für den Umgang mit der Natur ist. Aber entscheidend ist vor allem das Nutzerverhalten. Gerade junge Menschen versenden täglich Dutzende von Fotos oder streamen reichlich Filme und Serien. All diese Bilder und Filme fliegen aber nicht einfach so durch die Luft, sondern Tausende Server müssen dafür auf Hochtouren arbeiten, verbrauchen massenweise Strom und emittieren so große Mengen an CO_2. Die Größenordnung der Emissionen des Internetsurfens ist wahrlich beeindruckend, mehr dazu im Kapitel »Stromfresser Internet«. Ohne Umschweife und Ausrede formuliert macht also jeder Jugendliche, der streamt, ein bisschen das Gegenteil von dem, wofür er auf die Straße geht. Jetzt kommt natürlich wieder die Erkenntnis mit dem Addieren und der nötigen Klärung der Frage, was Streamen kosten müsste. Das alles gilt natürlich für Erwachsene gleichermaßen.

Und noch ein durchaus entscheidender Gedanke: Wie soll es mit Fridays for Future weitergehen? Ist es möglich, die jungen und auch älteren Menschen »ewig« bei der Stange zu halten, wenn sie doch immer wieder sehen, dass die Politik bei der Umsetzung ihrer Forderungen oft meilenweit hinterherhinkt? Oder einfacher gefragt: Kann es nicht sein, dass der ganzen Bewegung bald die Luft ausgeht und sie wieder in der Versenkung verschwindet? Diese Gefahr besteht und führt, den Kreis schließend, geradewegs zum Gang durch die bestehenden Institutionen unserer Demokratie. Stellen Sie sich vor, alle Protestierenden, die das nötige Alter erreicht haben, gehen nicht auf die Straße, sondern in die Politik. Sie könnten mit einer Vielzahl Gleichgesinnter und letztlich einer demokratischen Mehrheit bisherige Entscheider überstimmen: selbst direkt politischen Einfluss nehmen, statt dafür zu protestieren, dass andere die Dinge für einen verändern. Denken Sie nur an die Bewegung, aus der später die Grünen wurden: Sie haben sich in die Institutionen und ins Parlament begeben und dadurch nicht nur dauerhaft »überlebt«, sondern mit den Jahren auch massiv an Bedeutung gewonnen. Der Anschub auf der Straße ist nötig, aber dann muss er mit einem konkreten Ziel verbunden werden ...

Fazit: Der Anteil jedes einzelnen Menschen am Klimaproblem scheint winzig und ist für das Auge unsichtbar, aber in der Summe zerstören wir mit diesen kleinen Beiträgen unsere Lebensgrundlagen. Deswegen müssen wir etwas ändern. Jetzt. Und weil wir jeden Tag beweisen, dass wir das freiwillig nicht schaffen – aus Bequemlichkeit im Privaten und Mutlosigkeit im Politischen – brauchen wir neben umweltfreundlicher Technologie auch neue Regeln, die unser Verhalten austricksen oder es robust korrigieren und die wir von der Politik einfordern oder selbst politisch erarbeiten müssen. Wir würden einen kleinen Teil unserer Freiheiten zurückschrauben und unseren Vertretern das Mandat übertragen, den großen Rahmen so zu setzen, dass uns allen – besonders auch unseren Kindern – weiterhin ein gutes und sicheres Leben möglich ist. Was wir brauchen, ist eine Art neuer Gesellschaftsvertrag mit einem Lebensstil, der zu diesem Satz passt: Der Planet braucht uns nicht, sondern wir brauchen ihn!

Den Klimawandel verstehen

Wetter ist nicht gleich Klima

Mit der im ersten Buchteil geschaffenen Einordnung steht uns jetzt eine Art Weltbild unseres Erdsystems zur Verfügung, in das wir uns und unser Verhalten bereits eingebettet haben. Im Folgenden wollen wir uns die Zusammenhänge im Klimasystem rein naturwissenschaftlich zu Gemüte führen. Beginnen wir bei den Grundlagen: Der Begriff Klima beschreibt die »Gesamtheit der Wettererscheinungen an irgendeinem Ort der Erde während einer festgelegten Zeitspanne«. Klima ist zunächst also nichts anderes als gemitteltes Wetter an einem Ort. Die World Meteorological Organization (WMO) hat dabei festgelegt, dass der Mittelungszeitraum mindestens 30 Jahre umfasst, der Dauer einer menschlichen Generation. Dieser Zeitraum reicht aus, um genügend Daten zu liefern, die eine längerfristige Veränderung, also einen Trend etwa bei Temperatur oder Niederschlag, erkennen lassen.

Das Wort selbst stammt aus dem Altgriechischen und bedeutet in etwa »Neigung«. Gemeint ist damit, ob die Sonne in steilem oder flachem Winkel auf die Erdoberfläche trifft und diese entsprechend mehr oder weniger stark erwärmt. Denn bei einem flacheren Winkel verteilt sich die gleiche Energiemenge über eine größere Fläche. Hieraus ergeben sich übrigens auch unmittelbar die verschiedenen Klimazonen der Erde. Weil die Erdachse geneigt ist – derzeit um 23,5 Grad – ändern sich diese Auftreffwinkel zudem im Verlauf eines Jahres. So entstehen die Jahreszeiten und eine scheinbare Bahn der Sonne zwischen dem nördlichen (23,5 Grad nördlicher Breite) und dem südlichen (23,5 Grad südlicher Breite) Wendekreis. Dadurch steht die Sonne bei uns im Winter 47 Grad (2 mal 23,5 Grad) tiefer als im Sommer: Wir bekommen viel weniger Sonnenenergie pro Fläche ab – es wird kälter.

Zu der zeitlichen Mittelung von Wetter an einem Ort kommt aber in Erweiterung des ursprünglichen Klimabegriffs auch noch die räumliche Dimension hinzu. Wenn man Wettererscheinungen über größere Naturräume mittelt, spricht man vom Regional- oder Mesoklima, bei Kontinenten oder gar dem ganzen Globus vom Makro- oder Erdklima beziehungsweise vom globalen Klima. Diese Begriffe werden jedoch oft vermischt, sodass in diesem Buch bei der Verwendung des Begriffs Klima immer das zeitliche *und* räumliche Mittel gemeint ist, andernfalls wird darauf hingewiesen.

Warum werden Klima und Wetter verwechselt?

Der Unterschied zwischen Wetter und Klima ist somit leicht zu verstehen: Klima ist schlicht die Statistik des Wetters. Dennoch werden die Begriffe in der öffentlichen Debatte gerne durcheinandergebracht. Der Stolperstein ist wohl folgender: Wetter können wir mit unseren Sinnesorganen fühlen und es zu erleben löst unmittelbar Empfindungen in uns aus. Wetter ist uns emotional also sehr nah. Klima – die Statistik – können wir hingegen nicht fühlen. Deshalb ist uns das Klima emotional fern. Das Klima setzt sich aus verschiedenen Wetterelementen wie Temperatur, Luftfeuchtigkeit, Wind, Bewölkung, Niederschlag, Sonnenscheindauer, Luftdruck, Schneehöhe, Strahlung oder Verdunstung zusammen. Und so denken wir beim Klima eher an die selbst wahrgenommenen Wetterelemente – und schon ist die Verwechslung oft ganz unabsichtlich passiert.

Wetter ist definiert als der »aktuelle Zustand der Atmosphäre an einem bestimmten Ort zu einem bestimmten Zeitpunkt«. Damit spüren wir einen Vorgang, der in höchstem Maße variabel ist, denn genau das zeichnet unser Wetter aus. Mal ist es heiß, mal kalt, mal fällt Regen, mal schneit es, mal herrscht ruhiges Hochdruckwetter mit Sonnenschein, dann kommt es wieder zu Gewittern oder Stürmen. Wenn wir das alles nun einfach mitteln, kann natürlich kein Normwetter herauskommen, so etwas gibt es nicht. Beim Wetter ist schließlich die Abweichung von der Norm die Norm! Aber ein Normwetter darzustellen ist auch gar nicht die Aufgabe des Begriffs Klima. Damit ist die Frage, ob ein Monat »normal« war, im Sinne einer Durchschnittswettererwartung auch nicht vernünftig! Aber herauszufinden, ob wir über einen längeren Zeitraum in der Wetterstatistik eine Bewegung in eine bestimmte Richtung haben, ist äußerst sinnvoll. Andernfalls könnte man Verschiebungen überhaupt nicht bemerken.

Die beiden folgenden Beispiele zeigen, was passiert, wenn man das Wetter mit dem Mittelwert des Wetters verwechselt. Lassen Sie uns zunächst die zeitliche Mittelung anhand eines Januarmonats betrachten: Der Januar hat an vielen Orten in Deutschland ein Temperaturmittel von etwa 0 Grad. Jetzt stellen Sie sich einen speziellen Januar vor, der in der ersten Monatshälfte stets Temperaturen von +20 Grad aufweist und in der zweiten Monatshälfte stets –20 Grad. Ein wettermäßig wohl unglaubliches Ereignis, von dem man noch jahrelang sprechen würde. Doch das Mittel ist exakt 0 Grad. Dieser »verrückte« Januar würde also zu einem »Normalmonat«. Eine groteske Aussage. Das Gleiche kann bei der räumlichen Mittelung passieren. So erlebten Ende Oktober 2019 weite Teile der USA einen extremen Kälteeinbruch, der den amerikanischen Präsidenten Trump zu der wenig geistreichen Frage animierte, wo denn nun der Klimawandel bliebe. Gleichzeitig lagen die Temperaturen in Mitteleuropa bei ungewöhnlichen 20 bis nahe 25 Grad. *Beide* Regionen erlebten also etwas sehr Auffälliges! Würde man dies über die Fläche mitteln, erhielte man einen Temperaturwert, der eine vollkommen »normale« Situation beschreibt. Auch diese Aussage ist natürlich sinnlos. Erst die Gesamtschau in Zeit und Raum führt zu einer belastbaren Aussage mit Deutungskraft.

Und zuletzt spielt hier hinein, dass jeder Mensch sein subjektives »Wettergefühl« hat. Der eine liebt Sonne und Wärme, für den Nächsten – so geht es mir – ist das stetige Wechselspiel aus Schauern, Gewittern und Sonne (Aprilwetter) das Schönste. Und ein Landwirt wird den Regen durchaus zu schätzen wissen – insbesondere seit dem Dürrejahr 2018. Das Ergebnis ist, dass jeder von uns im Zweifel das gleiche Wetter ganz anders bewertet.

Und es geht noch weiter: Der Blick in die Vergangenheit besteht immer aus Erinnerungen und das menschliche Erinnerungsvermögen ist nicht sonderlich objektiv. Auch hierzu ein Beispiel, das vielen sicher bekannt vorkommt: Fast jede Großmutter erzählt ihren Enkeln, dass es früher zu Weihnachten immer Schnee gab und es damit ja nun vorbei sei. Das ist eine krasse subjektive Übertreibung der Tatsache, dass die letzten Jahre etwas schneeärmer waren. Bedenken Sie dabei Folgendes: Es ist eine Kindheitserinnerung Ihrer Großmutter aus Zeiten, da sie ein »laufender Meter« war. Wenn es damals 20 Zentimeter Schnee gegeben hat, steckte Oma zu einem Fünftel drin! Das wird sie nie mehr vergessen ... und über die Jahre brennt sich das »so war es immer« ein. Einen Sprühregentag mit 6 Grad im Januar 1951 hat sie nach 70 Jahren möglicherweise vergessen. Völlig menschlich. Last but not least: Eine wichtige Rolle spielt auch die hohe Informationsdichte heutzutage. Konnte man vor rund 40 Jahren bei Weitem nicht von jeder Naturkatastrophe auf dieser Welt erfahren, versorgt uns heute eine Vielzahl von Kanälen rund um die Uhr mit den neusten Bildern solcher Ereignisse aus allen möglichen Ländern. Allein dadurch entsteht der Eindruck einer Unwetterzunahme. Es ist also eine wissenschaftliche Aufgabe zu überprüfen, ob sich hier statistisch signifikant etwas ändert.

Abschießend sei es nochmals gesagt: Der Wert, das Klima zu berechnen, liegt darin, über einen langen Zeitraum Veränderungen zu erkennen. So lässt sich feststellen, ob eine Schwingung vorliegt, etwa ein periodisches Steigen und Fallen von Temperaturen, oder ein Langzeittrend in eine Richtung, wie es derzeit mit immer größerer Beschleunigung der Fall ist. Ist das Phänomen als solches belegt, hat echte Wissenschaft die Aufgabe, die Ursachen dafür zu finden – ein rein akademischer Auftrag.

Es muss das ganze Erdsystem betrachtet werden

Entscheidend für eine Beurteilung der Situation auf unserem Planeten ist es, alle »Sphären« gemeinsam zu beobachten. Beim Klima fällt uns natürlich zuerst die Atmosphäre ein, doch beherbergt die Erde auch unglaublich viel Wasser! Deshalb sind auch die Verhältnisse in der Hydrosphäre zu betrachten. So stiegen die Temperaturen in der Atmosphäre zwischen 1999 und 2013 – obwohl auf hohem Niveau liegend – nur geringfügig an, weil sich stattdessen der Ozean zügig erwärmt und damit den Anstieg in der Atmosphäre quasi verdeckt hatte. Erst, wenn man zur Atmosphäre und Hydrosphäre noch die Kryosphäre (das gesamte Eis), die Lithosphäre (unser Gestein) und die Biosphäre, zu der auch wir Menschen zählen, in Betracht zieht, hat man das ganze Erdsystem im Blick. Und genau darum geht es: In der Zusammenschau zu beurteilen, ob das Erdsystem Energie hinzugewinnt (dann wird es wärmer), Energie verliert (dann wird es kälter) oder alles unverändert bleibt. Erkennen können wir entsprechend einen Trend nach oben, nach unten oder geradeaus. Um diesen jeweiligen Trend herum schwingt das ganze komplexe System, da sich die Wetterabläufe Jahr für Jahr an jedem Ort unterscheiden.

So ist ein kalter Winter in einer Region natürlich mitnichten ein Widerspruch zu Temperaturen, die im Mittel global steigen – auch wenn die Wahrscheinlichkeit dafür in einer wärmeren Umgebung logischerweise abnimmt. So wie es beim DAX kein Widerspruch ist, wenn in einem Bullenmarkt (über längeren Zeitraum steigende Kurse) mal ein Tag stattfindet, wo sie durch Gewinnmitnahmen deutlich fallen.

Es ist für eine sinnstiftende Debatte also von fundamentaler Bedeutung, Wetter und Klima klar voneinander zu trennen. Unser Bauchgefühl in Sachen Wetter hilft uns sicher nicht, die Weichen für das Klima der Zukunft zu stellen, neigen wir doch dazu, etwa während einer Trockenperiode mit Waldbränden anzunehmen, der Klimawandel werde uns ausschließlich Waldbrand und Dürre bringen. In einer Phase mit Starkregen und Überschwemmungen wächst dagegen die Sorge vor ständig wiederkehrendem Hochwasser.

Von Projektionen und Prognosen

Wetter vorherzusagen ist eines unserer tief verwurzelten Bedürfnisse. Denn dadurch kann man der übermächtigen Natur ein kleines Schnippchen schlagen, indem man sie zumindest näherungsweise berechenbar macht und so verhindert, dass sie einen zu sehr überrascht – beispielsweise durch ein umfangreiches Unwettermanagement. Wenn man also Wetter vorhersagen kann, und dies sogar ziemlich gut, dann ist es nicht verwunderlich, dass man auch die Entwicklung des Klimas vorhersagen will. Doch nach dem bisher Gesagten dürfte klar sein, dass, trotz gleichen Metiers, Wetter- und Klimaprognosen zwei völlig verschiedenen Fragestellungen nachgehen. Wie bei Handball und Fußball: Für beide benötigt man einen Ball, macht mit ihm jedoch etwas Grundverschiedenes.

Wettervorhersagemodelle

Bevor es Computer gab, war die Wettervorhersage etwas rein Empirisches. Man hatte ein Grundverständnis der meteorologischen Vorgänge, aber man musste sich dann mit einigen wenigen Regeln behelfen, die meist aus Beobachtungen abgeleitet wurden. Häufige Fehler in der Prognose waren die Folge. Mit dem Aufkommen und der Weiterentwicklung immer größerer Rechenanlagen ist es möglich geworden, für den Folgetag in etwa 90 Prozent der Fälle eine richtige Wetterprognose zu machen. Möglicherweise fällt es dem ein oder anderen nun schwer, das zu glauben. Doch hat das vor allem damit zu tun, dass die 10 Prozent inkorrekter Prognosen viel stärker auffallen. Habe ich trockenes Wetter vorhergesagt und es ist dann trocken, werden Sie wenig über mich nachdenken. Sollten Sie jedoch patschnass geworden sein, dann kann ich mich möglicherweise zur zentralen Figur Ihres Tages aufschwingen. Vielleicht werden Sie sogar neue Bezeichnungen für mich erfinden.

Zurück zu den Vorhersagemodellen: Will man das zukünftige Wetter »ausrechnen«, füttert man das Modell zunächst mit gemessenen Größen wie Luftdruck, Temperatur, Feuchtigkeit,

Wind oder Niederschlag. Jetzt wird mit einem ganzen Satz von nichtlinearen Differenzialgleichungen in die Zukunft gerechnet. Mit Rücksicht auf den Umfang des Buches und einer sicher nicht bei jedem Leser gleichermaßen ausgeprägten Freude an höherer Mathematik verfolgen wir diesen Prozess selbst nicht weiter. Am Ende des Verfahrens erhält man aber eine Aussage, wie sich diese Größen in der Zukunft verhalten und so sehen wir Meteorologen die Wetterlage für den Tag X mit seinen Hochs, Tiefs und Luftmassengrenzen. Und diese können wir dann interpretieren. Weil das System »Atmosphäre« jedoch sehr komplex ist, ergeben sich bei jeder Rechnung kleine Fehler, die sich von Tag zu Tag vergrößern. Nach im Mittel rund 7 Tagen sind diese Fehler so groß geworden, dass eine Vorhersage keinen Sinn mehr macht. Lediglich die Temperatur lässt sich mit einer noch einigermaßen sinnvollen Unsicherheitsspanne für etwa 15 Tage im Voraus abschätzen.

Klimamodelle

Möchte man das Klima für 100 Jahre, also 36 500 Tage, prognostizieren, wäre es natürlich völlig sinnlos, ein Prognoseverfahren anzuwenden, das schon nach 15 Tagen an seine Grenzen stößt – und daher macht man so etwas auch nicht. Zwar wird bei Klimamodellen tatsächlich das Wetter für jeden Tag eines Zeitraums berechnet, allerdings nicht, um zu erfahren, wann welches Tief wo wie viel Regen bringt, sondern um diese Ergebnisse statistisch auszuwerten. Das ist eine völlig andere Fragestellung. Deshalb sind solche Modelle richtige Erdsystemmodelle, die neben den Vorgängen in der Atmosphäre auch die im Ozean, im Eis und in der Biosphäre, zu der auch der von uns geschaffene Lebensraum gehört, berechnen. Ebenso werden der Kohlenstoffkreislauf und die atmosphärische Chemie einschließlich der Aerosole betrachtet.

Die Berechnungen eines solchen Modells können dann zeigen, dass sich beispielsweise eine Verlagerung der Zugbahnen von Tiefs und damit der Vegetationszonen bis zum Ende des Jahrhunderts einstellt. Oder eine Zu- oder Abnahme von Stürmen in unterschiedlichen Regionen. Auch eine Veränderung der Zuggeschwindigkeit von Drucksystemen oder der Häufigkeit von unter heutigen Gesichtspunkten extremen Wetterlagen ist dann herauszufiltern.

Attributionsforschung

Hier ist in den vergangenen Jahren übrigens ein interessanter Forschungszweig entstanden, die sogenannte Attributions- oder auf Deutsch Zuordnungsforschung. Früher war der meteorologische Standardsatz bei allen Unwettern, dass man bei einzelnen Extremwetterereignissen natürlich nicht wissen könne, ob es sie auch ohne den Klimawandel gegeben hätte. Das Problem bei Extremwetter ist natürlich, dass es selten ist. Damit benötigt man aber auch sehr lange Datenreihen, um bei solchen Wetterereignissen mit ausreichender Fallzahl Statistik betreiben zu können. Da diese oft nicht zur Verfügung stehen, nutzt man nun Modellrechnungen, um sich zu behelfen. Es sind natürlich noch viele Schritte zu tun, aber so manche Aussage vermittelt die Wirkung des Klimawandels etwa auf Hitzewellen schon stark. Eine Hitzewelle, wie wir sie im Juli 2019 erlebt haben, wäre ohne Klimawandel etwa alle 50 bis 100 Jahre zu erwarten, doch nun müssen wir alle 10 Jahre damit rechnen. Gäbe es den Klimawandel nicht, dann wäre es an den Tagen 1,5 bis 3 Grad »kühler« gewesen.

Und was ist nun eine Projektion?

Zum Schluss noch eine wichtige Begriffsklärung. Solche Erdsystemmodelle können weder wissen, wie viele Menschen wann auf der Erde sein werden, noch, wie sich unsere Gesellschaft entwickeln wird, also etwa, ob wir in den kommenden Jahren erfolgreichen Klimaschutz betreiben oder nicht. Davon hängen die Ergebnisse aber natürlich entscheidend ab und so werden dem Modell verschiedenste mögliche Entwicklungen – sogenannte Szenarien, die im weiteren Verlauf des Buches noch vorgestellt werden – angegeben und dann alles durchgerechnet. Damit ist es eine bedingte Vorhersage und die heißt nicht Klimaprognose, sondern Klimaprojektion. So erhält man etwa die Aussage, dass es im Jahre 2100 global 1,0 bis 4,8 Grad wärmer sein wird als gemittelt über den Zeitraum von 1986 bis 2005. Was bedauerlich ist: Die Menschheit produziert derzeit noch mehr Treibhausgase, als für das ungünstigste Szenario angenommen wurde.

Die Prozesse im Erdsystem sind in vielen Punkten gut verstanden und vernünftig in Gleichungen umgesetzt worden. Das wird zum einen dadurch deutlich, dass Klimazustände vergangener Epochen erfolgreich im »Blindversuch« nachgebildet werden konnten, und zum anderen treten – wie bereits eingangs erwähnt – genau die Wetterlagen gehäuft auf, die uns die Klimamodelle vor etwa 30 Jahren vorausberechnet haben. Interessant sind auch die Ergebnisse von Kontrollläufen in Simulationen *ohne* menschengemachten Einfluss: Sie allesamt führen noch nicht einmal annähernd zu den heute real gemessenen Klimaänderungen.

Der Treibhauseffekt und das Leben auf der Erde

Bei längeren Flugreisen werden den Passagieren fast immer die Lufttemperaturen angezeigt, und die liegen im Reiseflug auf 10 000 Metern Höhe meist bei –50 oder –60 Grad Celsius. Zu Ikarus' Zeiten hatte man anderes erwartet, nämlich dass es immer heißer werde, je näher man der Sonne kommt. Daher stürzte Ikarus der Sage nach ja auch ins Meer, da das Wachs, das seine Flügel zusammenhielt, beim immer höheren Flug schmolz. Um nun zu verstehen, warum es am Erdboden wärmer ist als in der Höhe – der Erdboden also quasi eine Art Herdplatte ist –, müssen ein paar Zusammenhänge erklärt werden.

Jeder Körper mit einer bestimmten Temperatur strahlt Energie ab, und diese Wärmestrahlung besteht aus elektromagnetischen Wellen. Nach dem Planck'schen Strahlungsgesetz ist die Länge dieser Wellen temperaturabhängig: Je wärmer der Körper ist, desto größer ist der Anteil kurzer Wellenlängen und desto energiereicher sind seine Strahlen. Streng genommen gilt Max Plancks Gleichung, die ihm einen Nobelpreis einbrachte, für ideale »schwarze Strahler«, für unseren Himmelskörper hingegen nur näherungsweise. Die Strahlen, die unsere Erde erreichen, kommen natürlich von der Sonne, und die hat mit gut 5 500 Grad eine ziemlich heiße Oberfläche. Die bei uns eintreffende Sonnenstrahlung hat demzufolge eine sehr kurze Wellenlänge von rund 0,2 bis 3,5 Tausendstel Millimeter oder Mikrometer. Dieser Bereich schließt natürlich auch das für unser Auge sichtbare Licht ein, denn wir sehen das Sonnenlicht ja. Er liegt etwa zwischen 0,38 (violett) und 0,78 Mikrometern (rot). An dieser Stelle sei der Einschub gestattet, dass der Satz »Was ich nicht mit eigenen Augen gesehen hab, glaub ich nicht« nicht besonders sinnvoll ist. Denn die Sehfähigkeit unseres Auges ist auf einen engen Frequenzbereich beschränkt. Zweifellos gibt es zum Beispiel Radio- und Fernsehwellen, aber mit unseren Augen können wir sie eben nicht sehen, so sehr wir uns auch anstrengen.

Aber zurück zur eingestrahlten Energie. Wir sind mit unserer Erde rund 150 Millionen Kilometer von der Sonne entfernt, sodass im Mittel eine Leistung, also Energie pro Zeit, von rund 1 370 Watt pro Quadratmeter auf unserem Planeten ankommt. Diese Zahl bezeichnet man als Solarkonstante, wobei der Begriff »Konstante« etwas gewagt ist, da auch dieser Wert geringfügig schwankt; nämlich abhängig von der Intensität der Sonne und damit der Anzahl der Sonnenflecken sowie vom Abstand zwischen Sonne und Erde, der im Jahresverlauf zwischen 147 und 152 Millionen Kilometern pendelt. Dies liegt an der elliptischen Erdbahn, wobei wir der Sonne momentan Anfang Januar am nächsten sind und die Entfernung zu unserem Fixstern Anfang Juli am größten ist.

Von diesen im Mittel 1 370 Watt pro Quadratmeter steht der Atmosphäre durch die Tatsache, dass die Erde sich dreht und wir damit die Hälfte der Zeit von der Sonne abgewandt sind, und dadurch, dass die Erde eine Kugel ist, nur ein Viertel zur Verfügung: also 342 Watt pro Quadratmeter. 107 davon verschwinden durch Streuung und Reflexion an Atmosphäre und Erdboden ungenutzt wieder im Weltall. Die verbleibenden 235 Watt pro Quadratmeter erwärmen im Schnitt zu 30 Prozent die Atmosphäre, und zwar durch Absorption an Wolken, Wasserdampf, Staub und Ozon. Gute 70 Prozent werden von der Erdoberfläche absorbiert. Und genau diese durch die Absorption entstandene Wärme strahlt der Erdboden auch wieder ab.

Da die Erdoberfläche nun aber erfreulicherweise wesentlich kühler ist als die der Sonne, strahlt sie in einem anderen Wellenlängenbereich als die Sonne, nämlich im sogenannten thermischen Bereich zwischen etwa 3 und 100 Mikrometern. Weil wir diesen »langwelligen« Schwingungsbereich als Wärme fühlen können, sprechen wir auch von Wärmestrahlung. Diese Wärmestrahlung wird, wie gesagt, aus dem Erdboden ausgesendet, und so wird unsere Atmosphäre vor allem von unten erwärmt. Deshalb ist es in der Höhe kälter als im Flachland, und deshalb ist das Wachs von Ikarus' Flügeln wohl auch nicht durch die Sonnennähe geschmolzen, sondern er ist wahrscheinlich nie geflogen.

Der natürliche Treibhauseffekt

Mit dem Treibhauseffekt hatte all das bisher noch nichts zu tun, der kommt erst jetzt. Im Weltall ist es mit rund −270 Grad Celsius recht frisch. Der absolute Nullpunkt liegt bei −273,15 Grad Celsius oder 0 Grad Kelvin, hier würden die Atome ihre Bewegung gänzlich einstellen. Die paar Grad Unterschied gehen auf die sogenannte Hintergrundstrahlung zurück, sie stellen gewissermaßen die Restwärme des Urknalls dar. Dass auf der Erde keine Weltalltemperaturen herrschen, liegt an unserem Energielieferanten – der Sonne. Von zentraler Bedeutung ist dabei, dass die Erde sich in einem Gleichgewicht von Ein- und Abstrahlung befindet, sonst würde sie entweder immer heißer, bis sie verdampft, oder immer kälter, bis sie als lebensfeindlicher Eisklumpen endet. Und doch: Befände sich die Erde wie ein nackter Stein im perfekten Strahlungsgleichgewicht, würde sich laut Strahlungsgesetz an ihrer Oberfläche eine durchschnittliche Temperatur von −18 Grad Celsius einstellen. Aber die durchschnittliche Erdoberflächentemperatur beträgt knapp +15 Grad, rund 33 Grad über dem Wert eines idealen schwarzen Körpers im Strahlungsgleichgewicht, denn zum Glück haben wir eine ... Atmosphäre!

Die Differenz entsteht durch ein Phänomen, das man als natürlichen Treibhauseffekt bezeichnet. Verantwortlich für diesen Effekt sind die Treibhausgase. Das wichtigste ist der Wasserdampf (H_2O), gefolgt von Kohlendioxid (CO_2). Beteiligt sind aber auch das bodennahe Ozon (O_3), das Lachgas oder Distickstoffmonoxid (N_2O), das Methan (CH_4), die ausschließlich von uns Menschen produzierten Fluorchlorkohlenwasserstoffe (FCKW) sowie eine Reihe weiterer Gase mit erheblich geringeren Konzentrationen in der Atmosphäre. Sie alle haben die Eigenschaft, die eingehende kurzwellige Sonnenstrahlung relativ ungehindert passieren zu lassen, langwellige Strahlen, wie sie von der Erdoberfläche kommen, aber zu absorbieren. Dabei erwärmen sie sich und senden ihrerseits wieder langwellige Wärmestrahlung aus. So kommen die oben genannten 33 Grad zustande. Für 21 dieser 33 Grad ist der Wasserdampf verantwortlich, für 7 Grad das CO_2 und alle übrigen Gase für die restlichen 5 Grad. Der natürliche Treibhauseffekt schafft somit erst die Voraussetzungen für Leben, wie wir es kennen.

Da die Atmosphäre zu 78 Prozent aus Stickstoff (N_2) und zu 21 Prozent aus Sauerstoff (O_2) besteht, bleibt für unsere Treibhausgase kein großer Anteil mehr übrig, weshalb man sie auch als Spurengase bezeichnet. Manche bezweifeln daher auch ihre

Bedeutung für das Klimageschehen. Dem ist aber nicht so, denn Stickstoff und Sauerstoff zeigen im energetisch wichtigen Bereich des Spektrums keine nennenswerte Emission und Absorption und sind daher für Temperaturänderungen bedeutungslos.

Den beschriebenen 33-Grad-Wärmestau in der unteren Atmosphäre vergleicht man mit einem Gewächs- oder Treibhaus, da auch Glas die kurzwellige Sonneneinstrahlung durchlässt, die langwellige Wärmestrahlung aber zurückhält. Natürlich ist dies nur eine Metapher, denn in wesentlichen Punkten unterscheiden sich Treibhaus und Atmosphäre. Letztere hat eben keine feste Grenze, somit ist ein Lufttransport möglich. Zudem werden die Vorgänge durch die Wolkenbildung viel komplexer als alles, was sich je in einem Gewächshaus zutragen wird.

Völlig klar ist wohl, dass das Klima der Erde in gut 4,5 Milliarden Jahren noch nie eine konstante Größe war. Es unterlag immer schon teils erheblichen Schwankungen, und so ist es nicht verwunderlich, dass sich die klimatischen Verhältnisse in Zukunft auch ganz ohne unser Zutun wieder verändern werden. Unser Einfluss auf das Klima kommt also zum natürlichen Treibhauseffekt hinzu, allerdings führt er damit zu einer bislang ungekannten Änderungsgeschwindigkeit: Die aktuellen Klimaänderungen vollziehen sich schneller als alle bekannten zuvor. Wenn ein Planet in seinem System plötzlich eine sprunghaft gestiegene Änderungsrate zeigt, muss es einen physikalischen Grund dafür geben. Und der sind wir, mit jährlich wachsenden CO_2-Emissionen von zuletzt rund 38 Milliarden Tonnen. Der bislang stärkste Anstieg war dabei von 2017 auf 2018 zu verzeichnen – nicht nur die Menge wächst, sondern überdies auch der Mengenzuwachs.

Der anthropogene Treibhauseffekt

Dass der Mensch zwingend Einfluss auf das Klimageschehen hat, lässt sich am Beispiel der FCKW in der Atmosphäre verstehen. Durch unser Handeln ist Chlor in unsere Lufthülle gelangt, das dort natürlicherweise nicht vorkommt – ohne uns Menschen wäre es nicht dort. Durch das Chlor entsteht aber das Ozonloch, für das wir damit ganz allein verantwortlich sind. Davon können wir uns nicht freisprechen, so gerne es manche auch würden. Oder denken Sie an den Plastikmüll in den Ozeanen. Auch ganz ohne wissenschaftliche Argumentation leuchtet ein, dass wir auf die Geschehnisse in der Atmosphäre ebenso einwirken wie auf alle anderen Teile des Erdsystems. Warum sollte die Atmosphäre als einziger Bereich unserer Umwelt, egal was wir tun, völlig unbeeinflusst bleiben? Vielleicht fällt uns das einzusehen so schwer, weil wir Treibhausgase weder sehen noch riechen können.

Da es einen natürlichen Treibhauseffekt gibt, ist es nicht verwunderlich, dass wir dessen Intensität durch den Eintrag zusätzlicher Spurengase in die Atmosphäre verändern beziehungsweise verstärken können. Das nennt man dann anthropogenen Treibhauseffekt, und durch ihn werden die rund 33 Grad plus des natürlichen Treibhauseffektes erhöht. Somit wird es auf der Erde wärmer – der energetische Beitrag des menschengemachten Treibhauseffektes liegt derzeit bei rund 3 Watt pro Quadratmeter, die abkühlende Wirkung der Aerosole (zum Beispiel Rußpartikel oder Pollen) mit eingerechnet.

Der Eintrag von Spurengasen durch den Menschen ist gegenwärtig erheblich. Am stärksten fällt die gerade schon genannte weltweite Emission von jährlich rund 38 Milliarden Tonnen CO_2 ins Gewicht. Aufgrund dieser ungeheuren Menge steht dieses Gas in der Klimadebatte auch immer ganz oben. Auch wenn zum Beispiel Methan 20- bis 35-mal (der Faktor wird in der Wissenschaft derzeit intensiv diskutiert) oder FCKW-11 sogar beachtliche 3 400-mal so treibhauswirksam sind wie CO_2: Die riesige Menge des CO_2-Ausstoßes führt dazu, dass dieses Gas allein etwa zu zwei Dritteln für den anthropogenen Treibhauseffekt verantwortlich ist. Dazu später noch mehr.

Interessant ist der Blick auf folgende Tabelle mit der Entwicklung der CO_2-Emissionen der Jahre sowie die prozentuale Veränderung zum vorherigen Wert. Am Vergleichsjahr 1970 können wir sehen, dass die weltweiten CO_2-Emissionen in nicht ganz 50 Jahren um das knapp 2,5-fache gestiegen sind. Seit dem Beginn der 1990er Jahre, als der Erdgipfel von Rio mit großer Aufbruchsstimmung in Richtung einer emissionsärmeren Welt stattfand, ist der CO_2-Ausstoß um 67 Prozent gestiegen.

Rang 2018	Land	1970	1980	1990	2000	2010	2018	Anteil in %	2018 rel 1990 in %
1	VR China	796	1 500 (+88,4)	2 490 (+66)	3 530 (+41,8)	8 900 (+152)	11 256 (+25,5)	29,7	+352
2	USA	4 840	5 160 (+6,6)	5 250 (+1,7)	6 110 (+16,4)	5 780 (-5,4)	5 275 (-8,7)	13,9	0
6	Deutsch-land	1 080	1 150 (+6,5)	1 060 (-7,8)	911 (-14,1)	843 (-7,5)	753 (-10,7)	2,0	-29
Welt		15 800	20 200	22 700	24 900	32 900	37 887	100	+67

Quelle: http://dataservices.gfz-potsdam.de/pik/showshort.php?id=escidoc:4736895

Das CO_2 macht es uns also nicht leicht: Es ist einerseits für einen hohen Anteil der derzeitigen Erwärmung und damit auch für die Veränderung vieler Wetterabläufe verantwortlich, andererseits aber auch für Positives: Es sorgt wesentlich für den natürlichen Treibhauseffekt, der unsere Existenz überhaupt erst ermöglicht hat, und hätten es die grünen Pflanzen nicht zum »Einatmen«, würde ihnen die Basis fehlen, mittels Photosynthese »ihr täglich Brot zu verdienen« und nebenbei Sauerstoff zu produzieren – der wiederum für uns lebensnotwendig ist. Kurz: Natürlich ist nicht Kohlenstoffdioxid der Klimakiller, sondern allenfalls wir, weil wir es durch die Verbrennung fossiler Energieträger über alle Maßen in die Atmosphäre pusten. Von denen verheizen wir heute in einem Jahr so viel, wie die Erde in einer Million Jahre aufbauen konnte. Dass dies ein massiver und folgenreicher Eingriff in den natürlichen Kreislauf ist, sollte kaum verwundern.

Vom Urknall zum Menschen – einmal durch die Klimageschichte

Bisher wurde der Unterschied zwischen variablem Wetter und Klima, also gemitteltem Wetter, veranschaulicht und gezeigt, dass die Computermodellierung beider zwar unterschiedlich funktioniert, aber prinzipiell möglich ist. Als wichtiger Faktor für die klimatischen Bedingungen auf unserer Erde wurde der natürliche Treibhauseffekt ausgemacht und festgestellt, dass die Menschheit diesem einen anthropogenen Anteil hinzufügt.

Das Erdklima unterliegt grundsätzlich großen Schwankungen, auch regional unterschiedlichen, teilweise sogar gegensätzlichen. Ein Blick in das Klimageschehen der Vergangenheit hilft uns, ein Gefühl für diese Schwankungen zu bekommen und die Stärke des heutigen Klimawandels richtig einzuordnen: Eine überzogene Bewertung ist ebenso wenig sinnvoll wie eine unterschätzende Abwiegelung im Sinne von »Was heute passiert, ist doch alles nichts gegenüber früheren Klimaänderungen«. Das wichtige Stichwort hier lautet: Geschwindigkeit. Bei Klimaänderungen kommt es nicht nur auf den Absolutwert an, sondern vor allem auch auf ihre Geschwindigkeit, also der Änderung pro Zeit. Dieser Geschwindigkeit müssen sich alle Lebewesen anpassen – oder aussterben.

Stichwort Zeit: Wir Menschen sind bezogen auf die Erdgeschichte nicht mal eine Eintagsfliege! Das Klima scheint uns konstant, weil es sich während unserer Lebenszeit kaum spürbar ändert – sie genügt eben nicht, um eine Eiszeit *und* eine Warmzeit zu durchleben. Würde eine Eintagsfliege an einem Regentag leben, müsste sie schließen, dass es auf dieser Welt immer regnet.

Machen wir eine Reise durch die Klimageschichte und Sie werden sehen, wie variabel Klima und wie eng es mit der menschlichen Kulturgeschichte verwoben ist. Ab und zu werden wir innehalten, um einen Aspekt zu vertiefen.

Bis zum ersten Eiszeitalter

Starten wir diese Zeitreise vor rund 13,7 Milliarden Jahren. Damals ging alles los mit dem Urknall und »schon« wenige Hundert Jahrmillionen später entstand wahrscheinlich unsere Galaxie – die Milchstraße. Heute beherbergt sie eine durchaus respektable Anzahl von etwa 100 bis 300 Milliarden Sternen. Unser Sonnensystem bildete sich wohl aus einer Staub- und Gaswolke, die vorwiegend aus Wasserstoff und Helium und zu einem geringen Anteil aus schwereren Elementen bestand. Vor etwa 4,6 Milliarden Jahren verdichteten sich 99 Prozent der Materie im Zentrum der Wolke. Die Gase wurden dort immer heißer, bis durch Kernfusion Energie erzeugt wurde: Unsere Sonne – ebenfalls bestehend aus Helium und Wasserstoff – entstand. Der kleine Materierest von einem Prozent, der durch die Drehimpulserhaltung beim Zusammenziehen der Wolke immer schneller rotierte, ordnete sich in einer flachen Scheibe an. Durch die Hitze der Strahlung wurden die leichteren Gase nach außen gedrückt, weshalb sich Gasplaneten wie Jupiter oder Saturn heute weit von der Sonne entfernt befinden. Die schwereren Staubteilchen verblieben hingegen näher am Zentrum und verklumpten zu größeren Körpern. Es kam zu einem unbeschreiblichen Durcheinander mit endlos vielen Kollisionen. Je größer die Gesteinsbrocken wurden, desto mehr nahm ihre Schwerkraft zu, was sie auf Kosten der kleineren Brocken noch weiter anwachsen ließ. So entstanden vor ziemlich genau 4,57 Milliarden Jahren die inneren Gesteinsplaneten Merkur, Venus, Erde und Mars.

Ganz am Anfang gab es auf der Erde für kurze Zeit die Uratmosphäre aus Wasserstoff und Helium, die vom Sonnenwind – bestehend aus Elektronen und Protonen – aber rasch »weggeweht« wurde. Vor rund 4 Milliarden Jahren kühlte sich unser Planet auf unter 100 Grad Celsius ab und die Erdkruste begann sich zu bilden. Der Prozess der Krustenbildung, der häufige Einschlag mehrerer 100 Kilometer großer Gesteinsbrocken und intensiver Vulkanismus setzten viele Gase frei und dies führte zu einer neuen, zweiten Atmosphäre. Sie konnte von der Schwerkraft gehalten werden und bestand wahrscheinlich zu 70 Prozent aus Wasserdampf und zu 25 Prozent aus Kohlendioxid. Der Rest waren molekularer Stickstoff sowie typische Gase, die bei Vulkanausbrüchen heute noch freigesetzt werden. Sauerstoff gab es noch nicht – diese Atmosphäre war in unserem Sinne lebensfeindlich.

Der junge Planet kühlte sich weiter ab, und deshalb konnte der Wasserdampf nun kondensieren: Die wohl längste »Schlechtwetterperiode« auf Erden setzte ein. Etwa 40 000 Jahre hat es durchgeregnet, aber kräftig. Rund 3 000 Liter Wasser fielen pro Tag auf jeden Quadratmeter – mehr als viermal so viel wie heute im Jahresmittel in den meisten Regionen Deutschlands. Infolgedessen entstanden unsere Ozeane – erste Anzeichen für einen Wasserkreislauf finden sich vor rund 3,2 Milliarden Jahren.

Gleichzeitig bombardierten die UV-Strahlen der Sonne verschiedene Moleküle und entrissen diesen nicht selten den leichten Wasserstoff. Ergebnis: Eine dritte Atmosphäre mit den Hauptbestandteilen Stickstoff und Kohlendioxid entstand. Das war wichtig für die Entstehung von Leben, denn damals strahlte die Sonne rund 30 Prozent schwächer als heute, und doch war die Erde wärmer – man spricht vom »Paradoxon der schwachen Sonne«. Hier profitierte unser Planet erstmals vom natürlichen Treibhauseffekt, der den jungen, sich immer weiter abkühlenden Planeten davor bewahrt hat, zu Eis zu erstarren. Die zu schwache Sonne allein hätte das damals nicht vermocht. Neben dem CO_2 half hier auch das Methan (CH_4), das von den ersten Lebensformen auf der Erde, den einzelligen Archaeen, produziert wurde.

Sauerstoff spielte zunächst noch keine Rolle, doch dessen Produktion begann ebenfalls vor mehr als 3 Milliarden Jahren mit dem Aufkeimen weiterer Lebensformen. Cyanobakterien (Blaualgen) waren nämlich bereits in der Lage, Photosynthese zu betreiben und Sauerstoff zu erzeugen. Zuerst wurde er vom Eisen am Meeresgrund durch Oxidation zwar gleich wieder verbraucht, aber nach Hunderten von Millionen Jahren – gut Ding will Weile haben – blieb etwas Sauerstoff übrig, der in Bläschen an die Ozeanoberfläche stieg und dann die Atmosphäre anreicherte. Nebenbei baute er eine schützende Schicht aus Ozon gegen die lebensbedrohliche kurzwellige Sonnenstrahlung auf, wodurch sich Leben außerhalb des Wassers überhaupt erst entwickeln konnte. Unsere heutige vierte Atmosphäre mit ihren Bestandteilen war somit fertig.

Die Anteile der verschiedenen Gase in dieser Atmosphäre variierten aber noch stark. Der Kohlendioxidgehalt etwa sank mit dem steigenden Sauerstoffgehalt ab und so ließ auch der frühe Treibhauseffekt nach. Die Folge war das erste Eiszeitalter, das vor rund 2,4 Milliarden Jahren begann und vor 2,2 Milliarden Jahren endete.

Die Zeit der extremen Klimasprünge

Danach und bis vor 750 Millionen Jahren vor heute, also bis hinein ins Neoproterozoikum, war es auf der Erde wieder wärmer. Doch vor etwa 750 Millionen Jahren, als ein Erdentag noch 21 Stunden dauerte, weil sich unser Planet schneller drehte als heute, dürfte einer 1964 von Brian Harland entwickelten Theorie zufolge die Phase der extremsten Klimasprünge auf der Erde überhaupt begonnen haben.

Auslöser war wohl die plattentektonische Aktivität, die das Zerfallen des Urkontinents Rodinia, dessen genaues Aussehen aber umstritten ist, zur Folge hatte. Durch die exponierte Lage des Gesteins nahm die Verwitterung zu, und das hatte zur Folge, dass mehr Kohlendioxid in Sedimenten gebunden wurde. Damit erlitt die Atmosphäre einen großen CO_2-Verlust, der Treibhauseffekt ließ nach und es wurde kälter. Wenn sich dabei viel Landmasse an den Polen befindet, fällt Schnee dort nicht einfach nur ins Wasser und taut, sondern bleibt liegen. Eine Schneedecke und eine sich daraus entwickelnde Eisdecke führt zu einem Rückkopplungseffekt in der Atmosphäre und damit zu einer Verstärkung der Abkühlung. Diese nennt man Eis-Albedo-Rückkopplung.

Der Begriff »Albedo« kommt aus dem Lateinischen und bedeutet »Weiße«, also den Grad der Weißfärbung. Gemeint ist die Fähigkeit einer Oberfläche, das Sonnenlicht zu reflektieren. Weißer Schnee zum Beispiel wirft 90 Prozent der Sonnenstrahlung zurück und hat folglich eine sehr hohe Albedo. Die der dunklen Meeresoberfläche ist hingegen sehr gering. Landoberflächen weisen mittlere Werte auf. Ist also erst mal Schnee oder Eis da, dann kann sich eine Region immer weiter abkühlen und so kommen immer mehr Schnee und Eis hinzu – und so weiter. Bis ein anderer Effekt dagegensteuert. Ebenso verstärkt sich die Erwärmung selbst. Wenn zum Beispiel der anthropogene Treibhauseffekt das Eis schmelzen lässt, kommen darunter dunklere Flächen zum Vorschein, die sich wegen der niedrigeren Albedo aber schneller aufwärmen. Drum taut das Eis dann immer schneller.

Die Bedeutung der Materialhelligkeit können Sie im Sommer auch bestens »erfühlen«, indem Sie die Hand bei Sonnenschein einmal auf ein weißes und dann auf ein schwarzes Auto legen. Im letzteren Fall hat man oft das Gefühl, man könnte ein Spiegelei darauf braten, während die Konsistenz des Eis auf dem weißen Fahrzeug nur wenige Zeitgenossen erfreuen dürfte.

Kehren wir zurück ins Neoproterozoikum. Damals könnten die Mitteltemperaturen auf der Erde so weit gefallen sein, dass der ganze Planet quasi einfror – vielleicht mit wenigen Ausnahmen in unmittelbarer Nähe zum Äquator. Man spricht deshalb auch von der »Schneeball-Erde«. Der kalte Zustand dürfte für etwa 10 Millionen Jahre angehalten und sich bis 580 Millionen Jahre vor heute wahrscheinlich zwei oder mehrmals wiederholt haben. Doch selbst im Fall einer Schneeball-Erde fror der Ozean durch die Wärme des Erdinneren nicht bis in die Tiefe zu. Deshalb konnten Mikroben, die ihre Energie aus chemischen Substanzen und nicht aus dem Sonnenlicht gewinnen, an heißen Quellen am Meeresboden überleben – eine Chance für den Neubeginn des Lebens nach dem Auftauen. Dieses geschah schnell, und so herrschte zwischen den Vereisungen extreme Hitze. Weshalb?

Der Auslöser war das Fortdauern vulkanischer Aktivität, wodurch langfristig Kohlendioxid in die Atmosphäre gelangte, auch wenn der jeweilige Ausstoß schwefliger Gase kurzfristig immer wieder für eine Abkühlung der Troposphäre sorgte. Weil die Verwitterung in der Kälte gering war und es auch keine Niederschläge oder Vegetation gab, wurde kaum Kohlendioxid gebunden. Dieses stand also der Atmosphäre zur Verfügung, sodass sich der Treibhauseffekt verstärkte. Das erste Eis taute, die Albedo nahm ab und die Erwärmung beschleunigte sich – wie zuvor schon beschrieben – eine Art »Sauna« war entstanden.

Das Zeitalter der großen Artensterben

Die unruhige Abfolge aus plattentektonischer Aktivität, Verwitterung und Abtragung während des Neoproterozoikums fand ein Ende, und mit ihr auch die extremen Klimaschwankungen. Als die Pflanzen vor rund 440 Millionen Jahren das Land besiedelten, nahm der Sauerstoffgehalt der Atmosphäre dramatisch zu, vor etwa 350 Millionen Jahren erreichte er dann Werte um die 30 Prozent. Weil Insekten dadurch die Atmung erleichtert wurde, entstanden riesige Formen wie etwa Libellen mit einer Flügelspannweite von 70 Zentimetern. Doch vor 250 Millionen Jahren ging der Sauerstoffgehalt wieder rapide zurück und sank auf ungefähr 12 bis 15 Prozent. Die genauen Gründe dafür sind bis heute ungeklärt. Eine Möglichkeit ist die Freisetzung von Methanhydraten, um die es später noch einmal gehen wird. Für das damalige Leben war der Sauerstoffrückgang eine Katastrophe, der in »nur« 10000 bis 100000 Jahren 95 Prozent der Meeres- und 70 Prozent der Landlebewesen zum Opfer fielen. Es war das größte der sogenannten »big five«, der fünf großen Artensterben auf unserem Planeten, und markiert den Übergang vom Erdaltertum ins Erdmittelalter, dem Mesozoikum. Dies war die große Chance der Reptilien, die mit dem nun gesunkenen Sauerstoffgehalt vergleichsweise gut zurechtkamen und nach dem Verschwinden der bisherigen dominanten Arten viele neue Formen entwickeln konnten. Das Zeitalter der Dinosaurier hatte begonnen.

Vor 200 Millionen Jahren kam es zu einem weiteren Massenaussterben, diesmal werden als Ursache gewaltige Magmafreisetzungen beim Auseinanderbrechen des Superkontinents Pangäa vermutet. Kontinente haben aber nicht nur durch ihren Zerfall Auswirkungen auf die Biosphäre und das Klima, sondern auch durch ihre Lage zueinander. Denn die wirkt sich auf die Meeresströmungen und über den Energietransport auch auf die atmosphärische Zirkulation aus.

Das uns wohl bekannteste Artensterben fand vor 65 Millionen Jahren statt. Landtiere über 25 Kilogramm Gewicht starben praktisch alle aus; Säugetiere, Schlangen, Schildkröten und Krokodile hatten hingegen die besten Überlebenschancen. Das Ende der Dinosaurier wird sich wissenschaftlich wahrscheinlich nie zu

100 Prozent klären lassen. Höchstwahrscheinlich handelte es sich um einen Meteoriteneinschlag, aber auch der Ausbruch eines Supervulkans, kosmische Strahlung oder »einfach nur« ein Klimawandel sind zumindest denkbar. Die Umwälzungen waren jedenfalls erheblich. Danach begann das Zeitalter, in dem wir uns heute noch befinden: das Känozoikum, die Erdneuzeit.

Zu diesem Zeitpunkt stieg der Sauerstoffgehalt (O_2-Gehalt) wieder deutlich an und erreichte bald den heutigen Wert von rund 21 Prozent, auf den nun alle Lebewesen quasi geeicht sind. Bei weniger als 17 Prozent ersticken wir bereits, und bei knapp 13 Prozent brennt nicht mal mehr Papier. Ist der Sauerstoffanteil hingegen höher als 21 Prozent, so nimmt die »Brennfreude« zu: Bei 25 Prozent ist ein Feuerzeug schon ein Flammenwerfer, und bei 30 bis 35 Prozent entzünden sich bei etwas Sonneneinstrahlung Graslandschaften von ganz allein.

In der Atmosphäre sind die Gase durch Konvektion bis in eine Höhe von rund 80 Kilometern vertikal durchmischt, und deshalb ist der Sauerstoffgehalt am Boden der gleiche wie auf einem hohen Berg – nämlich 21 Prozent. Da in der Höhe die Dichte der Luft jedoch insgesamt abnimmt, steht uns dort neben allem anderen auch weniger Sauerstoff zur Verfügung – mit dem Ergebnis, dass die meisten von uns die höchsten Berge der Erde nur mit Sauerstoffflaschen erklimmen können.

Eiszeit, Kaltzeit, Warmzeit

Es wird Sie vor dem Hintergrund der globalen Erwärmung möglicherweise überraschen – aber wir leben in einer Eiszeit! Eiszeiten sind geologisch dadurch definiert, dass an den Polen und in den Hochgebirgen dauerhaft Eis zu finden ist. Während 95 Prozent der Erdgeschichte war das übrigens nicht der Fall.

Besonders wichtig für diese Entwicklung war die isolierte Lage der Antarktis. Diese trennte sich vor rund 30 Millionen Jahren von Australien und wanderte zum Südpol. Umgeben von einer kalten Meeresströmung, die wärmerem Wasser keinen Zugang mehr verschaffte, und wegen der schwachen Sonneneinstrahlung am Südpol vereiste der Kontinent. In der Epoche des Pleistozäns, die vor etwa zwei Millionen Jahren begann und in der sich auch der heutige Mensch entwickelte, lagen nicht nur die Antarktis, sondern auch weite Gebiete der Nordpolarregion unter dem Eis. Doch auch dieser Zeitraum unterliegt steten Temperaturschwankungen, und zwar bis heute. Deshalb erfolgt eine zusätzliche Einteilung in Kalt- und Warmzeiten – seit Beginn des Pleistozäns sind es zwanzig. Momentan befinden wir uns in einer Warmzeit, dem Holozän.

Davor gab es die Würm-Kaltzeit (in Nordeuropa und bis in den Norden Deutschlands Weichsel-Kaltzeit genannt), die wir im Sprachgebrauch allgemein als die letzte Eiszeit bezeichnen und deren Höhepunkt vor etwa 20 000 Jahren stattfand. Der Norden Europas war damals unter einem mehrere Kilometer dicken Eispanzer begraben, der bis in die norddeutsche Tiefebene reichte. Da viel Wasser im Eis gebunden war, lag der Meeresspiegel circa 130 Meter tiefer als heute, wodurch die Britischen Inseln mit dem Festland verbunden waren. Die globalen Mitteltemperaturen lagen wohl 4 bis 5 Grad unter den heutigen. Die Vegetation bei uns war wegen der Kälte zwar nicht so üppig, aber dennoch nicht mit der heutigen Tundra am Polarkreis zu vergleichen. Denn durch die im Verhältnis zur Tundra südlichere Lage ist die Sonneneinstrahlung hier viel stärker, und so herrschten im Sommer vielfach Tagestemperaturen von rund 20 Grad. Dazu war es trocken und oft sonnig, und durch das vorhandene Schmelzwasser konnten Pflanzen und Tiere sich ausreichend versorgen. Interessant ist noch die Periodizität der Kalt- und Warmzeiten, die bei etwa 100 000 Jahren liegt. Davon fallen im Mittel 90 000 Jahre auf eine Kalt- und 10 000 Jahre auf eine Warmzeit. »Gut, dass wir in einer Warmzeit der Eiszeit leben«, wird so mancher nun wohl zu Recht sagen.

Die Rolle der Erdumlaufbahn

Für den Wechsel zwischen Kalt- und Warmzeiten sind in der Klimageschichte, welche die meiste Zeit selbstverständlich ohne menschliche Emissionen von Treibhausgasen ablief, mit hoher Wahrscheinlichkeit die sogenannten Milanković-Zyklen verantwortlich. Diese nach dem serbischen Mathematiker und Astrophysiker Milutin Milanković (1879–1958) benannten Zyklen beschreiben Schwankungen in der Intensität der Sonnenenergie, die auf der Erde ankommt. Sie gehen auf die drei Faktoren Exzentrizität, Obliquität und Präzession zurück.

Die Exzentrizität beschreibt den Übergang der Erdbahn von einer ungefähr kreisförmigen in eine leicht elliptische Form binnen einer Periode von 100 000 Jahren – eine Änderung von rund 5 Prozent, welche die Solarkonstante um etwa 0,7 Watt pro Quadratmeter schwanken lässt. Dieser Beitrag reicht zwar nicht aus, um die Dominanz dieser Periode in paläoklimatologischen Rekonstruktionen zu erklären, sie dürfte aber der Auslöser für Rückkopplungsprozesse im Klimasystem sein.

Mit der Obliquität, auch Ekliptikschiefe, ist die Schrägstellung unserer Erdachse zur Umlaufbahn gemeint. Derzeit ist sie 23,5 Grad gegen die Lotrechte geneigt, mit einem Zyklus von 41 000 Jahren pendelt diese Neigung jedoch zwischen 21,5 und 24,5 Grad. Die absolute Sonneneinstrahlung wird dadurch zwar nicht geändert, dafür aber die Verteilung der Energie. Ist die Erdachse weniger geneigt, sind die Winter an den Polen wärmer, weil die Sonne höher steht. Da es aber beim Dauerfrost bleibt, kann nun mehr Schnee fallen, denn wärmere Luft kann mehr Wasserdampf aufnehmen und damit natürlich auch in Form von Regen oder eben Schnee abgeben. Die Sommer hingegen fallen wegen des flacheren Sonnenstands kühler aus. Entsprechend taut weniger Schnee ab und die Eisschicht wächst.

Kommt jetzt noch dazu, dass die größte Sonnenferne gerade im Nordsommer zu finden ist, dann trifft noch weniger Energie durch die Sonne ein, es ist also noch etwas kälter und der Schnee kann sich noch besser halten. Dies hängt mit der Präzession zusammen, dem »Taumeln« der Erdachse: Im Moment befindet sich die Erde im Nordwinter am sonnennächsten Punkt, dem Perihel; in circa 11 500 Jahren wird das Perihel im Nordsommer liegen. Auch die Präzession ändert nicht die Gesamtmenge an Sonnenenergie, aber deren Verteilung.

Die Erklärung der Eiszeiten mit den Milanković-Zyklen wirkt zwar auf den ersten Blick sehr klar und eindeutig, berechnet man aber aus den Bahnparametern die eingestrahlte Energie, so sieht man, dass die Zyklen mit den Eisvolumina weniger gut korrespondieren als erwartet. Vor allem das schnelle Auftauen des Eises, wenn der Prozess der Erwärmung einmal in Gang gesetzt ist, passt nicht so richtig zu den Erdbahnparametern, die sich grundsätzlich nur langsam ändern. Hier ist, wie schon zum Ende der »Schneeball-Erde«, wieder die Albedo von Bedeutung. Solange das Eis nur in der Dicke variiert, ändert sie sich nämlich kaum, sobald es aber verschwunden ist, nimmt sie schlagartig ab – und die Erwärmung wird beschleunigt. Einen ähnlichen Effekt könnte auch die Höhe der »Eisgebirge« haben. Denn es gilt: je höher, desto kälter und desto mehr orographischer, also durch Hindernisse erzwungener Niederschlag – in diesem Fall Schnee. Und umgekehrt. Die schon erwähnte Lage der Kontinente und die davon abhängigen atmosphärischen und ozeanischen Strömungen sorgen schließlich ebenfalls dafür, dass die Milanković-Zyklen nicht der ausschließliche Grund für den Wechsel von Kalt- und Warmzeiten sind, sondern eine Art Auslöser.

Das Klima hat schon immer geschwankt

Als vor rund 13 000 Jahren die Würm-Eiszeit zu Ende ging, herrschten in Europa bei rascher Erwärmung in der Allerödzeit paradiesische Bedingungen für Mensch und Tier: Man siedelte sich fest an, fand aber genug Wild zum Jagen und Wildgetreide zum Ernten. Ackerbau zu betreiben war nicht notwendig.

Doch vor 12 000 Jahren (um 10 000 vor Christus) bäumte sich die Eiszeit noch einmal auf. In Grönland gingen die Temperaturen örtlich um 15 Grad, in Teilen Europas um 3 bis 5 Grad zurück. Dieser Zeitraum wird Jüngere Dryaszeit genannt – nach der Silberwurz (Dryas), der typischen Pflanze der Tundra. Das Ereignis hat aller Wahrscheinlichkeit nach mit Veränderungen der Meeresströmungen zu tun. Der Nordatlantikstrom, der nördliche Ausläufer des Golfstroms, brach durch den massenhaften Zufluss von Süßwasser in den Atlantik zusammen. Der nordamerikanische Kontinent war zuvor durch die Eislast in die Tiefe gedrückt worden, und es entstand beim Abtauen ein riesiger Gletschersee, der Agassizsee. Dessen Wasser floss zunächst nur über das Mississippi-Tal nach Süden. Mit Verschwinden der Eisberge östlich des Gletschersees konnte es sich aber nun ungestört in den Atlantik ergießen. Die Folge war eine starke Abkühlung Grönlands und unserer Region durch das Ausbleiben der »Fernheizung« Nordatlantikstrom. Durch Computersimulationen lässt sich das Jüngere-Dryas-Ereignis übrigens gut nachrechnen. Zusätzlich können auch Ereignisse wie der Ausbruch des Laacher-See-Vulkans oder diverser Vulkane auf Island Gründe für die starke Abkühlung gewesen sein. Einen weiteren Beitrag dürfte die Explosion eines Meteoriten über Kanada geliefert haben.

Dieser abrupte Klimawandel war der bisher letzte seiner Art. Im jetzigen Interglazial, dem Holozän, geht es deutlich ruhiger zu. Während der Würm-Eiszeit war das jedoch anders, denn mit einer Periode von knapp 1500 Jahren traten auf der Nordhalbkugel starke und sehr schnelle Klimawechsel auf. Eisbohrkerne belegen, dass die Mitteltemperatur zu Beginn einer solchen Klimaschwankung bei Grönland um bis zu 10 Grad in wenigen Jahrzehnten steigen konnte. Danach sank sie binnen Jahrhunderten wieder auf die sehr kalten Verhältnisse ab. Wahrscheinlich hängen diese Vorgänge mit sprunghaften Veränderungen der ozeanischen Zirkulation zusammen. Computersimulationen unterstützen die Vermutung, dass hier ein minimaler Auslöser ausreicht, wenn die Stabilität des Strömungsmusters – wie in der letzten Kaltzeit – auf der Kippe steht. Auf der Südhalbkugel waren diese nach ihren Entdeckern benannten Dansgaard-Oeschger-Ereignisse übrigens deutlich schwächer ausgeprägt. Zuweilen kamen auch besonders kalte Phasen vor, die sogenannten Heinrich-Ereignisse: Das Eisschelf der Nordhalbkugel zerfiel, sodass viele Eisberge auf den Nordatlantik trieben. Deren Süßwasser unterbrach die thermohaline Zirkulation – den Motor der Ozeanströmungen. Darum wird es am Beispiel unseres Golfstroms später noch einmal gehen. Das Jüngere-Dryas-Ereignis könnte ein solches Heinrich-Ereignis gewesen sein.

Im Holozän kam es ebenfalls zu einem abrupten, aber lokalen Klimawandel: Die Sahara wurde vor rund 5500 Jahren innerhalb weniger Jahrhunderte von einer besiedelten Savanne mit ausgedehnten Wasserflächen zu einer Wüste. Auch diese Verwandlung kann wieder recht gut am Computer simuliert werden. Deutlich wird dabei die Bedeutung des Milanković-Zyklus, der sich unmittelbar auf die Monsune auswirkt, also auf die Intensität und räumliche Ausdehnung der jahreszeitlich wiederkehrenden Regenfälle. Die Abschwächung dieser Regenfälle hat die Sahara austrocknen lassen.

Vielfach werden solche abrupten Klimaveränderungen von Kritikern der durch den Menschen mitverursachten globalen Erwärmung als Beweis dafür herangezogen, dass es immer schon heftige und schnelle Klimawandel gegeben hat und dass der derzeitige Vorgang somit »nichts Ungewöhnliches« sei. Hier muss man genau aufpassen, denn entscheidend ist die Frage, ob wir es mit einer Umverteilung der gleichen Menge Energie – mit teilweise starken und kurzfristigen regionalen Folgen – zu tun haben oder ob eine globale Veränderung der Energiebilanz vorliegt. Die Datensätze von Grönland liefern Aussagen für Grönland, aber nur bedingt oder gar nicht für den ganzen Globus – ähnlich wie auch das Austrocknen der Sahara ein Prozess ist, der dort erhebliche, in anderen Regionen der Welt aber möglicherweise gar keine Auswirkungen hatte.

Einer globalen Veränderung der Energiebilanz muss jedoch ein äußerer Antrieb wie etwa mehr Sonnenenergie (derzeit nicht als langfristiger Trend beobachtbar) oder mehr Treibhausgase in der Atmosphäre (momentan der Fall) zugrunde liegen. Globale Veränderungen laufen in der Natur träge ab, die regionalen Schwankungen um den Mittelwert oder um einen steigenden oder auch fallenden Trend bleiben möglicherweise schnell und abrupt. Derzeit ist *global* eine viel schnellere Erwärmung messbar als sie in der Erdgeschichte nach unserem heutigen Wissensstand in den vergangenen zwei Millionen Jahren jemals vorgekommen ist. Wenn ein Prozess plötzlich derart beschleunigt stattfindet, muss es dafür einen physikalischen Grund geben. Und da zeigen die Berechnungen der Klimaforschung, dass eine solche Beschleunigung der globalen Erwärmung mit den menschlichen Einflüssen auf unsere Atmosphäre erklärbar und in seiner Größenordnung nachrechenbar ist. Wir pumpen heute quasi unentwegt zusätzlich Energie ins Klimasystem.

Von Ötzi bis ins Mittelalter

Stöbern wir etwas in der Klimageschichte des Holozän, so dürften die globalen Temperaturen zwischen 6 000 und 3 000 vor Christus etwa 0,4 Grad, die nordhemisphärischen etwa 1 Grad höher als heute gelegen haben. Regional wurde der heutige

Wert aber durchaus mal um etwa 2 bis 3 Grad überschritten. Das war die Zeit der alten Hochkulturen vor allem im Mittelmeerraum, in Mesopotamien, Nordindien, Nordchina, Mexiko und Peru. Während dieser Zeit waren die Alpen überwiegend eisfrei, doch gegen Ende dieser Periode wurden die höheren Lagen wieder von Eis bedeckt. Das war auch die Zeit, zu der Ötzi nach seinem Tod rasch unter Schnee und Eis begraben wurde. Und da seine Mumie erst im September 1991 wieder freigegeben wurde und dermaßen gut erhalten war, dass sie die Zeit dazwischen immer im Eis verbracht haben muss, zeigt dies sehr anschaulich den aktuellen Grad der Erwärmung in den heutigen Alpen.

Auch die Blütezeit des Römischen Reiches hat neben anderen Faktoren mit der Existenz eines Klimaoptimums zu tun. 218 vor Christus, zur Zeit des Zweiten Punischen Krieges, griff der Karthagerführer Hannibal Barkas das Römische Reich an. Dazu hatte er zuvor mit circa 50000 Soldaten, 9000 Reitern und 37 dem Klima der afrikanischen Savanne angepassten Kriegselefanten im Winter die Alpen überquert. Möglich war dies nur durch das wärmere Klima dieser Zeit – und nach der Überlieferung kam keiner der 37 Elefanten zu Schaden.

Am Ende der Spätantike setzte jedoch wieder eine Abkühlung ein, die ins frühmittelalterliche Pessimum führte, das etwa von 600 bis 800 nach Christus dauerte. Es wurde kälter, die Gletscher stießen wieder vor und die Baumgrenze in den Alpen sank um rund 200 Meter. Die Folgen für die Menschen dieser Zeit waren erheblich. Die Bevölkerung Europas sank auf einen seitdem nie wieder erreichten Tiefstand, und aus Aufzeichnungen der damaligen Zeit lässt sich entnehmen, dass es eine Zeit mit zahlreichen Kälteeinbrüchen, schweren Regenfällen, Überschwemmungen, Missernten, Hungersnöten, ausgedehnten Epidemien und Viehseuchen war.

Während aber in Europa die Temperaturen sanken, stellte sich die Situation in Japan und China zur gleichen Zeit ganz anders dar – hier erlebte man eine Warmphase. Der Beginn der Mayakultur in Mittelamerika lag ebenfalls in diesem Zeitraum und war auch dort durch positive klimatische Bedingungen gekennzeichnet, wie die Geschichtsschreibung zeigt.

Im Hochmittelalter kam auch Europa wieder in den Genuss wärmeren Klimas. Diese Phase des mittelalterlichen Klimaoptimums lag im Zeitraum zwischen 900 und 1400 nach Christus mit dem Höhepunkt zwischen den Jahren 950 und 1250 auf der Nordhalbkugel und einem etwas späteren Eintritt in Australien und Teilen Asiens etwa zwischen 1150 und 1350. Betrachtet man zur Verfügung stehende Datenreihen in verschiedenen Regionen, zeichnet sich aber ein uneinheitliches Bild ab: Teile der Tropen könnten eher kühl gewesen sein und Zeitreihen aus flachen Gewässern der Ostantarktis zeigen auch hier kein klares Signal einer mittelalterlichen Warmzeit. In einigen Regionen der Erde allerdings könnten die Temperaturen in der damaligen Zeit an die Werte im Ausgang des 20. Jahrhunderts herangereicht haben, wie etwa in Mitteleuropa. Diese Tatsache, aber auch der technische und agrikulturelle Fortschritt in der Bodennutzung, haben dazu beigetragen, dass die Bevölkerung Europas massiv wuchs.

Aufzeichnungen aus dieser Zeit zeigen bei uns eine Vielzahl von Hitze- und Dürreperioden vor allem zwischen 1021 und 1040. Und die 80er Jahre des 12. Jahrhunderts brachten die wärmste überhaupt bekannte Winterdekade. So blühten im Januar 1187 bei Straßburg die Bäume, man konnte im Rhein baden und die Malaria dehnte sich bis nach England aus. Doch auch im mittelalterlichen Optimum gab es Ausreißer wie etwa den Winter zwischen den Jahren 1010 und 1011, als der Bosporus zufror und der Nil Eis führte. Bei aller Freude über das Vorliegen vieler historischer Quellen: Sie sind mit einer gewissen Zurückhaltung zu werten, denn Messgeräte gab es noch nicht, und so wurde das eine oder andere Ereignis sicherlich auch übertrieben dargestellt – ein zur damaligen Zeit auch schon gerne genutztes Stilmittel.

Zwischen 900 und 1300 fiel auch die Besiedlung Grönlands – also »Grünlands« – durch die Wikinger. Erik der Rote traf hier im Jahre 985 mit seinen Schiffen von Island aus ein, und zur Zeit des Höhepunktes der mittelalterlichen Warmzeit war auf Grönland sogar der Anbau von Getreide möglich. Schon im 12. Jahrhundert begann sich die Region wieder abzukühlen. Man darf sich damals nun aber keine ausgedehnte eisfreie Ackerlandfläche vorstellen, sondern es waren nur die Küstenregionen eisfrei – es sah also so ähnlich aus wie heute, wo derzeit regional sogar Erdbeeren gedeihen. Ich bin selbst in den Genuss gekommen, eine solche Frucht von dort mit Freude zu verspeisen. Heute wie zur Zeit Eriks des Roten konnten im Sommer ganz im Süden Grönlands nachmittags durchaus 20 Grad überschritten werden, auch das ist mit heute vergleichbar: Am 9. Juni 2016 waren es in Nuuk zum Beispiel 24 Grad im Schatten.

Ein großes Problem dieser Zeit waren in verschiedenen Regionen der Welt teils ausgedehnte Dürren, welche die Erwärmung lokal begleiteten. Von einer lebhaften kulturellen Entwicklung zeugen etwa mehrstöckige Gebäude im Mesa-Verde-Nationalpark in den USA an der Grenze der Staaten Utah, Colorado, New Mexico und Arizona. Sie wurden im 13. Jahrhundert nach zuvor starkem Anstieg von Kannibalismus in Folge zunehmender Trockenheit aufgegeben. Auch die Maya-Zentren in Mittelamerika gingen mutmaßlich vor allem wegen dort einkehrenden Wassermangels zugrunde.

Betrachtet man diese Zeit klimatisch global, so lässt sich feststellen, dass es *keine* globale mittelalterliche Warmzeit gegeben hat, sondern dass wir es mit regionalen Schwankungen im Klimasystem zu tun hatten, die in komplexen Systemen typischerweise vorkommen. In Deutschland oder in den südlichen Gebieten Englands dürften die Temperaturen aber etwa 0,5 bis 1 Grad höher gelegen haben als im langjährigen Mittel von 1961 bis 1990 – die Verhältnisse waren also mit den aktuellen gut vergleichbar.

Gründe für solche Schwingungen im System finden sich in der internen Variabilität von atmosphärischer Zirkulation, den Meeresströmungen sowie deren Wechselwirkungen untereinander. Hier sind Prozesse wie die El Niño-Southern Oscillation (ENSO), die Nordatlantische Oszillation (NAO) sowie die Atlantische Multidekaden-Oszillation (AMO) zu nennen, von denen einige auf den folgenden Seiten noch behandelt werden. Auch klimatische Zeiträume davor haben selbstverständlich mit solchen Schwankungen zu tun gehabt, nur gilt: Je weiter ein Zeitraum zurückliegt, desto weniger Kenntnisse hat man davon – insbesondere keine schriftlichen Aufzeichnungen.

Die Kleine Eiszeit

Die Zeit von 1400 bis 1850 ist in Europa bekannt als die sogenannte Kleine Eiszeit. Trotzdem gab es in dieser Phase auch warme Jahre wie 1540, dessen Sommer ähnlich sonnig, heiß und trocken ausgefallen sein muss wie der Hitzesommer 2003. In den schriftlichen Überlieferungen liest man deshalb auch vom Jahrtausendwein des Jahres 1540. Man sieht an auffälligen Jahren wie 1010 und 1011 oder 1540 deutlich, dass man Klimaperioden eben nur an längeren Zeiträumen und nicht an einzelnen Jahren festmachen darf.

Schon zu Beginn der Kleinen Eiszeit häuften sich Jahre mit kalten und nassen Sommern, Ernteausfällen und Überschwemmungen sowie eisigen, lang andauernden Wintern. So fiel am 30. Juni 1318 in Köln Schnee – ein Ereignis, auf das man in dieser schönen Stadt heute auch im Winter oft erfolglos wartet. Aber Achtung: Auch hier ist Vorsicht geboten, denn es gibt viele Anzeichen dafür, dass es an dem Tag womöglich »nur« ordentlich gehagelt hat und somit eine weiße Hageldecke zu sehen war – fälschlicherweise als Schnee interpretiert.

Dennoch war die Folge dieser »schlechten Jahre« zwischen 1315 und 1322 eine der größten Hungersnöte in Europa. Während die Kälte zwar das Problem der Malaria beendete, fühlten sich nun Läuse und Flöhe bei uns wohl und brachten das Fleckfieber, eine gefährliche Typhusart, sowie die Pest mit. Die größte Pestepidemie fand zwischen 1346 und 1352 statt.

Die zunehmende Kälte ließ sich auch an der Häufigkeit des Zufrierens großer Seen erkennen. Fror der Bodensee 1963 das erste und einzige Mal im 20. Jahrhundert zu – was damals übrigens in Verkennung des Unterschieds von Wetter und Klima die Befürchtungen nährte, eine neue Eiszeit, das »global cooling« wäre nahe – so passierte dies im 14. Jahrhundert fünfmal und im 15. und 16. Jahrhundert je siebenmal. Und vom strengen Winter zwischen den Jahren 1570 und 1571 wird überliefert, dass die hungrigen Wölfe aus den Wäldern kamen und die Menschen anfielen. Die Ursachen für die Kleine Eiszeit kennt man nicht genau, aber ihre besondere Stärke in Europa lässt sich wohl wieder auf einen schwächeren Nordatlantikstrom zurückführen – ähnlich wie es schon im Zusammenhang mit dem Jüngeren-Dryas-Ereignis beschrieben wurde. Eine Rolle kann hier auch die Vulkanaktivität gespielt haben. Gab es in der bei uns zuvor warmen Zeit kaum Vulkanausbrüche, so war die Vulkanaktivität in diesem Zeitraum erhöht. So wurde mehr Sonnenlicht reflektiert, das folglich nicht mehr für die Erwärmung der Atmosphäre zur Verfügung stand. Verantwortlich dafür sind der Staub und die Sulfataerosole, die bei Vulkanausbrüchen kurzfristig für eine Abkühlung sorgen. Dies steht der längerfristigen Erwärmung durch das ebenfalls (aber in vergleichsweise geringer Menge) ausgestoßene und lange in der Atmosphäre verbleibende CO_2 entgegen. Gut konnte man den vulkanischen Einfluss zum Beispiel nach dem Ausbruch des Pinatubo auf den Philippinen 1991 beobachten. Insgesamt 8 Kubikkilometer (rund 17 Milliarden Tonnen) Staub, Asche und Aerosole wurden dabei bis zu 24 Kilometer hoch in die Atmosphäre geschleudert. Dadurch nahm die Sonnenintensität im folgenden Jahr ab, und so sank die globale Mitteltemperatur um 0,4 Grad, die auf der Nordhalbkugel um 0,6 Grad. Gleichzeitig wurde die Ozonschicht vorübergehend massiv geschädigt – das Ozonloch hatte Ausmaße wie nie zuvor. Beim Mount St. Helens in den USA wurden 1980 übrigens 2, beim Krakatau 1883 in Indonesien 11 und beim Ausbruch des Tambora (ebenfalls in Indonesien) 1815 sogar 150 Kubikkilometer Staub in die Atmosphäre geschleudert. Die Folge des Tambora-Ausbruchs war das »Jahr ohne Sommer«, als das 1816 in die Geschichte einging. Als – und wieder ist Indonesien der Ort des Geschehens – der Supervulkan Toba vor rund 74000 Jahren ausbrach, müsste der Auswurf etwa 2800 Kubikkilometer betragen haben. Dies ist einer der Gründe, weshalb die kältesten Jahre der letzten Eiszeit in Forscherkreisen auf diesen Vulkanausbruch zurückgeführt werden.

Außerdem könnte eine etwas reduzierte Sonnenaktivität eine Rolle gespielt haben. Sonnenflecken – magnetisch verursachte Intensitätsänderungen der Sonnenstrahlung – traten etwa in der ausgiebigen Kaltphase zwischen 1675 und 1715 besonders selten auf. Hierbei handelt es sich um das sogenannte Maunder-Minimum. Bei der Sonne gilt es also zu beachten, dass es – wie schon gezeigt – verschiedene Periodizitäten gibt, aber auch immer wieder dazwischenliegende Phasen mit besonders geringer Aktivität.

Betrachtet man das Phänomen Kleine Eiszeit global, so gilt dasselbe wie für das mittelalterliche Klimaoptimum – es handelt sich um kein auf der gesamten Erde nachweisbares Phänomen. Neben Europa gibt es am ehesten noch in Südostasien Hinweise auf tiefere Temperaturen.

Ab in die Zeit der Wärmerekorde

Schauen wir noch auf das vergangene 20. Jahrhundert und den Zeitraum bis heute. Bei den Temperaturen ist ein eindeutiger Trend nach oben festzustellen – in den letzten 100 Jahren global um etwa 1 Grad Celsius. Dieser Trend ist aber nicht ungebrochen, denn während die Temperaturen von 1910 bis etwa 1940 erkennbar anstiegen, gab es bis zum Ende der 1970er Jahre ein Verschnaufen. Seither steigen die Werte wieder erheblich an. Die zehn global wärmsten Jahre seit 1880 lesen sich nach den Daten der NASA (Goddard Institute for Space Studies, GISS) wie folgt: 2016, 2019, 2017, 2015, 2018, 2014, 2010, 2013, 2005, 2007, 2009. Die Daten der University of East Anglia, die mit dem renommierten Klimaforschungsinstitut Hadley zusammenarbeitet, unterscheiden sich zwar etwas von den Daten der NASA, weisen aber ebenfalls das letzte Jahrzehnt eindeutig als das wärmste der vergangenen 100 Jahre aus.

Natürlich sind für diese Entwicklung der Temperaturen in einem komplexen System wie dem Erdsystem viele Ursachen gemeinsam verantwortlich. Somit wirken Veränderungen der Sonnenaktivität, vulkanischer Einfluss, die interne Variabilität wie etwa Wechselwirkungen zwischen Ozean und Atmosphäre und Schwankungen in den Windsystemen des Planeten mit den menschlichen Einflüssen gemeinsam.

In der ersten Hälfte des 20. Jahrhunderts ist die Treibhausgaskonzentration zwar schon langsam angestiegen, kann aber noch nicht dominant zur Erklärung des Temperaturanstiegs herangezogen werden. Deshalb waren hier mutmaßlich die geringe vulkanische Aktivität und eine etwas zunehmende Sonnenintensität in ungefähr gleicher Größenordnung beteiligt – also eine ziemlich »faire« Verteilung von Natur und Mensch. Danach verwundert der – wie die Börsianer sagen – Seitwärtstrend der Temperaturen bis zum Ende der 1970er Jahre auf den ersten Blick, war doch dies die Zeit, wo die Treibhausgasemission durch den Menschen schon stark zunahm. Deren Einfluss wurde aber aller Wahrscheinlichkeit nach durch die abkühlend wirkenden Aerosole in Schach gehalten. Fehlende Filtersysteme in Industrieanlagen sorgten oft für eine erkennbare Schwächung der Sonneneinstrahlung, sodass man in dieser Zeit vom »Global Dimming« sprach. Mit dem Beginn von Luftreinhaltemaßnahmen durch Filter wurde die Luft deutlich sauberer und die Sonneneinstrahlung entsprechend intensiver, ohne dass sich an der Leistung der Sonne irgendetwas verändert hätte. So zeigen es uns auch die seit 1978 regelmäßigen Satellitenmessungen. Kein natürlicher Prozess einer Größenordnung von rund 3 Watt pro Quadratmeter, der nötig ist, um die aktuellen Veränderungen im Erdsystem zu erklären, konnte ausfindig gemacht werden. Deshalb weist die sehr schnelle *globale* Temperaturänderung in dieser kurzen Zeit deutlich auf einen anthropogenen Einfluss auf unser Klima durch die intensive Emission von Treibhausgasen in die Atmosphäre hin.

Auch dem Bericht der Weltorganisation für Meteorologie (WMO) kann man entnehmen, dass 2015 bis 2019 die wärmsten Jahre seit Beginn der Wetteraufzeichnungen waren. Nicht nur in Europa, sondern auf allen Kontinenten gab es außergewöhnliche Wetterereignisse, die erhebliche Schäden verursachten.

Die Temperaturen in der Arktis waren fast dauerhaft ungewöhnlich hoch, der Gletscherschwund am Südpol, also in der Antarktis, hat sich verdreifacht. In Algerien gab es mit 51,3 Grad einen neuen Hitzerekord und im Oman wurde eine neue höchste Tiefsttemperatur gemessen, als die Werte in der Nacht nicht unter 42,6 Grad sanken. Ostafrika erlebte in vielen Regionen gravierende Überschwemmungen, nachdem auf die lange Dürrezeit eine Phase folgte, in der um mehr als das Doppelte erhöhte Regenmengen fielen. Über 300 000 Menschen mussten fliehen, viele Nutztiere kamen ums Leben und große Agrarnutzflächen gingen komplett verloren. Erhebliche Starkregenfälle in Japan sorgten im Industrieland für über 200 Todesfälle. Die dramatischste Fluchtbewegung wegen akuter Überschwemmungen gab es 2018 im Süden Indiens – hier mussten 1,4 Millionen Menschen ihre Heimat verlassen. Stellen Sie sich vor, man müsste ganz München evakuieren. All das passierte, während in der Mitte und im Norden Europas jene Dürre herrschte, die wir alle wohl so schnell nicht vergessen werden. Erinnern wir uns nur an die Waldbrände bei Jüterbog in Brandenburg.

Bei uns in Deutschland sind die Temperaturen seit Beginn der regelmäßigen Wetteraufzeichnungen im Jahre 1881 um 1,4 Grad angestiegen – der Wert liegt höher als das globale Mittel von rund 1 Grad. Das hat damit zu tun, dass das riesige Wasservolumen den globalen Anstieg puffert. Die Temperaturen über Wasser steigen wesentlich weniger stark, weil das Wasser die Wärme aufnehmen kann. 93 Prozent, eine beeindruckende Zahl, der globalen Erwärmung nehmen nämlich die Ozeane auf. Die Folgen werden im Kapitel »Die Meere als größte Kohlenstoffsenken« näher betrachtet. Das Jahr 2018 war bei uns sogar um 2,2 Grad wärmer als der oben genannte Referenzzeitraum. 2019 war übrigens genau wie 2014 um 2,1 Grad zu warm, 2015 um 1,8 Grad und 2016 und 2017 jeweils um 1,4 Grad.

Bei uns in Deutschland sind seit 23 Jahren – abgesehen von 2010 durch einen extrem eisigen Dezember – alle Jahre wärmer als nach dem langjährigen Mittel von 1961 bis 1990, das die WMO derzeit als Referenzperiode nutzt. Denken Sie einfach mal 23 Jahre zurück und überlegen Sie, was seither alles in Ihrem Leben geschehen ist – immer mit mehr Wärme als eigentlich üblich wäre.

Besonders auffällig war natürlich auch bei uns das Jahr 2018 mit seiner extremen Dürre. Das Frühjahr fiel aus, der Sommer folgte Anfang April übergangslos auf den Winter, sodass alle Pflanzen mehr oder weniger gleichzeitig blühten und alle Allergiker dann auch mal gleichzeitig niesten. Falls Sie betroffen waren, werden Sie sich gut erinnern. Für ewige Wochen – im Grunde bis Ende Oktober – hielt sich der außergewöhnliche Sommer und sorgte im Juli zum Beispiel für ausgedehnte Waldbrände in Schweden. Dort herrschten wochenlang Temperaturen von 30 Grad und mehr, eine Situation, an die schwedische Wälder nun wirklich nicht angepasst sind. In einigen Regionen Deutschlands war es so trocken, dass die Böden selbst in 1,80 Meter Tiefe bald so trocken waren wie in der Sahara. An der Wetterstation Artern in Thüringen wurden in den Monaten Juni, Juli und August gerade mal 30 Liter Regenwasser auf den Quadratmeter gemessen, das sind 19 Prozent des langjährigen Mittels. Es fühlte sich für uns, aber auch die Pflanzen und Tiere, an, als wären wir plötzlich in einer völlig anderen Klimazone. 2019 konnten diese Niederschlagsdefizite in vielen Regionen Deutschlands nicht ausgeglichen werden, wodurch das Thema Waldsterben auf tragische Weise wieder in den Vordergrund trat – vielerorts gingen Fichten oder Buchen ein oder wurden aufgrund von Vorschädigungen durch die Dürre Opfer des Borkenkäfers.

Am stärksten in Erinnerung bleibt uns sicher die Hitze Ende Juli. Allein am 25. Juli wurde an 60 Wetterstationen in Deutschland eine Höchsttemperatur von 40 Grad oder mehr gemessen (ermittelt im Schatten und 2 Meter über grasbedecktem Erdboden). In Nordhorn in Niedersachsen stieg das Thermometer auf bisher nie da gewesene und unerträgliche 41,4 Grad. In Neuss und Grevenbroich in Nordrhein-Westfalen waren es 41,3 Grad. Zuvor wurden bei uns nur ganz vereinzelt mal Temperaturen von über 40 Grad ermittelt – an einer Wetterstation im Jahr 1983 und an wenigen Stationen 2003 und 2015. Betrachtet man nur Europa, so war 2019 auf unserem Kontinent das wärmste Jahr, das es seit Messbeginn jemals gab.

Die Rolle der Treibhausgase – und des Menschen

Schaut man sich unseren Einfluss auf das Klima genauer an und betrachtet die Daten des NOAA Earth System Research Laboratory aus dem Jahr 2019, so ergibt sich durch die Treibhausgase derzeit in Summe ein bereits erwähnter Effekt von etwa 3 Watt pro Quadratmeter und damit ein erheblicher zusätzlicher Energieeintrag, der natürlich maßgeblich für den aktuellen Temperaturanstieg sorgt.

Daran ist das Kohlendioxid zu 66 Prozent beteiligt, weil wir solch unglaublich große Mengen davon emittieren. Das Methan macht 17 Prozent aus, das Lachgas 6 Prozent und 17 weitere Treibhausgase sind zu insgesamt 11 Prozent beteiligt. Dieser zusätzliche Energieeintrag, angegeben in Watt pro Quadratmeter hat eine große Bedeutung, denn die Szenarien der Klimaprojektionen enthalten genau diese Werte in ihrer Bezeichnung. Die Szenarien heißen RCP (Representative Concentration Pathways) oder auf Deutsch »repräsentative Konzentrationspfade«.

Um etwa das 2-Grad-Ziel – eigentlich möchte die Weltgemeinschaft ja 1,5 Grad im globalen Mittel nicht überschreiten – einzuhalten, muss dem Pfad RCP 2.6 gefolgt werden. 2.6 steht dabei für 2,6 Watt pro Quadratmeter. An dieser Stelle muss kurz der Begriff »CO_2-Äquivalent« eingeführt werden: Verschiedene Treibhausgase sind unterschiedlich klimawirksam, man kann also von Treibhausgaspotenzialen sprechen. Methan ist wie schon erwähnt 20- bis 35-, Lachgas rund 300-mal so wirkungsvoll wie CO_2 und so kann alles über diese Faktoren umgerechnet werden. Dann muss am Ende nur noch ein Wert, nämlich das CO_2-Äquivalent (CO_2e), betrachtet werden und man kann darauf verzichten, jedes Gas einzeln einzurechnen. Beim hier betrachteten Szenario würde der Wert des CO_2e zunächst noch auf 490 ppm (Parts per Million, also Anzahl CO_2-Moleküle von einer Million Luftmolekülen) steigen, um dann durch deutlich reduzierten Ausstoß langsam abzusinken. Ein ähnliches Szenario trägt den Namen RCP 3PD, wobei PD für »peak and decline« steht. Das heißt, zunächst werden – wie es jetzt der Fall ist – bis zu 3 Watt pro Quadratmeter angenommen und dieser Wert soll dann nach Mitte des 21. Jahrhunderts auf 2,6 Watt pro Quadratmeter sinken.

Das derzeit ungünstigste Szenario ist das RCP-8.5-Szenario. Es käme dann eine Leistung von 8,5 Watt pro Quadratmeter hinzu. Damit einher ginge ein CO_2-Äquivalent von 1370 ppm im Jahr 2100 und der Strahlungsantrieb bliebe bis zum Jahr 2300 auf einem sehr hohen Niveau. Dieses Szenario hätte bis zum Ende des 21. Jahrhunderts einen globalen Temperaturanstieg von rund 4 Grad zur Folge. Und dass eine 4 Grad kältere oder eben auch wärmere Welt eine klimatisch völlig andere Welt als die heutige ist, wurde ja bereits zu Beginn des Buches erläutert.

Schauen wir noch mal ausschließlich auf das CO_2 zurück und nicht mehr auf das CO_2-Äquivalent, so liegt der Wert derzeit bei rund 415 ppm. 415 ppm entspricht also etwa 0,04 Prozent. Vor der industriellen Revolution und damit ohne menschlichen Einfluss waren es rund 280 ppm. Um die Konzentration des CO_2 Mitte des Jahrhunderts tatsächlich wirksam zu vermindern, benötigten wir eigentlich einen großen »Staubsauger«, also eine Anlage, die das Gas aus der Atmosphäre herausfiltern kann. In kleinem Maßstab gibt es so etwas schon heute, aber die Massen an Luft, die bei der geringen (aber leider eben doch sehr wirksamen) CO_2-Konzentration herausgefiltert werden müssten, sind gigantisch. Will man eine solch riesige Luftmasse filtern, hat man es natürlich mit einem unglaublichen Energieverbrauch zu tun – und genau das schafft wieder Emissionen. Kurzum: eine kniffelige Sache, die wir technisch heute noch nicht bewältigen.

Welchen Anteil hat der Mensch am Klimawandel?

Unsere Dominanz bei den aktuellen Veränderungen des Erdklimas ist deutlich. Doch bleibt es schwer abzuschätzen, welchen Anteil wir Menschen und welchen die Natur hat. Schließlich überlagert sich beides und wir können ja nicht einfach einen bestimmten Teil »herausnehmen« und schauen, was jeweils ohne ihn passiert. Zumindest nicht in der Realität. Wie weiter oben bereits gezeigt, lassen sich solche Verläufe am Computer freilich nachstellen, und es ist klar zu sehen, dass Modellrechnungen ohne Gleichungen, die den menschlichen Einfluss etwa durch die

Verbrennung fossiler Energieträger oder großflächige Waldrodung beschreiben, zu falschen Ergebnissen führen. Dazu startet man das Modell an einem Punkt in der Vergangenheit und lässt es bis zum heutigen Datum laufen. Solche Rechnungen zeigen deutlich, dass der aktuelle starke und globale Temperaturanstieg in unserer Atmosphäre im Modell ohne menschlichen Einfluss nicht zu finden ist. Ganz anders, wenn man den menschlichen Beitrag »einrechnet«. Dann bildet das Modell die heutige Situation sehr gut ab.

Eine andere gedankliche Herangehensweise ist diese: Betrachtet man die Wirkung des CO_2, so führt der Anstieg seiner Konzentration in der Atmosphäre von der vorindustriellen Zeit bis heute ganz allein zu einer Zunahme der Temperatur um etwa 0,4 bis 0,5 Grad Celsius – dies wird an anderer Stelle genauer ausgeführt. Damit ist bereits die Hälfte der Veränderungen erklärt, die wir im vergangenen Jahrhundert erlebt haben. So lässt sich als untere Schwelle vernünftigerweise 50 Prozent als menschengemachter Anteil fixieren. Hinzu kommen sämtliche weiteren Gase wie Lachgas (Distickstoffmonoxid) oder Methan. Zuletzt muss noch eine Vielzahl von Rückkopplungen im System obendrauf gesattelt werden wie etwa die Eis-Albedo-Rückkopplung oder die Wasserdampfrückkopplung: Wenn Luft wärmer wird, kann sie (exponentiell) mehr Wasserdampf aufnehmen und Wasserdampf ist in Summe das mit Abstand wichtigste Treibhausgas. Es wird von uns im Unterschied zum CO_2 aber kaum emittiert, sondern ist quasi rein natürlich. Pro Grad Celsius Temperaturanstieg passen 7 Prozent mehr dieses unsichtbaren Gases in die Atmosphäre und stehen damit als latente (also durch Kondensationsprozesse frei werdende) Wärme zur Verfügung. Dadurch heizt sich das System weiter auf. So kann wieder mehr Eis schmelzen oder es können Böden etwa in der Taiga auftauen. Diese setzen wiederum Methan frei und der einmal durch uns angestoßene Prozess wird fortgesetzt und verstärkt. Ebenso geschieht es mit den Ozeantemperaturen, die deutlich steigen, was das an vielen Riffen dieser Welt erschreckend zunehmende Korallensterben zeigt. Als Taucher kann ich da ein Lied von singen: Solch ein Sterben zu sehen, tut in der Seele weh. Der Anstieg der Wassertemperaturen führt dazu, dass der Ozean immer *weniger* CO_2 aufnehmen kann und somit weniger unserer Emissionen puffert. Ergebnis: Auch hierdurch wird die Erwärmung weiter angetrieben und das kann am Ende sogar zur Freisetzung von CO_2 oder von Methanklathraten führen. Was es mit diesem sogenannten »brennenden Eis« auf sich hat, dazu später mehr.

Summiert man all diese Prozesse und berücksichtigt, dass sich als langfristiger Trend weder die Sonnenintensität verändert hat (hier gibt es nur die typischen Schwankungen im Bereich von Zehnteln Watt) noch die Erdbahnparameter in Frage kommen, da sie sich in viel längeren Zeiträumen ändern, kommen einige Wissenschaftler zu der Aussage, dass in den letzten Jahren *alle* globalen Veränderungen ein Ergebnis menschlichen Einflusses sind. An dieser Stelle bin ich persönlich etwas vorsichtiger, da vielleicht noch nicht jeder Mechanismus ausreichend verstanden oder überhaupt bekannt ist. Unseren Anteil aber zwischen 75 und 100 Prozent anzusetzen, scheint mir höchst vernünftig und wird von vielen Wissenschaftlern geteilt. Eine solche Kalkulation findet sich auch im 5. Sachstandsbericht des Intergovernmental Panel On Climate Change (IPCC). So lassen sich – unter Schwankungen – 0,2 Grad der Erwärmung von 1880 bis heute durch natürliche Prozesse begründen, während 0,9 Grad auf menschliches Wirken zurückzuführen sind.

Abschließend sei bei der Verteilung der Prozentzahlen noch erwähnt, dass die Natur etwa durch Vulkanausbrüche oder zunehmendes Vorhandensein von Aerosolen abkühlend wirkt. Im Umkehrschluss bedeutet das, dass der menschengemachte Einfluss noch größer ist als die Veränderungen, die wir gerade erleben. Wenn man die Vorzeichen der Anteile Mensch und Natur mit einrechnet, so kann ein anthropogener Anteil durch Treibhausgasemissionen herauskommen, der über 100 Prozent liegt!

Wie auch immer man hier rechnet und denkt, entscheidend ist die Erkenntnis, dass der menschengemachte Anteil am Klimawandel erheblich ist. Und daraus erwächst zweifellos eine große Verantwortung!

In diesem Kapitel ist deutlich geworden, dass unsere Erde eine sehr lebhafte Klimageschichte durchlaufen hat, in der sich stets verschiedenste Faktoren gegenseitig abgeschwächt und verstärkt haben. Aber immer, auch in den Extremphasen wie beispielsweise während der »Schneeball-Erde«, ging es weiter; immer fand das Leben, fand die Evolution neue Wege. Bis zum 19. Jahrhundert haben wir Menschen allenfalls regional Einfluss auf das Geschehen in der Atmosphäre genommen wie etwa durch Abholzungen der Wälder für den Schiffsbau. Das hat sich in den letzten Jahren augenscheinlich geändert, denn die langlebigen Treibhausgase verteilen sich rund um den Globus. Unabhängig davon, wer wo wie viel emittiert, ändert sich das Klima und damit das mittlere Wettergeschehen, also die Zirkulation der Atmosphäre. Jeder bekommt das zu spüren, unabhängig davon, wie groß der eigene Beitrag an diesen Veränderungen ist. Das ist zum einen unfair und zeigt zum anderen, dass wir Opfer unserer eigenen Taten sind. Eine schwierige Gemengelage.

Was unser Klima bestimmt – von der Arktis bis zum Ozon

Der Mensch ist, wie wir gesehen haben, ein entscheidender Faktor, der mehr und mehr in die Klimageschichte eingreift. Um unseren Einfluss aber besser einordnen zu können, ist es wichtig, zu verstehen, wie die übrigen Faktoren zusammenspielen, die das Klima auf der Erde bestimmen. Das sind einmal elementare Dinge wie die Sonnenstrahlung, die Verteilung von Land und Wasser oder die Zusammensetzung der Erdatmosphäre. Dann gibt es aber auch verschiedene Kreisläufe und Zirkulationssysteme auf der Erde, die sich aus den elementaren Klimafaktoren ergeben. Hierzu zählen zum Beispiel die Zirkulation in der Atmosphäre, die verschiedenen Meeresströmungen, der Kohlenstoffkreislauf oder auch regionale Ereignisse wie El Niño.

Unsere Sonne

Ohne unseren Energielieferanten Sonne wäre das Geschehen auf unserem Planeten vergleichsweise langweilig. Eine öde, vereiste Gesteinskugel ohne jegliches Leben würde dann durch die ewige Dunkelheit driften. Die Sonne liefert uns aber die Energie, sprich die Wärme, die das Leben, wie wir es kennen, überhaupt erst möglich macht. Sie facht alle Bewegungen an, die in unserem Klimasystem stattfinden.

Unser Zentralgestirn ist im Mittel rund 150 Millionen Kilometer von uns entfernt, und sein Durchmesser entspricht etwa dem 109-fachen des Erddurchmessers. Das heißt, dass in der Sonne 1,3 Millionen Erden Platz hätten. Die Sonne ist aber nicht nur groß, sondern auch schwer – nämlich 330 000-mal so schwer wie die Erde. Deshalb hat sie auch eine ungeheure Schwerkraft, die 28-mal stärker ist als die auf unserer Erde. Würde sich ein Mensch, der hier 80 Kilogramm wiegt, auf die Sonne stellen, wovon in der Praxis abzuraten ist, dann würde er gewichtsmäßig mit 2240 Kilogramm in die Pkw-Oberklasse aufsteigen.

Hört man all diese Zahlen, verwundert es sicher so manchen, dass die Sonne damit zu den durchschnittlichen gelb leuchtenden

Zwergsternen gehört! Sie ist mit ihren Planeten (also auch der Erde) 28 000 Lichtjahre vom Zentrum unserer Galaxie, der Milchstraße, entfernt, und gemeinsam umkreisen wir recht zügig dieses Zentrum. Jede Sekunde legt das Sonnensystem nämlich rund 250 Kilometer zurück, sodass die Reise einmal rund um die Milchstraße grob 210 Millionen Jahre dauert.

An der Sonnenoberfläche herrscht eine Temperatur von etwa 5 500 Grad Celsius, im Inneren ist es mit 15,7 Millionen Grad dann unvorstellbar heiß. Diese Hitze ist eine Folge des enormen Drucks von 200 Milliarden Bar, der dort herrscht. Unter solchen Bedingungen gelingt der Sonne die Fusion von Wasserstoff- zu Heliumkernen, wobei sie riesige Energiemengen freisetzt. Übrigens fällt sie nur wegen des dabei nach außen gerichteten Strahlungsdrucks nicht unter ihrer eigenen Schwerkraft zusammen! Durch die Kernfusion verringert sich der Anteil der Wasserstoffatome (derzeit 92 Prozent) zugunsten der Heliumatome (derzeit knapp 8 Prozent) weiter. Die Sonne verbraucht also ihren Treibstoff, um in einem stabilen Zustand zu bleiben und nicht durch ihre eigene starke Gravitation in sich zusammenzufallen. Und dieser Verbrauch ist beeindruckend, sind es doch in jeder Sekunde 4,3 Milliarden Kilogramm Sonnenmasse, die »verbraten«, also von Masse in Wärmeenergie umgewandelt werden. Trotzdem macht dieser Wert – und das hat etwas Beruhigendes – in 10 Milliarden Jahren nur 0,07 Prozent der gegenwärtigen gewaltigen Gesamtmasse aus.

Mit ihrem Alter von rund 5 Milliarden Jahren befindet sich die Sonne in der Mitte ihres Daseins als sogenannter »Haupttreihenstern« – dieses Stadium kann vom Zeitpunkt der Entstehung an rund 10 bis 11 Milliarden Jahre dauern. Radius und Strahlkraft der Sonne nehmen derweil langsam, aber stetig zu. Zur Zeit des »Paradoxons der schwachen Sonne« vor Jahrmilliarden strahlte sie daher auch etwa 30 Prozent schwächer als heute. Das hat zur Folge, dass die globale Temperatur auf der Erde in rund 900 Millionen Jahren wohl bis auf etwa 30 Grad Celsius angestiegen sein wird, in knapp zwei Milliarden Jahren muss mit unerfreulichen 100 Grad gerechnet werden – auch das Leben auf dieser Erde und damit die Existenz des Menschen ist also endlich. Danach wird auch das Ende der Erde selbst und zuletzt der Sonne eingeläutet. Sie wird zunächst zu einem »roten Riesen«, dessen Durchmesser etwa bis zur Erdumlaufbahn reicht, und spätestens dann wird unser Planet Geschichte sein. Der Zustand des »roten Riesen« hält etwa eine Milliarde Jahre an und danach wird sie für weitere Jahrmilliarden im Zustand eines »weißen Zwergs« mit anfangs sehr starker, später sehr geringer Leuchtkraft verharren. Letztlich verschwindet unsere Sonne am Ende als »schwarzer Zwerg« ganz aus dem optischen Spektralbereich.

Fast 5000-mal mehr Energie, als wir benötigen

Derzeit steht unser Zentralgestirn aber in der Hochzeit seiner Blüte und deshalb ist es Zeit für ein kleines Zahlenspiel: Die Leistung der Sonne ist beeindruckend, beträgt sie doch 385 Quadrillionen Watt – dafür sind 24 Nullen hinter der 385 nötig. Da die Sonne aber in alle Richtungen strahlt, erhält die Obergrenze der Atmosphäre »nur« 175 Billiarden Watt (hier braucht es 15 Nullen hinter der 175). Das ist damit gerade mal ein halbes Milliardstel dessen, was die Sonne an Energie abgibt. Durch Reflexion an der Atmosphäre selbst sowie an den Wolken dringen von diesen 175 Billiarden Watt »nur« 86 Billiarden Watt bis zur Erdoberfläche durch. Das ist immer noch eine unvorstellbar riesige Zahl. Der Energiebedarf der gesamten Menschheit beträgt derzeit rund 580 Exajoule pro Jahr oder etwa 160 Billiarden Wattstunden. Um diesen Energiebedarf mit der eingestrahlten Leistung vergleichen zu können, rechnet man ihn noch in die durchschnittliche Verbrauchsleistung um, dividiert also durch die Anzahl der Stunden in einem Jahr, nämlich 8760: So ergeben sich rund 18,2 Billionen Watt, die wir benötigen. Da wir 86 Billiarden Watt bekommen, heißt das übersetzt also, dass wir etwa 4750-mal so viel Energie von der Sonne erhalten, wie wir derzeit nutzen.

Wenn Ihnen nun der Kopf qualmt wegen der vielen Nullen, dann sei die entscheidende Aussage hier noch mal auf den Punkt gebracht: Der Gesamtverbrauch der Menschheit beträgt gerade mal etwas mehr als ein Fünftausendstel der Energiemenge, welche die Sonne uns stets frei Haus liefert. Ihr diesen »mickrigen« Anteil abspenstig zu machen, müsste doch eigentlich möglich sein! Um den weltweiten Strombedarf zu decken, wäre bereits ein etwa 500 mal 500 Kilometer großes Areal mit Solarzellen von heutigem Wirkungsgrad in der Sahara ausreichend. So die Theorie, die unter dem Begriff »Desertec« Einzug in die Praxis halten sollte. Als größtes Problem entpuppte sich allerdings schnell der Transport des Stromes, der per Hochspannungs-Gleichstrom-Übertragung (HGÜ) quer durch den tektonisch sehr aktiven Mittelmeerraum nach Europa geleitet werden müsste. Einen Investor zu finden, der in diesen obendrein politisch höchst instabilen Regionen horrende Summen einsetzt, ist schier unmöglich.

Aber auch die dezentrale Nutzung der Solarenergie nimmt trotz deutlicher Zuwächse immer noch einen überraschend geringen Anteil der Energieversorgung ein. So werden von unseren 160 Billiarden Wattstunden gerade einmal 600 Billionen Wattstunden durch Photovoltaik geliefert, das sind magere 0,375 Prozent. Ein seltsam falscher Ansatz, etwas 4 750-mal zu haben, es aber kaum 0,004-mal (also zu 0,4 Prozent) zu nutzen! Hier müssen wir ran und die Situation zügig verbessern.

Die Sonnenintensität schwankt

Die Sonne ist unser Hauptenergielieferant. Nun ist die Erde aber eine sich drehende Kugel, deren Achse zudem noch schräg steht, und deshalb erhalten die verschiedenen Gebiete des Planeten unterschiedlich viel Energie. So ist die Sonneneinstrahlung am Äquator durch den steilen Sonnenstand deutlich höher als in den Polargebieten, wo es außerdem noch rund ein halbes Jahr völlig dunkel ist. Die Folge ist, dass eine warme Äquatorialregion einer kalten Polarregion gegenübersteht. Auch die Jahreszeiten spielen eine erhebliche Rolle: Im Sommer erhalten wir viel Energie von der Sonne und freuen uns über die Wärme, im Winter ist die Energiezufuhr wegen des wesentlich flacheren Sonnenstandes deutlich geringer – es ist kalt. Auch die Tageszeiten haben große Auswirkungen, denn nachts fehlt zweifellos die wärmende Sonneneinstrahlung. Hinzu kommen die schon erwähnten Milanković-Zyklen, die ebenfalls zu periodischen Unterschieden bei der eintreffenden Sonnenintensität führen.

Die bisher genannten Intensitätsschwankungen sind allesamt abhängig von der Lage der Gestirne zueinander und deren Bewegung. Parallel dazu ändert aber auch die Sonne selbst ihre Strahlungsintensität. Zum einen ganz langfristig, wie es zuvor bereits im Zusammenhang mit der Entwicklung zum »roten Riesen« beschrieben wurde, zum anderen auch viel kurzfristiger. Sie steht mit den Sonnenflecken, also mit Änderungen im Magnetfeld der Sonne, in Verbindung. Je aktiver die Sonne, desto mehr Sonnenflecken erscheinen und desto mehr Energie erhalten wir von ihr. Diese Sonnenfleckenaktivität ändert sich in mehreren sich überlagernden Zyklen. Am bekanntesten ist sicherlich der Schwabe-Zyklus, der eine Periode von etwa 11 Jahren aufweist, diese Schwingung wird bereits seit dem 17. Jahrhundert beobachtet und gemessen. Weniger bekannt sind der Gleißberg-Zyklus, der eine Periodizität von etwa 70 bis 90 Jahren hat, und der rund 210-jährige de Vries/Suess-Zyklus. Letzterer unterliegt allerdings großen Unregelmäßigkeiten. Die Variation der Solarkonstanten durch diese Schwingungen liegen im Zehntel-Watt-Bereich, also weit unterhalb der Größenordnung, die etwa die anthropogene Treibhausgasemission ausmacht.

Wie Bewegung in unsere Atmosphäre kommt

Grundsätzlich ist die Natur bestrebt, entstandene Unterschiede auszugleichen. Physikalisch ausgedrückt bewegen sich Systeme von einem Zustand höherer Energie zu einem Zustand ausgeglichener Energieverteilung. Weil verschiedene Regionen der Erde ganz unterschiedliche Energiemengen erhalten und diese Mengen auch noch ständig schwanken, kommt es folglich zu Wärmeflüssen. So zum Beispiel von der warmen Äquatorialregion zu den Polen. Wäre dem nicht so, würden diese völlig einfrieren, während die »überversorgten« Äquatorialgebiete irgendwann vor Hitze quasi explodierten. Ein solcher Wärmetransport ist nichts anderes als das, was in Ihrer Küche passiert, wenn Sie einen Topf auf eine Herdplatte stellen. Die Wärme der Herdplatte wird an den Topf und dessen Inhalt übertragen – so können Sie sich eine Mahlzeit kochen. Umgekehrt ist das übrigens nicht möglich: Der kalte Topf kann sich nicht weiter abkühlen und damit der schon heißen Herdplatte noch mehr Wärme zuführen; die Transportrichtung verläuft immer vom energiereicheren zum energieärmeren Medium. Die Gesetzmäßigkeiten hinter all dem beschreibt die Thermodynamik.

Aus den Temperaturunterschieden, die sich durch die verschieden starke Sonneneinstrahlung ergeben, resultieren nun die Luftdruckunterschiede. Gebiete hohen Luftdrucks (die Hochs) kann man sich als Luftberge, Gebiete tiefen Luftdrucks (die Tiefs) als Lufttäler vorstellen, und hat dadurch auch die Dreidimensionalität der Atmosphäre verinnerlicht. Und es wird klar, dass die Luft vom Berg zum Tal strömen muss, um einen Ausgleich herbeizuführen. Diese Luftströmung ist schlicht und einfach der Wind. Ganz einfach wäre es nun, wenn die Erde keine sich drehende Kugel wäre, denn dann würde der Wind immer direkt vom Hoch zum Tief wehen. Doch aus der Rotation der Erde resultiert die sogenannte Corioliskraft, die dafür sorgt, dass sich unsere Hochs und Tiefs immer drehen müssen – auf der Nordhalbkugel rotieren die Hochs im Uhrzeigersinn und die Tiefs dagegen. Auf der Südhalbkugel ist das genau umgekehrt. Dies nur als kleine Randnotiz für Sie, damit Sie sich auf der Wetterkarte im Fernsehen leichter orientieren können!

Durch die unterschiedliche Zufuhr von Sonnenenergie entsteht also Wind, wodurch wärmere Luft in kältere Regionen und im Ausgleich dazu kältere Luft in wärmere Regionen transportiert werden kann. In der Folge herrschen auf unserer Erde mittlere dreidimensionale Windverhältnisse – die sogenannte »allgemeine Zirkulation der Atmosphäre«.

Unser Erdsystem als Summe der Sphären

Nun ist die Atmosphäre mit Wind und Wetter aber kein isoliertes System, sondern es gehören eine ganze Menge weiterer Komponenten zum Erd- und damit Klimasystem. Da ist zunächst die Hydrosphäre mit dem Wasserkreislauf in den Ozeanen, auf den Kontinenten und in der Atmosphäre. Genau wie in der Atmosphäre werden auch im Ozean erhebliche Wärmemengen transportiert. Hierfür sind die Meeresströmungen verantwortlich, die sich den Energietransport auf der Erde etwa im gleichen Verhältnis mit der Atmosphäre teilen.

Weiterhin gehören die Kryosphäre, also die von Eis und Schnee bedeckten Gebiete, sowie die Biosphäre, die Pflanzen, Tiere und auch uns Menschen umfasst, zum Klimasystem. Auch die Pedosphäre (der Boden) und die Lithosphäre (das Gestein) sind in diesem System enthalten sowie alle chemischen Prozesse, die zum natürlichen und zum menschengemachten Treibhauseffekt beitragen.

Von zentraler Bedeutung ist nun, dass die unterschiedlichen Komponenten dieses Klimasystems in einer Wechselwirkung zueinanderstehen, und zwar auf völlig verschiedenen Zeitskalen. Vorgänge in der Atmosphäre finden oft innerhalb von Stunden oder in noch kürzeren Zeiträumen statt, beispielsweise die Bildung einer Wolke, eines Gewitters oder eines Tornados. Die Tiefenzirkulation des Ozeans braucht hingegen bis zu einem Jahrtausend, um auf Veränderungen zu reagieren, und die großen Eisschilde beispielsweise der Antarktis benötigen dazu 100 000 Jahre oder länger.

Man hat es also mit einer Vielzahl von Wechselwirkungen zu tun, durch die Prozesse verstärkt (positive Rückkopplung) oder abgeschwächt (negative Rückkopplung) werden. Deshalb und wegen der großen zeitlichen Unterschiede der einzelnen Komponenten – viele davon sind innerhalb eines Menschenlebens gar nicht spürbar – ist das Klimasystem derart komplex, dass man niemals erwarten kann, dass eine Ursache nur eine Wirkung hat.

Ein Satz wie »Der Klimawandel wird ausschließlich durch das vom Menschen emittierte Kohlendioxid erzeugt« ist also in einem komplexen System nicht sinnvoll. Richtig wäre festzustellen, dass dies in erheblichem Maße der Fall ist und dass gleichzeitig diverse positive (verstärkende) Rückkopplungen stattfinden. Etwa durch den treibhausaktiven Wasserdampf oder durch das Freisetzen von Methan aus auftauenden Permafrostböden als Folge der durch das CO_2 initiierten Erwärmung. Aber auch negative Rückkopplungen, wie möglicherweise eine Veränderung bei der mittleren Bewölkung über stark aufgewärmten Meeresgebieten, können stattfinden.

Deshalb werden im Folgenden einzelne Komponenten und einige ihrer Wechselwirkungen genauer betrachtet. Erst daraus ergibt sich ein Grundverständnis der Vorgänge im Klimasystem und damit auch eine Möglichkeit, unser eigenes Tun richtig einzuschätzen.

Wasser – Kreislauf des Lebens

Mehr als zwei Drittel unseres Planeten sind von Wasser bedeckt. Rechnet man alles zusammen, kommt man auf beeindruckende 1 380 Trillionen Liter. Um sich die Zahl besser vorstellen zu können: Hier müssen 18 Nullen hinter die 1 380 geschrieben werden. Davon kommen knapp 97,4 Prozent als Salzwasser in den Ozeanen vor, nur 2,6 Prozent sind Süßwasser. Der Trinkwasseranteil liegt bei mageren 0,03 Prozent. Wasser kommt auf der Erde in allen drei Aggregatzuständen vor: fest (Eis), flüssig (Wasser) und gasförmig (Wasserdampf). Zur Umwandlung in einen anderen Zustand wird entweder Energie gebraucht oder freigesetzt. Dies ist abhängig von der Richtung. Führt man Energie, also Wärme zu, so taut Eis auf und wird zu Wasser oder Wasser verdunstet zu Wasserdampf. Rückwärts funktioniert das natürlich auch. Kondensation, also die Umwandlung von Wasserdampf in flüssiges Wasser, die wir besonders bei der Wolkenbildung beobachten können, oder das Gefrieren von Wasser zu Eis setzen die Energie wieder frei. Denn am Ende darf nach einem der wichtigsten Sätze in der Physik keine Energie verloren gehen.

Im Zusammenhang mit dem natürlichen Treibhauseffekt wurde weiter oben festgestellt, dass 21 der 33 Grad – und damit das Gros des Treibhauseffektes – durch Wasserdampf verursacht werden. Zwar ist das CO_2 25-mal so treibhauswirksam wie der Wasserdampf, doch gibt es 74-mal mehr Wassermoleküle als Kohlendioxidmoleküle. Aber warum wird in der Klimadebatte dann eigentlich nie vom Wasserdampf gesprochen? Weil der Mensch den Anteil dieses in seiner atmosphärischen Konzentration höchst variablen Gases gar nicht beeinflussen kann! Der Wasserdampf ist also in erheblichem Maße für den *natürlichen*, nicht jedoch für den *anthropogenen* Anteil am Treibhauseffekt verantwortlich. Zudem wird er im Vergleich zu langlebigen Treibhausgasen, die Jahrzehnte bis Jahrhunderte in der Atmosphäre verweilen können, viel zu schnell ausgetauscht. Ein Wasserdampfmolekül verbleibt gerade einmal zwischen 4 und 14 Tage in der Atmosphäre.

Der Großteil des Wassers befindet sich in seinen Reservoirs, also in den Ozeanen oder als Eis gebunden. Weniger als ein Prozent des Wassers wechselt seinen »Aufenthaltsort« zwischen Ozean, Atmosphäre und Landmasse. Am meisten Wasser verdunstet dabei aus den Ozeanen, wobei das Salz natürlich zurückbleibt. Innerhalb eines Jahres ist das weltweit übrigens rund 20-mal so viel Wasser, wie die gesamte Ostsee enthält. Außerdem steigt Wasserdampf durch Verdunstung aus Seen und aus der Vegetation in die Luft. Bäume sind dabei durch das Wurzelwerk in der Lage, Wasser aus tieferen Bodenschichten anzuzapfen.

Trotz dieser Wasserdampfzufuhr befinden sich nur rund 0,001 Prozent des gesamten Wasserhaushalts der Erde in der Atmosphäre. Damit liegt der Wasserdampfanteil dort gerade mal bei 0,25 Prozent. In der Troposphäre, der untersten Schicht unserer Atmosphäre, die bei uns bis rund 12 Kilometer (an den Polen 8 Kilometer, am Äquator 16 Kilometer) hinaufreicht und in der unser Wettergeschehen stattfindet, sind es im globalen Mittel etwa 1,5 Prozent. Durch die extremen Schwankungen, die bei diesem Gas auftreten können, können es lokal auch Konzentrationen von bis zu 5 Prozent sein. Um Verwechslungen vorzubeugen: Bei diesen Prozentzahlen geht es um den Wasserdampfanteil bei der gesamten Luftzusammensetzung. Mit der relativen Luftfeuchtigkeit, die das Verhältnis von momentaner zu maximal möglicher Wasserdampfmenge in einem Luftpaket angibt, hat das nichts zu tun.

Die eingangs beschriebene atmosphärische Zirkulation ist das Ergebnis des Energietransports, und ein wesentlicher Vermittler ist dabei der Wasserdampf. Er erzeugt das für uns sichtbare Wettergeschehen, denn ohne ihn gäbe es zum Beispiel keine Wolken und keinen Regen. Und das mit einer Konzentration von durchschnittlich gerade mal 1,5 Prozent! Man sieht, wie groß die Wirkung einer geringen Stoffkonzentration sein kann.

Ganz wichtig, damit man nicht durcheinanderkommt: Der Wasserdampf ist unsichtbar und geruchlos. Umgangssprachlich wird oft gesagt, etwas »dampfe«, zum Beispiel der Kochtopf auf dem heißen Herd. Bei dem »Dampf«, den man da sieht, handelt es sich aber bereits um flüssiges Wasser – nämlich um viele kleine Wassertröpfchen. Und das ist eben genau *kein* Wasserdampf! Genauso bestehen auch Wolken aus kondensiertem Wasserdampf, und das ist nichts anderes als Wasser. Nur sind diese Wassertröpfchen sehr klein und daher in der Lage, in der Atmosphäre zu schweben. Herrscht etwa Nebel – was ja nichts anderes ist als eine tief liegende Wolke – und Sie in diesem herumspazieren, dann entgeht Ihnen vor allem als Brillenträger nicht, dass Sie eigentlich durch winzige Wassertropfen schreiten.

Geschlossen wird der Wasserkreislauf durch die Niederschläge. So gelangt das Wasser entweder direkt oder über den Umweg Land via Flüsse oder Grundwasser zurück in den Ozean.

Tiefe Wasser sind nicht still

Schauen wir also noch mal in den Ozean hinein: Wofür in der Atmosphäre die Tiefdruckgebiete verantwortlich sind, sind im Ozean die Meeresströmungen zuständig. Einer ihrer Antriebe ist freilich der Wind, der durch seine Schubkraft Wasser in Bewegung setzt. Auch die Corioliskraft, die ja schon in der Luft zur Drehung von Hochs und Tiefs führt, hat einen Einfluss auf die Meeresströmungen, ebenso wie die Anordnung der Kontinente.

Bekannt sind der Golfstrom, der gleich noch genauer betrachtet wird, aber auch der Humboldt- oder Perustrom vor der Südwestküste Südamerikas. Der Südostpassat drückt hier das warme Oberflächenwasser von der Landmasse weg, wodurch das nährstoffreiche kalte Tiefenwasser aufsteigt – neben der horizontalen Strömung kommt es also auch zum vertikalen Austausch von Wassermassen.

Das Aufsteigen des kalten Tiefenwassers dort wird übrigens alle 3 bis 7 Jahre episodisch unterbunden, dieses Phänomen wird als »El Niño« (das Christkind) bezeichnet, weil es häufig um die Weihnachtszeit seinen Anfang nimmt. Das ozeanische Phänomen ist mit den Passatwinden und damit mit den Vorgängen in der Atmosphäre verknüpft. Normalerweise herrschen über dem Ostpazifik im Bereich rund um Peru hoher Luftdruck und Wüstenklima, über Indonesien und den Philippinen hingegen tiefer Druck mit oft kräftigen tropischen Regengüssen. Und zwischen diesen Drucksystemen weht der Südostpassat, der die Luftdruckunterschiede ausgleicht. Steigt nun der Luftdruck über Indonesien, werden die Druckdifferenzen schwächer und somit auch der Südostpassat. Folge: Das warme Oberflächenwasser wird kaum noch von der Küste weggedrückt und somit steigt auch kein nährstoffreiches

Tiefenwasser mehr dorthin auf. Die Fischschwärme bleiben aus, ein großes quasi zyklisches Problem für die Region. Das Phänomen zeigt auch, dass aus dem Zusammenwirken verschiedener Sphären des Klimasystems natürlich angetriebene Schwingungen entstehen, die zudem Fernwirkung ausüben. In »El Niño«-Jahren kommt es beispielsweise zu Dürren in Südostasien und Australien sowie zu verstärkten Niederschlägen an der südamerikanischen Westküste. Aber auch der indische Monsun wird beeinflusst, und selbst Teile der südlichen USA weisen Anomalien auf. Europa ist – wie erwähnt – von diesen Ereignissen nahezu nicht betroffen.

Zurück zum Prinzip der Meeresströmungen: Mit dem Wind steht natürlich nur die Oberfläche des Ozeans in Verbindung und wird durch ihn angetrieben. Diese Oberflächenschicht reicht in eine Tiefe von 500 bis 800 Metern, und ihr oberster Teil, die Deckschicht, hat eine Tiefe von 10 bis 100 Metern. Sie ist am stärksten durchmischt und in Bewegung, während die darunter befindlichen Schichten nur langsam fließen. Die Reibung führt daher an den Stellen, wo sich die Fließgeschwindigkeiten unterscheiden, zu Wirbeln und Turbulenzen unter Wasser.

Die vom Wind angetriebenen Meeresströmungen verlaufen meist breitenparallel, weshalb sie nur wenig zum Energietransport zwischen Äquator und Pol beitragen. Vor allem aber macht der Wind lediglich 20 Prozent des gesamten Antriebes aus und beschränkt sich zudem auf die Meeresoberfläche – 80 Prozent des Antriebs fehlen bisher noch ebenso wie eine Antwort auf die Frage, ob Wasser nur horizontal oder auch vertikal strömt. Beginnen wir mit Letzterem.

Wasserpumpen im Ozean

Wasser ist ein hervorragendes Lösungsmittel. So wird zum Beispiel Salz im Ozeanwasser gelöst, der mittlere Salzgehalt über alle Meere beträgt 34,7 Promille, also knapp 3,5 Prozent (in der Ozeanographie werden Konzentrationen zumeist pro Tausend angegeben). Dieses Salz verändert nun die Eigenschaften des Wassers erheblich. So ist kaltes salzhaltiges Wasser schwerer als warmes salzarmes. Deshalb passiert im Ozean exakt das Gleiche wie in der Atmosphäre: Es kommt zur Konvektion, also zu Vertikalbewegungen von Wasser.

Wird Wasser an der Oberfläche durch kalte Luft zunehmend abgekühlt, so wird es immer dichter und damit schwerer: Es sinkt ab und macht Platz für Wasser aus der Tiefe. Konvektion transportiert also auch im Ozean Wärme und sorgt gemeinsam mit der Bewegung der Wasseroberfläche und mit dem durch den Salzgehalt tieferen Gefrierpunkt dafür, dass die Ozeane nur selten zufrieren. Bezogen auf die Dichte des Wassers hat Salz große Auswirkungen: Nur ein Promille mehr Salz erhöht sie so stark wie eine Abkühlung um 3 bis 4 Grad Celsius.

Nun wird es spannend. Nehmen Sie sich einmal einen Atlas zur Hilfe und schauen Sie sich die topographische Weltkarte an, welche die Geländeformen enthält. Im Westen des Nordatlantiks liegen die USA und in deren Westen steht das längenparallele Gebirge der Rocky Mountains. Dieser Höhenzug hat einen erheblichen Einfluss auf die Niederschlagsmengen. Da wir es hier vorwiegend mit Westwinden zu tun haben, regnet sich nämlich eine erhebliche Menge an den Westhängen dieser Gebirgskette ab – also auf der windzugewandten Seite, dem Luv. Dadurch steht den Gebieten weiter östlich aber viel weniger Feuchtigkeit zur Verfügung und Messungen über dem Nordatlantik zeigen, dass dieser dadurch weniger Niederschlag erhält als gleichzeitig an Wasser verdunstet und über den flachen eurasischen Kontinent nach Osten verschwindet.

Zusätzlich findet man in der Zone der Nordostpassate im Westen des Atlantiks das flache und schmale Mittelamerika. Hier fehlt also eine natürliche Barriere und so kann viel mehr Wasserdampf abgeführt werden, als über den afrikanischen Kontinent zum Atlantik gelangt. Das heißt: Der Atlantik verliert im Mittel Wasser, der Indische und der Pazifische Ozean hingegen gewinnen welches hinzu. Dieser Wasserverlust des Atlantiks ist beträchtlich, denn er betrüge mehr als 15 Zentimeter im Jahr, wenn die Ozeane nicht miteinander verbunden wären. Gäbe es keinen Wassertransport, würde der Atlantik über sehr lange Zeiträume austrocknen. So aber gleicht die riesige Strömung die entstehenden Unterschiede aus.

Nun der letzte Schritt: Wir müssen das dreidimensionale Bewegungsgefüge noch zusammenbauen und für das Verständnis spielt wiederum das Salz die entscheidende Rolle. Verdunstet –

wie gesehen – mehr Atlantikwasser, so wird es auch salzhaltiger, weil das Salz ja im Wasser zurückbleibt. Der Atlantik würde ohne Ausgleichsmechanismen also auch völlig versalzen. Dieser Ausgleich erfolgt mithilfe riesiger Massen von salzhaltigem und damit schwerem Tiefenwasser. Damit Bewegung in die Sache kommt, muss es im Gegenzug Bereiche im Atlantik geben, in denen großräumig Oberflächenwasser in die Tiefe sinken kann. Sie liegen im Südatlantik und im Nordatlantik zwischen Grönland, Island und Norwegen. Hier sitzen also die Pumpen, welche die ozeanweite thermohaline Zirkulation, die globalen Wasserströmungen, antreiben.

Der Golfstrom und der unsichtbare Wasserfall

Die Oberflächenzirkulation im Nordwestatlantik, wegen des Ursprungs im Golf von Mexiko auch Golfstrom genannt, führt warmes Wasser zunächst immer weiter nach Norden. Den Begriff »Golfstrom« verwenden die Ozeanografen übrigens nur für den Subtropenwirbel, der vor allem durch den Wind angetrieben wird. Sein verlängerter Arm, der bis nach Europa reicht, heißt Nordatlantikstrom, und erst er wird in entscheidendem Maß von der »Pumpe« bewegt.

Auf dem Weg des Wassers nach Norden nimmt der Salzgehalt durch Verdunstung relativ zu, das Wasser wird schwerer. Gleichzeitig kühlt es sich in nördlicheren Gefilden weiter ab, was sein Gewicht weiter zunehmen lässt. Und bildet sich bei der Abkühlung später noch Eis, das dann ja aufschwimmt, ist ein drittes Argument gefunden, weshalb das Wasser bei gleichbleibender Menge gelösten Salzes schwerer wird. Diese Gewichtszunahme führt im Seegebiet zwischen Grönland, Island und Norwegen dazu, dass eine Art unsichtbarer Wasserfall entsteht. Er hat einen Durchmesser von rund 50 Kilometern, und natürlich bildet sich dort kein »Wasserloch«, es wird ja sogleich neues Wasser eingesogen – der Antrieb des Nordatlantikstroms. Deshalb spricht man von der »Pumpe«, und deshalb kann das warme Wasser aus dem Süden überhaupt so weit nach Norden vordringen.

Die Kombination aus Windschub und thermohaliner Zirkulation führt am Ende zu einer steten, sich selbst antreibenden globalen Ozeanzirkulation. Die Wassermenge, die allein im atlantischen System innerhalb der Meere bewegt wird, ist unvorstellbar groß, umfasst sie doch etwa das 30-fache dessen, was alle Flüsse der Erde zusammen bewegen. Trotzdem dauert es sehr lange, bis ein Wassermolekül die ganze Runde gedreht hat: nämlich etwa 500 bis 1 000 Jahre. Was die Ozeane tun, ist also nichts anderes, als untereinander den Wasserspiegel und den Salzgehalt auszugleichen, und sie transportieren dabei gleichzeitig Energie von den Überschussgebieten in Regionen, die kühler sind. Das Prinzip ist wissenschaftlich verstanden, doch es gibt noch viele unbekannte Details, die erst durch – im tiefen Ozean gar nicht so leicht durchführbare – Messungen zu klären sind.

Der Golfstrom und der aus ihm resultierende Nordatlantikstrom sind also nur ein kleiner Teil dieser weltweiten Wasserbewegung. Dennoch werden hierbei 1,2 Billiarden Watt (wieder sind 15 Nullen nötig), die Leistung von mehreren Hunderttausenden Kraftwerken, transportiert. Die Folgen dieses Transports spüren wir an den klimatischen Bedingungen. Hamburg etwa liegt knapp nördlich des 53. Breitengrades, der kanadische Luftwaffenstützpunkt Goose Bay in der Provinz Labrador und Neufundland ebenso. Nur genießt der Hamburger im Juli eine Mitteltemperatur von 17 Grad, während man sich in Goose Bay mit 10 Grad begnügen muss. Der Januar fällt noch heftiger aus. Sind es in Hamburg 0 Grad, so werden in einem durchschnittlichen Goose-Bay-Januar –15 Grad gemessen. Diesen Unterschied verdanken wir unserer »gigantischen Fernheizung« Nordatlantikstrom. Insgesamt liegen die Klimazonen Europas damit, bezogen auf ihren Breitenkreis, rund 1 500 Kilometer weiter nördlich, als das sonst der Fall wäre. Grund zur Freude!

Wird der Golfstrom versiegen?

Weniger Grund zur Freude stiftet im Zusammenhang mit dem Golfstrom aber die Frage, ob und wie sich durch den Klimawandel in der nächsten Zeit der Golfstrom oder – richtig bezeichnet – der Nordatlantikstrom verändert. Könnte er womöglich ganz ausbleiben und damit Europa trotz der globalen Erwärmung in eine neue Eiszeit zurückwerfen. Hier blüht dann schnell unsere Phantasie auf und zeichnet erschreckende Bilder von Wintern, die Europa zwischen November und April bei Temperaturen zwischen

−20 und −30 Grad völlig einfrieren lassen. Noch wilder geht der Film »The Day After Tomorrow« von Roland Emmerich aus dem Jahre 2004 an die Sache heran. Da wirkt sich ein abgeschwächter Golfstrom (Nordatlantikstrom) gleich mal auf die ganze Nordhalbkugel aus und bewirkt am Ende einer wirklich wilden Unwetterwoche mit allen Zutaten, die das Genre so bietet, gleich den Ausbruch einer neuen Eiszeit. Die Dramaturgie dieses spannenden Films verlangt natürlich eine massive zeitliche Straffung von Klimaprozessen, aber der Physik ging es dabei schon ordentlich an den Kragen.

Hier wollen wir also die Gelegenheit nutzen und es etwas sachlicher angehen. Beim Gedanken an eine Abschwächung des Nordatlantikstroms kommt es nämlich tatsächlich zu einer negativen Rückkopplung und bei dieser spielen Wechselwirkungen zwischen Ozean, Atmosphäre und geschmolzenem Eis, also Süßwasser, eine Rolle.

Nehmen Sie sich einmal ein Glas Leitungswasser und kippen ein paar Tropfen Öl darauf. Sie werden sehen, dass sich Öl und Wasser schlecht bis gar nicht vermischen und allenfalls ein paar »Fettaugen auf der Suppe«, also oben auf dem Wasser, herumschwimmen. Jetzt ersetzen Sie das Öl gedanklich durch Süßwasser und ihr bisheriges Leitungswasser durch Salzwasser. Dann passiert das Gleiche. Das leichtere Süßwasser bleibt oben auf dem schwereren Salzwasser liegen. Und lassen Sie jetzt noch einmal die eben gemachten Erläuterungen zur thermohalinen Zirkulation im Ozean Revue passieren. Da bestand der Knackpunkt darin, dass der Atlantik Tiefenwasser produzieren muss. Das gelang ihm durch salzhaltiges und damit schweres Wasser, das im Bereich zwischen Island, Grönland und Norwegen absinkt. Wenn aber nun durch die globale Erwärmung viel Eis schmilzt und damit sehr viel leichtes Süßwasser in den Atlantik gelangt, dann wird es genau wie in unserem Beispiel mit dem Glas Leitungswasser nicht zu einer Durchmischung kommen. Das leichte Süßwasser hat überhaupt keinen Grund abzusinken. Hinzu kommt noch die Tatsache, dass die durch den Klimawandel nun wärmere Luft mehr Wasserdampf aufnehmen kann. Das führt im Mittel zu mehr Niederschlägen und damit ebenfalls zu mehr Süßwasser. Genau dadurch aber schwächelt unsere »Pumpe«, welche die thermohaline Zirkulation antreibt, oder sie könnte bei zu viel Süßwasser sogar ausgehen. Verkürzt: Wenn kein Wasser nach unten abgeführt wird, muss keins nachströmen, und schon wird der Nordatlantikstrom schwächer oder käme gar zum Erliegen.

Nun stellt sich natürlich die Frage, ob diese gut nachvollziehbare Theorie in der Praxis eintreten kann. Zunächst zeigt ein Blick in die Vergangenheit, dass es das tatsächlich schon gab. Wenn Sie ein paar Seiten zurückblättern, dann treffen Sie auf das Jüngere-Dryas-Ereignis, das in Europa zum Ende der letzten Eiszeit einen erneuten massiven Gletschervorstoß brachte, sowie auf die Dansgaard-Oeschger-Ereignisse, jene in Eisbohrkernen nachgewiesenen plötzlichen Temperaturveränderungen in Grönland. Ohne eine Rückkopplung mit den ozeanischen Strömungen – nämlich dem Abschalten oder Einschalten der »Pumpe« – können diese regional sehr plötzlichen Ereignisse kaum erklärt werden. Doch im Vergleich zu heute bestand ein riesiger Unterschied: Zum Ende der Eiszeit standen gigantische Eismengen zur Verfügung, die in Süßwasser umgewandelt werden konnten. Grobe Abschätzungen zeigen, dass ein Süßwassereintrag von 100 000 bis 350 000 Kubikmetern pro Sekunde eine kritische Größe für den Nordatlantikstrom darstellt. Eine solche Größenordnung ist heute kaum zu generieren.

Derzeit beobachtet man trotzdem schwache Veränderungen, die man jedoch noch nicht sicher bestimmten physikalischen Prozessen zuordnen kann. Eine Meldung aus dem Jahre 2005, wonach sich der Nordatlantikstrom bereits um 30 Prozent abgeschwächt habe, musste aufgrund von zu wenigen Messungen über einen zu kurzen Zeitraum und einer daraus folgenden starken jahreszeitlichen Abhängigkeit revidiert werden. Nachdem man diverse Korrekturen hat einfließen lassen, stellte man allenfalls noch eine Reduktion um 10 Prozent fest und diese liegt im Rahmen der normalen Fluktuation einer solchen Meeresströmung.

Trotzdem lassen Messungen der Meerestemperaturen zwischen Grönland und Island zumindest aufhorchen, denn während viele Regionen des Atlantiks zwischen 1900 und 2016 um 0,5 bis 1 Grad wärmer geworden sind, blieben die Werte hier konstant oder fielen lokal sogar um bis zu 0,5 Grad. Diese Region wäre gerade die, wo sich ein solcher Effekt nach der Theorie am ehesten bemerkbar machen könnte. Ebenso wäre hier aber auch ein »Local Dimming« denkbar, da ein großer Anteil diverser Emissionen aus den USA durch mittlere westliche Winde hierher transportiert wird und die Sonnenstrahlung etwas vermindert. Die zukünftige Entwicklung ist aufgrund des derzeitigen Wissensstandes nicht vollends zu klären. Entscheidend dafür ist, auch zu wissen, wie viel Süßwasser der Grönländischen Eisschmelze – es sind immerhin 270 Milliarden Tonnen pro Jahr – überhaupt den Bereich erreicht, wo das Tiefenwasser gebildet wird. Insofern wird mit Bojen und Satelliten weitergemessen, um immer genauere Kenntnis der Verhältnisse vor Ort zu erlangen. Computergestützte Modellierungen lassen eine Entwicklung erwarten, in der die Intensität des Nordatlantikstroms einen leichten Rückgang zeigt. Das schlechteste Szenario (RCP 8.5), das etwa mit einer Verdreifachung des CO_2-Gehaltes bis zum Ende des 21. Jahrhunderts rechnet, hätte als wahrscheinlichstes Ergebnis eine Abschwächung der Strömung um 30 Prozent zur Folge, also schon eines gehörigen Anteils. Dies wäre aber immer noch weit entfernt von einem Aus für den Nordatlantikstrom und so erwartet man, dass dieser Rückkopplungseffekt den Temperaturanstieg in Europa im Vergleich zu anderen Regionen allenfalls etwas dämpfen wird.

Von der Wolkenbildung bis zum Regen

Wenn es bewölkt ist oder gar regnet, sprechen wir oft von schlechtem Wetter und gehen sofort auf Sonnensuche: Wann wird es endlich wieder schön? Deswegen wird die Bedeutung dieser beiden Wetterelemente oft erst im zweiten Schritt anerkannt oder wenn wir sie dringend benötigen: So haben wir 2018 schnell bemerkt, dass zu viel Sonne eben kein schönes Wetter mehr ist, sondern in einer katastrophalen Dürre mündet. Weil es ohne Wolken kein Wetter und damit keinen Regen geben kann und – weiter gedacht – auch kein Leben, sollten wir uns zügig von der Vorstellung verabschieden, dass Regenwetter schlechtes Wetter ist. Allenfalls können wir konstatieren, dass Regenwetter für unsere Freizeitgestaltung nicht immer das Optimum ist – oder wenn es so heftig regnet, dass es zu gefährlichen Überschwemmungen kommt, aber das ist selbstredend.

Die entscheidenden Prozesse, die zur Wolkenbildung führen, sind die Konvektion und das großräumige Aufsteigen von Luftmassen an Gebirgen sowie an den Frontensystemen unserer Tiefdruckgebiete. Bei all diesen Hebungsprozessen passiert Folgendes: Da der Luftdruck mit der Höhe abnimmt, wirkt auf ein aufsteigendes Luftpaket immer weniger Außendruck, und so kann es sich mehr und mehr ausdehnen. Seine Dichte nimmt damit ab, und das hat nach den thermodynamischen Gesetzen eine Abkühlung zur Folge. Da nun kalte Luft viel weniger Wasserdampf aufnehmen kann als warme, ist die Luft irgendwann gesättigt und der Wasserdampf kondensiert zu Wasser, also zu kleinen Wolkentröpfchen. Die Temperatur, bei der die Kondensation einsetzt, heißt übrigens Taupunkt, und so wird bei der Wolke deren Untergrenze oder Basis markiert.

Als Verbindung zwischen Hydrosphäre und Atmosphäre haben Regen und insbesondere die Wolken auch eine wichtige Funktion im Klimasystem. Dabei gilt übrigens: Wolke ist nicht gleich Wolke. Tiefe, dicke Wolken sorgen nämlich für eine Abkühlung, weil sie das Sonnenlicht stark reflektieren und die Wärme zurück ins Weltall werfen. Wenn es von den Temperaturen her gerade mal für ein Sonnenbad reicht, können wir das bestens fühlen: In dem Moment, wo die Sonne hinter einer Wolke verschwindet, wird es frisch, und wir beginnen schnellstens damit, den Himmel nach den nächsten größeren Lücken abzusuchen und bei deren Ausbleiben frustriert etwas überzuziehen. Dünne hohe Wolken, die sogenannten Schleierwolken oder Cirren, tragen hingegen eher zur Erwärmung bei, weil sie das kurzwellige Sonnenlicht relativ ungehindert passieren lassen, die langwellige Strahlung vom Boden aber kaum. Und gleichzeitig ist ihre eigene langwellige Abstrahlung recht gering, weil sie sich in großer Höhe und damit Kälte befinden. Treten die Schleierwolken aber in so großer Dichte auf, dass sie das Sonnenlicht kaum oder nicht mehr passieren lassen, so haben auch sie abkühlende Wirkung.

Vieles muss hier überlegt, dann gemessen und letztlich in die Klimamodelle eingepflegt werden. Wird etwa der Ozean wärmer, so entsteht auch mehr Wasserdampf und der steht für die Bildung von Wolken zur Verfügung. Möglicherweise kommt es dadurch in der Summe zu einer abkühlenden Wirkung, also einer negativen Rückkopplung. Dieser »Thermostat« könnte ein übermäßiges Aufheizen von Ozeanwasser verhindern, und er erhält möglicherweise weitere Unterstützung von auffrischenden Winden oder sich verstärkenden regionalen Wasserströmungen, welche die Hitze abführen.

Sehr unsicher ist jedoch, welcher Wolkentyp überwiegen wird. Flache Schichtwolken werden sich in der schwülwarmen Luft nicht unbedingt bilden und sie werden bei einer Erwärmung in der Passatwindzone womöglich verschwinden. Das kann zu zunehmender Entwicklung hochreichender Quellbewölkung führen. Da aber zwischen aufsteigenden Luftmassen auch immer Absinkgebiete liegen müssen, bleibt unsicher, wie stark die Gesamtbedeckung überhaupt zunehmen kann. Denn schließlich lösen sich Wolken in absinkender Luft durch die Erwärmung auf.

Der Beitrag hoher Wolken ist ebenfalls ungeklärt. Treten sie als Reste der hochreichenden Wolkentürme dann häufiger auf, oder bestätigt sich das Ergebnis einer über 20 Monate – und damit über einen recht kurzen Zeitraum – durchgeführten Studie? In einer solchen ergab sich nämlich, dass in Regionen mit hohen Meeresoberflächentemperaturen und vermehrt auftretenden tiefen Wolken die Bedeckung mit hohen Eiswolken geringer ausfiel. Es scheint, dass in der unteren Schicht mehr Wolkentropfen zur Bildung von Regentropfen benötigt werden und sie deshalb nicht mehr den höheren Schichten zur Bildung von Eiskristallen zur Verfügung stehen.

Aufgrund des sehr unterschiedlichen Einflusses von Wolken auf das Klima und durch die großen Schwankungen des Bewölkungsgrades sind sie für die Klimamodelle der größte Unsicherheitsfaktor. Um hierbei zu mehr Vorhersagesicherheit zu gelangen, wurde im Januar 2020 eine knapp sechswöchige Feldstudie (EUREC⁴A) gestartet, welche die Theorien über die Rolle der Wolken und der Konvektion für den Klimawandel verifizieren soll. Dazu wurden zahlreiche Messungen in der Atmosphäre und im Ozean vorgenommen, um insbesondere auch herauszufinden, wie widerstandsfähig flache, kühlende Cumuluswolken, wie sie etwa in der Passatwindzirkulation auftreten, gegenüber einer Erwärmung sind. Gerade auch dann, wenn sich beispielsweise die vertikale Durchmischung der Luft, die Turbulenz an Oberflächen und die großräumige Zirkulation verändern. Daraus resultiert dann auch die für die Klimamodelle so wichtige Beantwortung der Frage, welche Konsequenzen sich für die räumliche Anordnung von Wolken und die Konvektion in den Tropen ergeben, wenn etwa zusätzliche Treibhausgase in die Atmosphäre gelangen.

Kleine Aerosole, große Wirkung

Bevor sich Wolken bilden können, also Kondensation überhaupt einsetzt, bedarf es irgendeines Gegenstands, an dem sich ein frischer Tropfen »festhalten« kann, also einen Kondensationskeim. Das sind die Aerosole: mickrig klein und doch unglaublich bedeutend! Unsere Luft ist voll von diesen kleinen Teilchen aus fester Materie mit einem Durchmesser von vorwiegend 0,01 bis 1 Mikrometer. Ein Kubikzentimeter Luft enthält bei »sauberen Verhältnissen« 20 bis 500, in ländlich besiedelten Gebieten 1 000 bis 20 000 und in Städten bis zu einer Million solcher Aerosole. Diese Zahlenwerte machen übrigens eindrücklich klar, welch großen Anteil der Mensch an ihrer Existenz hat.

In der Natur sind Staubpartikel, Pollen und Meersalz die häufigsten Formen des Aerosols, und sie werden vom Wind in die Atmosphäre getragen. Der Mensch erzeugt durch die Verbrennung fossiler Energieträger sowie beim Verbrennen von Biomasse (zum Beispiel bei der Brandrodung) kohlenstoff-, nitrat- und sulfathaltige Aerosole. Letztere werden auch bei Vulkanausbrüchen freigesetzt.

Aerosole verändern auch die Himmelsfarbe. So konnte man nach Ausbruch des Krakatau im Jahr 1883 in Indien länger als eine Stunde nach Sonnenuntergang zunächst ein gelbes, dann ein orangefarbenes und schließlich ein tiefrotes Farbenspiel beobachten. Das ist in diesen Breiten normalerweise gar nicht möglich, geht die Sonne hier doch sehr schnell unter. Edvard Munch schrieb dazu in seinem Tagebuch über die Lichterscheinungen, die auch in Europa sichtbar waren: »Plötzlich färbte sich der Himmel blutrot, die Wolken als Blut und Flammen hingen über dem blauschwarzen Fjord und der Stadt.«

Heute legt sich über viele Großstädte eine regelrechte Dunstglocke, sodass selbst an sonnigen Tagen der Himmel einen weißlichen Eindruck macht und die fallenden Schatten gar nicht klar umrandet sind. Ein eher bedrückender Zustand.

Die wichtigste Feststellung ist sicherlich, dass die Aerosole eine abkühlende Wirkung haben, denn sie reflektieren einen Teil des Sonnenlichtes und streuen es ins Weltall zurück. Wie stark die Abkühlung ist, hängt im Einzelfall nicht nur von der Größe des Aerosols ab, sondern auch von seiner chemischen Zusammensetzung. Zudem halten sich Aerosole in den tieferen Atmosphärenschichten nur für etwa 4 bis 5 Tage, ehe sie zu Boden sinken oder durch Niederschläge ausgewaschen werden. Als Ergebnis verteilen sie sich im Unterschied zu den langlebigen Treibhausgasen nicht gleichmäßig in der Atmosphäre, sondern verweilen vornehmlich an ihrem Entstehungsort. Damit entfalten sie ihre abkühlende Wirkung entsprechend ungleichmäßig über den Globus.

In der Stratosphäre, in 20 bis 50 Kilometern Höhe und damit oberhalb unseres Wettergeschehens, werden Aerosole nicht durch Niederschläge ausgewaschen und halten sich daher viel länger. Dementsprechend ist der vorübergehende Temperaturrückgang nach Vulkanausbrüchen recht drastisch, denn ein solcher Ausbruch schleudert Staubteilchen mühelos in solche Höhen. Während die bodennahen Temperaturen dadurch abnehmen, wird es in der Stratosphäre durch Absorption und Strahlung der Vulkanaerosole hingegen deutlich wärmer.

Das Reflektieren der kurzwelligen Sonnenstrahlung ist eine direkte Wirkung der Aerosole, aber es gibt noch einige indirekte Wirkungen. Je mehr Partikel sich nämlich in der Luft befinden und je mehr Kondensationskeime also da sind, desto leichter bilden sich Wolken. Somit wirken die Aerosole auch durch die vermehrte Entstehung von Wolken. Die Folge kann – wie oben beschrieben je nach Wolkenart – sowohl eine Erwärmung als auch eine Abkühlung sein.

Aber damit nicht genug. Stehen für die gleiche Menge Wasserdampf mehr Aerosole zur Verfügung, so bilden sich auch mehr Wassertröpfchen, die aber entsprechend kleiner sind. Dies zieht zwei Reaktionen nach sich: Zum einen fallen kleinere Tropfen weniger gern aus der Wolke, weil sie leichter sind. Insofern wird die »Regenfreude« einer Wolke in verschmutzten Regionen zunächst gebremst. Zum anderen führt eine Erhöhung der Tröpfchenzahl dazu, dass die Wolke weißer erscheint. Das Ergebnis: Sie reflektiert und streut das Sonnenlicht stärker, die Abkühlung wird größer.

Es wird aber noch etwas komplexer: Da die Aerosole Sonnenstrahlen absorbieren und reflektieren, wachsen die Temperaturunterschiede zwischen verschiedenen Höhen – die vertikale Schichtung der Atmosphäre wird also beeinflusst. Infolgedessen können sich auch die Windgeschwindigkeiten ändern, und das wirbelt möglicherweise mehr Staub auf. Die Aerosolzahl steigt. Wenden wir diese Erkenntnisse auf dunkle Rußpartikel an, dürfen wir folgern, dass sie ähnlich wie Treibhausgase wirken, weil dunkle Bereiche mehr Wärme absorbieren. Angesichts all dieser Wechselwirkungen wird klar, wie komplex die Zusammenhänge im Erdsystem sind.

Vor allem die Sulfataerosole, die den massiven Schwefelemissionen Mitte des 20. Jahrhunderts entstammen, sind wohl ein entscheidender Grund für den zwischen 1940 und 1970 aufgetretenen Rückgang der globalen Temperaturen. Als die Luft durch Emissionsbegrenzungen wieder sauberer wurde, stiegen auch die Temperaturen wieder an. Auch wenn Aerosole unter dem Strich zwar eine abkühlende Wirkung haben, so gibt es keinen Grund, übermäßig zu jubeln, denn mehr Luftverschmutzung kann natürlich kein intelligentes Konzept sein, um der Erwärmung der Atmosphäre entgegenzutreten.

Kohlenstoff – Stoff des Lebens

Kohlenstoff (abgekürzt mit C für Carbonium) kann aufgrund seiner Struktur bei Temperaturen unter 100 Grad Celsius komplexe Kettenmoleküle bilden und weist so die größte Vielzahl aller Elemente an chemischen Verbindungen auf. Er ist gemeinsam mit dem Sauerstoff das für alle heutigen Lebewesen bedeutendste Element. Verbinden sich Kohlenstoff und Sauerstoff, so erhält man das viel diskutierte Kohlenstoffdioxid oder verkürzt Kohlendioxid. Weil nun die Verbrennung eine chemische Reaktion mit

Sauerstoff ist, entsteht folglich das Treibhausgas Kohlendioxid immer, wenn man etwa fossile Energieträger wie Öl, Kohle oder Gas verbrennt.

Manchmal führt es zu Verwunderung, dass beim Verbrennen von beispielsweise 50 Litern Benzin am Ende 115 Kilogramm CO_2 entstanden sein sollen. Wo sollen die denn herkommen? Natürlich durch den Sauerstoff aus der Luft! Denn ohne ihn ist ja gar keine Verbrennung möglich und dadurch wird ja überhaupt erst ein neues Gas, das CO_2, gebildet. Mit Benzin ist das nicht ganz so einfach zu berechnen, denn es besteht aus vielen verschiedenen Inhaltsstoffen, aber machen wir einfach kurz ein Rechenbeispiel mit dem reinen Kohlenstoff selbst. Er hat eine relative Atommasse von 12. Weil es um eine Relation geht, benötigt man hier keine Einheit. Die Zahl drückt aus, wie das Massenverhältnis des betrachteten Atoms zu einem gedachten Atom der Masse 1 ist. Und das einfachste und leichteste Element, der Wasserstoff mit nur einem Proton, hat genau diese Masse 1.

Sauerstoff wiederum hat die Atommasse 16. Da Sauerstoffatome aber eigentlich immer nur zu zweit auftreten (O_2), spricht man von molekularem Sauerstoff mit der Masse 32. Verbrennen wir also 12 Kilogramm Kohlenstoff, so setzt dieser Prozess zum einen 110 Kilowattstunden Energie frei, zum anderen werden dafür aber 32 Kilogramm Sauerstoff benötigt. Es kommen also nach der Verbrennung von 1 Teil Kohlenstoff (C) mit 2 Teilen Sauerstoff (O_2) in Summe 12 plus 32, also 44 Kilogramm CO_2 heraus. Ganz schön viel ...

Im Zusammenhang mit dem Treibhauseffekt wurde bereits ausführlich über die Bedeutung des Kohlendioxids gesprochen. Es rückt in der Klimadebatte deshalb so sehr in den Fokus, weil die Hauptbestandteile der Atmosphäre, Stickstoff und Sauerstoff, durch ihr Absorptionsverhalten gar nichts zum Treibhauseffekt beitragen können, und weil auch das wichtigste Treibhausgas Wasserdampf wegen seiner Kurzlebigkeit und der Tatsache, dass der Mensch es quasi nicht emittiert, nahezu keine Bedeutung für den anthropogenen Anteil des Treibhauseffektes hat (für den natürlichen selbstverständlich schon). Und da derzeit ja auch keine wesentlichen Änderungen bei der Sonnenintensität gemessen werden, kommt unseren Kohlendioxidemissionen überhaupt erst eine so große Bedeutung zu. Denn die Physik fordert ja den Erhalt eines energetischen Gleichgewichts im Klimasystem – und das erreicht unser Planet derzeit durch eine Erwärmung. Da im Kohlendioxid eben Kohlenstoff steckt, wird nun dessen Kreislauf genauer betrachtet.

Genau wie beim Wasserkreislauf gibt es auch beim Kohlenstoff einen Austausch zwischen den verschiedenen Reservoirs, in denen er langfristig gelagert ist. Sein Hauptreservoir sind die sogenannten Karbonatsedimente. Hier lagern 100 Millionen Gigatonnen Kohlenstoff. Um das in Tonnen auszudrücken, ist eine 1 mit 17 Nullen nötig. Die zweitgrößte Kohlenstofflagerstätte, die im Vergleich zu den Sedimenten, aus denen ganze Gebirge wie zum Beispiel die Dolomiten bestehen, schon verschwindend klein anmutet, ist der Ozean. Hier befinden sich knapp 40 000 Gigatonnen, über 38 000 davon im mittleren und tiefen Ozean. Nur ein kleiner Teil ist in der ozeanischen Deckschicht zu finden, wo es zu einem vergleichsweise zügigen Austausch mit der Atmosphäre kommt. Die Atmosphäre ist übrigens nach der Vegetation (550 Gigatonnen Kohlenstoff) mit ihren 750 Gigatonnen das zweitkleinste Kohlenstoffreservoir. Die Böden haben einen Anteil von rund 1 500 und die fossilen Brennstoffe (Erdöl, Erdgas) umfassen etwa 5 000 Gigatonnen Kohlenstoff. Letztere gelangen nun durch unser Zutun wieder in den Kreislauf, da wir Menschen sie mit unvorstellbar hoher Geschwindigkeit verbrennen: In einem Jahr so viel, wie die Natur in einer Million Jahren produzieren konnte. Unabhängig von der Schädigung der Umwelt wird hier auch klar, dass ein ewiges »Weiter so« nicht mal annähernd funktionieren kann.

Ein Kohlenstoffatom, das wie der Wasserdampf unsichtbar und geruchlos ist, gelangt nach der Verbrennung in einen Teilkreislauf, in dem es für rund 100 000 Jahre zwischen Pflanzen, Erde, Luft und Wasser hin und her pendelt. Danach kommt es in den Sedimenten vorläufig zur Ruhe. Aber wichtig ist das Wort »vorläufig«, denn diese Sedimente sind ebenfalls in Bewegung. Sie schieben sich langsam unter die Kontinente, die sie wiederum ins Erdinnere drücken. Unter hohem Druck und großer Hitze reagieren sie dort mit anderen Stoffen. Das Ergebnis sind neue Silicatgesteine, deren Produktion neues CO_2 freisetzt, das wieder in den Ozean beziehungsweise die Atmosphäre gelangt. Etwa 20 dieser

»langen Zyklen« hat jedes Kohlenstoffatom seit Beginn der Erdgeschichte durchgemacht.

Entstehung von Sedimenten

Dass solche Kreisläufe auch eine Lebensgrundlage schaffen und somit zur Stabilität des gesamten »Organismus Erde« beitragen, zeigt der Prozess der Sedimentation. Kohlendioxid löst sich bestens in Wasser. Das Ergebnis ist Kohlensäure, die jeder vom »Zisch« in allerlei Getränken kennt. Was dementsprechend immer mehr CO_2 in der Atmosphäre für die Ozeane bedeutet, das sehen wir uns im Kapitel »Die Meere als größte Kohlenstoffsenken« noch genau an. Für den Moment verfolgen wir den Weg des CO_2 von der Wasseroberfläche in die Tiefe.

In der Deckschicht, der rund 500 Meter dicken, oberen Schicht des Ozeans, bildet sich, wie gesagt, Kohlensäure und durch weitere chemische Reaktionen das Carbonation. Dieses wiederum reagiert unter anderem mit Kalziumionen, die durch die Verwitterung von Gestein entstehen, dessen Mineralien Flüsse und Bäche in den Ozean spülen. Das Ergebnis dieser Reaktion ist fester Kalk. Daraus wiederum bilden einige in der Deckschicht des Ozeans lebende Algen und einzellige Organismen ihre Schalen. Sterben diese Organismen ab, sinken sie samt ihrer Kalkschale in die Tiefe des Meeres. Viele der absinkenden Partikel werden auf diesem Weg zwar von Mikroorganismen abgebaut oder chemisch gelöst, ein Teil gelangt aber bis zum Meeresboden – Sediment ist entstanden.

Denken Sie noch einmal zurück an die Klimazeitreise und die »Schlechtwetterperiode« vor mehr als drei Milliarden Jahren. Die damalige Abkühlung und die daraus folgende Kondensation des Wasserdampfes führten nicht nur zur Bildung der Ozeane, sondern auch zum Auswaschen ungeheurer CO_2- und damit Kohlenstoffmengen. Davon stand reichlich zur Verfügung, schließlich hatte die Uratmosphäre höchstwahrscheinlich einen CO_2-Gehalt von rund 25 Prozent, also etwa 700-mal mehr als heute. Exakt nachprüfbar ist das natürlich nicht, denn Proben der damaligen Luft gibt es nicht mehr.

Mithilfe des beginnenden Lebens kam es nun zum oben beschriebenen Kohlenstoffkreislauf, und in den Weltmeeren türmte sich das Karbonatgestein mächtig auf. Die Plattentektonik schob es quer über den Erdball, und so falteten sich bei Zusammenstößen der Platten die Kohlenstoffgebirge auf. Anders ausgedrückt: Wenn wir heute auf einigen Alpen- oder Himalayagipfeln stehen und den Ausblick genießen, so stehen wir quasi auf den Resten dieser Uratmosphäre. Eine unterschiedliche »Kohlenstoffaufbewahrung« macht auch den entscheidenden Unterschied zwischen den ähnlich großen Planeten Venus und Erde aus. Bei uns steckt der Kohlenstoff vorwiegend im Gestein, auf der Venus als Gas in der Atmosphäre. Die Gesamtmengen sind aber vergleichbar. Übrigens können wir nicht nur auf der Uratmosphäre stehen, sondern auch in ihr schwimmen. Schließlich ist das heutige Wasser der Wasserdampf von damals.

Eine ganze Menge Kohlendioxid

Den Verlauf des atmosphärischen CO_2-Gehalts zeigt die berühmte Messreihe von Charles Keeling. 1958 begann er mit der bis heute ununterbrochen fortgeführten Messung auf dem Vulkan Mauna Loa auf Hawaii. Das Observatorium liegt auf knapp 3 400 Metern Höhe, weit entfernt von jeglicher Kohlendioxidemissionsquelle. Weil sich das langlebige Treibhausgas in der gesamten Atmosphäre ausbreitet, lassen sich hier ungestört Messungen vornehmen.

Die mittlerweile 62-jährige Messreihe ist eines der zentralen Symbole des Klimawandels, weil sie den menschlichen Einfluss auf die Natur eindrücklich dokumentiert. Der Trend verläuft regelmäßig nach oben, und zwar von 316 ppm (Parts per Million: Das bedeutet, dass 316 von einer Million Luftmoleküle CO_2-Moleküle sind) zu Beginn der Messreihe zu 415 ppm Kohlendioxid im Mai 2019 – eine Steigerung von 31 Prozent. Der langfristige Trend überlagert die jahreszeitliche Variabilität, an der sich die Bedeutung der Vegetation für den atmosphärischen CO_2-Gehalt erkennen lässt.

Für die regelmäßigen jahreszeitlichen Schwankungen verantwortlich sind nämlich die Pflanzen auf unserer landreichen Nordhalbkugel. Sobald im Frühjahr und im Sommer Wachstumszeit herrscht, atmet die Vegetation eine große Menge an Kohlendioxid ein, entzieht es also der Atmosphäre. Die gemessene Konzentration nimmt ab, um jedoch im folgenden Herbst ein neues Maximum zu erreichen.

Methan – ein Gas mit intensiver Treibhauswirkung

Bei dem nach dem Wasserdampf und dem Kohlendioxid drittwichtigtsten Gas, das am Treibhauseffekt beteiligt ist, handelt es sich um das Methan (CH_4). Es ist 20- bis 35-mal intensiver in seiner Treibhauswirkung als CO_2, aber es wird in einer viel geringeren Dosis vom Menschen emittiert. Dennoch hat sich die Methankonzentration seit Beginn der Industrialisierung mehr als verdoppelt, denn für 60 bis 80 Prozent der gesamten Methanemission zeichnet der Mensch verantwortlich. Freigesetzt wird es vor allem beim Abbau von organischem Material, das nicht mit Sauerstoff in Berührung kommt, bei der Tierhaltung, dem Reisanbau, auf Mülldeponien sowie generell in Feuchtgebieten. Auch Erdgas ist eine Methanquelle. Untersuchungen aus dem Jahr 2006 haben überraschend ergeben, dass auch lebende und damit mit Sauerstoff in Kontakt stehende Pflanzen Methan emittieren, die Mengen sind aber eher gering.

Von 1999 bis 2007 stieg die Konzentration des Methans in der Atmosphäre kaum an, nahm danach aber wieder drastisch zu. Der Grund für den jüngst so deutlichen Anstieg der Methankonzentration ist derzeit nicht ganz klar. Zum einen, weil die Emissionen aus den oben genannten Quellen mit großen Unsicherheiten behaftet sind und das Auftauen des Permafrostbodens in vielen Teilen der Welt weiteres Methan freisetzt, das bisher im Eis eingeschlossen war. Auch die Algenblüte, die durch das wärmere und außerdem immer phosphathaltigere Wasser in Häufigkeit und Ausdehnung in unseren Ozeanen zunimmt, ist eine Methanquelle. Und zum anderen, weil möglichweise die Senken weniger geworden sind. Bei den methanzersetzenden Bakterien im Boden könnte es ebenso gut zu Veränderungen gekommen sein, wie etwa beim Vorkommen der für den Abbau von Luftschadstoffen so wichtigen OH-Radikale. Sie entziehen sich einer vernünftigen Messkampagne allerdings dadurch, dass sie unglaublich kurzlebig sind. Als Radikal »möchte« man schließlich schnellstmöglich mit anderen Stoffen reagieren.

Die Atmosphäre selbst ist übrigens eine Senke für Methan, denn anders als Kohlendioxid wird es an der Luft chemisch abgebaut und oxidiert über Kohlenmonoxid zu Kohlendioxid – womit es natürlich klimawirksam bleibt. Die Folge ist aber, dass Methan nur rund 8 Jahre in der Atmosphäre verweilt, weshalb eine Stabilisierung der Konzentration in einem recht kurzen Zeitraum erreichbar ist. Heute liegt der Wert bei etwa 1860 ppb (Parts per Billion: Das bedeutet, dass 1860 von einer Milliarde Luftmoleküle CH_4-Moleküle sind), 1985 waren es 1640 ppb, und in der vorindustriellen Zeit lag der Wert etwas unterhalb von 700 ppb.

Brennendes Eis

Im Zusammenhang mit dem Methan bietet die Natur noch etwas ganz anderes, das sich manchmal als Segen, oft aber durch ausufernde Rückkopplungen als Gefahr erweist: das Methanhydrat oder berühmte »brennende Eis«. Hier wird das Methan vollständig von Eismolekülen eingeschlossen beziehungsweise eingelagert. Deswegen spricht man bei Gashydraten von sogenannten Einlagerungsverbindungen, auch Klathrate genannt. Die Bezeichnung Klathrat stammt vom lateinischen Wort clatratus, und das heißt nichts anderes als »vergittert«. »Hinter Gitter« kommt im Falle des Methanhydrats natürlich das Methan.

Unter normalen atmosphärischen Bedingungen ist Methanhydrat nicht stabil, es verflüchtigt sich sofort in seine Bestandteile Wasser und Methan. Unter hohem Druck von mindestens 20 Bar und bei großer Kälte ist es allerdings stabil, weshalb es am Meeresboden unterhalb von 190 Metern (ab da beträgt der Druck 20 Bar) ebenso vorkommen kann wie in Permafrostböden. Im Ozean sind die Bedingungen ideal an Kontinentalhängen in Tiefen zwischen 500 und 2000 Metern bei Temperaturen um 1 Grad am Meeresgrund. Die Kontinentalhänge sind deshalb erforderlich, weil nur hier die vielen Reste toter Pflanzen und Tiere vorkommen, die durch Fäulnisbakterien anaerob in Methan verwandelt werden. In der Tiefsee sind zwar Kälte und hoher Druck gegeben, es fehlt aber das Methan.

Weil das Methanhydrat eine unglaubliche Methandichte aufweist – ein Kubikmeter Methanhydrat speichert 164 Kubikmeter Methan –, ist es trotz der Tatsache, dass es sich um Eis handelt, leicht entzündlich und verbrennt sehr energiereich. Genau das ist das für die Menschheit möglicherweise wichtige Stichwort: energiereich. Denn es gibt mit geschätzten 12 Billionen Tonnen mehr als doppelt so viel davon wie Erdöl, Erdgas und Kohle zusammen. Methanhydrat könnte sich – sollte man die vielen technischen Schwierigkeiten bei seinem Abbau überwinden können – zu dem fossilen Energieträger schlechthin entwickeln, denn es verbrennt etwa so »sauber« wie Erdgas. Das erzeugt zwar auch CO_2 und erwärmt unsere Atmosphäre, aber in deutlich geringerem Umfang als Kohle oder Erdöl.

Ein bisschen Euphorie darf dabei sicher aufkommen, weshalb die Erforschung des Klathrats und der technischen Möglichkeiten seines Abbaus in einigen wissenschaftlichen Instituten große Bedeutung hat. Dabei wird auch darüber nachgedacht, den Lagerstätten nach Entnahme des Klathrats Kohlendioxid einzuimpfen, Letzteres also auf diese Weise zu entsorgen und aus der Atmosphäre fernzuhalten. Dieser Schachzug erhält dann obendrein noch die Festigkeit der Sedimente. Allerdings ist die technische Komplexität, das kann man sich auch als Laie vorstellen, dabei ganz erheblich. Länder wie China, Indien und Japan denken trotzdem über einen Abbau in großem Stil nach. Dennoch darf nicht vergessen werden, dass es sich wieder um einen fossilen Energieträger handelt, der den Anteil der Treibhausgase in der Atmosphäre unweigerlich weiter steigen und die Erwärmung weiter zunehmen lässt.

Das »brennende Eis« braucht, wie erwähnt, tiefe Temperaturen am Meeresgrund, da es sonst nicht stabil ist. Nun stellen Sie sich vor, der Ozean erwärmt sich – auch wenn das wegen der beobachteten Mechanismen sehr lange dauern wird. Bei einem Temperaturanstieg von wenigen Grad Celsius ist es bereits möglich, dass das Methanhydrat instabil wird und so kolossale Mengen von Methan freigesetzt werden und in die Atmosphäre gelangen können. Dann wird wieder eine positive Rückkopplung ausgelöst: Durch das Methan erwärmt sich die Luft, wodurch sich wiederum der Ozean erwärmt und neuerlich Methan freisetzt – und so weiter. Ähnlich wie bei den auftauenden Permafrostböden.

In der Wissenschaft ist umstritten, wann eine solche Rückkopplungsschleife einsetzen wird. Klar ist, dass das in Permafrostböden eingeschlossene Methan viel früher freigesetzt werden kann als das im Ozean. Von Letzterem ginge allerdings die größte Gefahr aus, denn hier lagert das meiste Methanhydrat. Die Trägheit des Ozeans verhindert jedoch eine rasche Erwärmung in dieser Tiefe, sodass es hier wohl um eine Zeitskala von Jahrhunderten geht. Auch für diese positive Rückkopplung finden sich Modellfälle in der Klimageschichte. Viele Wissenschaftler sehen die Verantwortung für einen massiven Temperaturausreißer vor 55 Millionen Jahren in dieser Rückkopplung. Noch spannender ist in diesem Zusammenhang das bereits beschriebene große Artensterben vor rund 250 Millionen Jahren. Kohlenstoffisotope von Fossilien und Böden zeigen, dass damals gewaltige Methanmengen freigesetzt worden sein könnten. Die Erde wurde an der Grenze vom Perm zum Trias nicht nur feuchter und wärmer, sondern der Sauerstoffgehalt ging auch massiv zurück. Methan als intensives Treibhausgas würde diese Erwärmung erklären, und weil durch Oxidation große Mengen an Sauerstoff verbraucht werden, erklärt es auch dessen Rückgang. Grund für die Freisetzung der Klathrate könnten damals Erdbeben, Vulkanausbrüche oder Meteoriteneinschläge gewesen sein. Ein auf 12 bis 15 Prozent zurückgehender Sauerstoffgehalt wird als Hauptgrund für das große Artensterben gesehen, zur Freude der Dinosaurier.

Die Eisflächen und Gletscher dieser Welt

Kommen wir nun zu einem Bereich, der bisher noch gar nicht erörtert wurde: die Kryosphäre, also die eisbedeckten Flächen der Erde. Sie sind eine Art Frühwarnsystem, denn an ihnen sind die Klimaveränderungen besonders stark zu bemerken. Auf dem Höhepunkt der letzten Eiszeit vor 20 000 Jahren waren rund 30 Prozent der Landoberfläche von Eis bedeckt. In Warmzeiten, den Interglazialen, sind es rund 10 Prozent. Seit etwa 9 000 Jahren befindet sich die Erde in einer solchen Phase und so sind etwa 15 Millionen Quadratkilometer Landfläche eisbedeckt – allerdings mit deutlich sinkender Tendenz. Knapp 90 Prozent des Volumens an Inlandeis finden sich in der Antarktis; der Grönländische Eisschild macht 10 Prozent aus; alle Gletscher der Welt kommen zusammen auf den kleinen Anteil von 0,6 Prozent. Zum Inlandeis muss dann noch das Meereis hinzugerechnet werden. Seine Fläche beträgt im Jahresmittel 22,5 Millionen Quadratkilometer, sodass derzeit insgesamt etwas mehr als 7 Prozent der Erdoberfläche, also Land und Meer gemeinsam, eisbedeckt sind. In den letzten Jahren ist der Rückzug des normalerweise sehr träge reagierenden Eises massiv. Im Alltag sehen die meisten von uns diese Entwicklung nicht, einen Eindruck erhalten wir nur über Bilder und Berichterstattungen. Einer Studie von Professor Dirk Notz und seinem Team vom Max-Planck-Institut für Meteorologie in Hamburg zufolge, lässt sich feststellen, dass für jede Tonne CO_2, die ein Mensch irgendwo auf dieser Welt emittiert, 3 Quadratmeter arktisches Meereis verloren gehen. Auf Umwegen bemerken wir diese Veränderungen in weiter Ferne allerdings deutlich: Für unser tägliches Wettergeschehen in Europa hat das Eis der Arktis nämlich eine wichtige Schlüsselrolle inne. Zu dieser spannenden Geschichte gleich mehr, schauen wir aber zunächst auf das Eis selbst.

Die Arktis

Besonderes aufmerksam wurden wir auf den Rückgang des Meereises in der Arktis sicherlich im September 2007, denn damals war die Nordwestpassage zwischen Atlantik und Pazifik erstmals für normale Schiffe passierbar, da sich das Eis so weit wie noch nie seit 1978 (dem Beginn der regelmäßigen Satellitenbeobachtungen) zurückgezogen hatte. Der September ist am Ende des Nordsommers stets der Monat mit der geringsten Eisbedeckung der Arktis, und in der Tat gab es dort am eisärmsten Septembertag 2007 nur noch eine Eisfläche von 4,15 Millionen Quadratkilometern. Hierbei wird diejenige Ozeanfläche betrachtet, die noch mindestens zu 15 Prozent von Eis bedeckt ist. Fünf Jahre später, 2012, sollte auch dieser Wert noch deutlich über- oder besser »untertroffen« werden: Am 16. September des Jahres wurde nämlich nur noch eine Eisausdehnung von 3,34 Millionen Quadratkilometern ermittelt, der bisher niedrigste Wert überhaupt. Das entspricht gerade mal etwas mehr als der Hälfte des Mittelwertes der minimalen Eisausdehnung von 1981 bis 2010 von 6,27 Millionen Quadratkilometern. Und die etwa 3 Millionen Quadratkilometer, die da »gefehlt« haben, sind wahrlich eine immense Eismasse, entspricht das doch der Fläche von West- und Mitteleuropa zusammen oder der achtfachen von Deutschland! Im September 2013 lag der Wert dann aber wieder bei 5,04 Millionen Quadratkilometern, ein Anstieg um sage und schreibe 51 Prozent. Aber selbst ein solcher Anstieg verwundert nach einem Extremwert bei langjähriger Betrachtung wenig und sagt erst recht nichts über eine Trendumkehr aus, sondern zeigt nur die große und typische jährliche Variabilität der Eisfläche an, die abhängig vom arktischen Wetterverlauf stark schwankt. 2012 etwa herrschte ein sehr von Stürmen geprägtes Wetter, während sich 2013 viel Kaltluft durchsetzen konnte. Bei einem langfristigen Trend nach unten über einen einjährigen 51-prozentigen Zuwachs der Eisdecke zu jubeln, wäre ähnlich verblüffend, wie sich an der Börse über Aktien zu freuen, die nach einem fatalen Absturz von 100 auf 10 Euro wieder auf 20 Euro steigen – auch wenn das sogar ein Anstieg von glatten 100 Prozent ist. Die minimale Eisbedeckung im September 2019 lag übrigens bei 4,10 Millionen Quadratkilometern, dem zweitniedrigsten Wert bisher. Bei der Eisbedeckung ist es wie bei den Temperaturen: Um Trends zu erkennen, ist die Entwicklung über viele Jahre zu betrachten, und der Trend zu einer eisärmeren Arktis hält derzeit an. Er betrifft im Übrigen nicht nur die Eisausdehnung, sondern auch die Meereisdicke. Betrug sie in den 1960er Jahren im Sommer etwa 3 Meter, so waren es in den 1990er Jahren 2 Meter und aktuell etwa 90 Zentimeter.

Setzt sich diese Entwicklung wie erwartet fort, so wird die Arktis in nicht allzu ferner Zukunft im Sommer durchweg eisfrei sein. Wurde dafür früher das Jahr 2080 am häufigsten genannt, so tauchen jetzt immer öfter die Jahre 2030 bis 2040 auf. Einige Studien halten sogar einen noch früheren Zeitpunkt für möglich, da der Eisrückgang derzeit schneller ist, als alle Modellrechnungen erwarten ließen. Gründe für die jüngste Beschleunigung sind mit hoher Wahrscheinlichkeit neben der starken Wirkung der schon erwähnten Eis-Albedo-Rückkopplung der Wind und sogenannte Schmelztümpel. Zum Wind: Ist das Eis hinreichend dünn, so schafft er es leichter, die Eisflächen zu zerteilen. Und viele kleine Eisbruchstücke können erheblich leichter vom umgebenden wärmeren Wasser »angenagt« werden als eine große, quasi durch sich selbst geschützte Eisfläche. Schmelztümpel beobachtet man immer häufiger und ihre Fläche nimmt in der Summe stark zu. An den immer wärmeren Tagen bilden sich immer mehr solcher Schmelzwasserseen, deren aufgewärmtes Wasser zunächst in das Eis absorbiert und dann in den Ozean weitergeleitet wird. Geht man – trotz unseres Wunsches, die Erderwärmung auf 1,5 bis 2 Grad zu begrenzen – von einem nicht unwahrscheinlichen globalen Temperaturanstieg von rund 3 Grad bis zum Ende des Jahrhunderts aus, so könnte die mittlere Temperatur in der Arktis durch diese Prozesse um rund 7 oder 8 Grad steigen, verbunden mit erheblichsten Veränderungen für die Natur.

Dass die Nordwestpassage im Sommer dann auch für Handelsschiffe passierbar wird, ist einerseits besorgniserregend, weil es die unmittelbar bevorstehenden Veränderungen offenbart, andererseits von Vorteil, können doch auf diese Weise ewig lange und damit ressourcenverbrauchende Schiffsrouten über den Panamakanal erheblich verkürzt werden. Jede Medaille hat ihre zwei Seiten.

Grönland

Das grönländische Inlandeis umfasst 10 Prozent der Landeisbedeckung der Erde und zieht sich immer schneller zurück. Wie im Zusammenhang mit der möglichen Abschwächung des Nordatlantikstroms bereits kurz erwähnt, beträgt der Eisverlust dort pro Jahr derzeit rund 270 Milliarden Tonnen und hat sich damit seit den 1980er Jahren versechsfacht.

Grönlands Gletscher verlieren ihr Eis vor allem durch beschleunigtes Kalben, also durch das Abbrechen von Eis, das am Ende des Gletschers bis ins Meer hineinreicht. Zuletzt hat die Geschwindigkeit der Gletscherbewegung massiv zugelegt: Die Fließgeschwindigkeit des Jakobshavn Isbræ an der Westküste Grönlands hat sich beispielsweise in den 20 Jahren zwischen 1992 und 2012 um fast das Dreifache erhöht auf 17 Kilometer pro Jahr. Damit gerät das nachfolgende Eis auch immer mehr ins Rutschen. An einer solchen Beschleunigung ist wohl eine Art »Schmierfilm« beteiligt. Taut das Eis im Sommer, so bilden sich große Gletscherseen, ähnlich den Schmelztümpeln auf dem Meereis. Und immer wieder ließ sich beobachten, wie diese plötzlich verschwanden.

Das liegt an entstehenden Gletscherspalten, durch die das Wasser dann bis zum Grund des Gletschers – dort, wo er auf dem Fels lagert – gelangen kann. Auf diesem Wasser gleitet das Eis natürlich viel besser als auf der rauen Felsoberfläche und so fließt der Gletscher schneller Richtung Meer. Dabei wird aber auch Schmelzwasser »verbraucht« und so verzahnen sich Felsoberfläche und Eis irgendwann wieder stärker, bis der neue »Schmierfilm« eintrifft. So entsteht auf kurzen Zeitskalen eine Eigendynamik, die von der Wissenschaft langsam besser verstanden wird. Diese kurzfristigen Schwankungen bei der Eisschmelze unterscheiden sich zuweilen vom langfristigen Prozess, der an die Klimaänderung gekoppelt ist.

Zusätzlich hat der deutliche Temperaturanstieg auf Grönland noch eine weitere Folge: Je stärker die Eisoberfläche taut, desto tiefer liegt sie – und gelangt damit in wärmere Atmosphärengefilde. Dadurch beschleunigt sich der Abschmelzprozess nochmals.

Wie die Arktis und unser Extremwetter zusammenhängen

An dieser Stelle lenken wir unseren Blick einmal kurz weg vom Eis und wieder zurück in die Atmosphäre. Sie und die Kryosphäre sind nämlich ebenfalls eng miteinander verknüpft, denn der Rückzug des Eises führt bei uns zu extremerem Wetter. Um das zu verstehen, verfolgen wir einen einfachen Gedanken: Wetter ist das Ergebnis der steten Tendenz der Natur, entstandene Unterschiede auszugleichen. So erhalten die Polregionen viel weniger Energie und damit Wärme von der Sonne als die äquatorialen Bereiche. Der Ausgleich findet nun durch einen Energietransport ausgehend vom Äquator Richtung Pol statt und dazu muss sich natürlich Luft bewegen – Wind entsteht. Ohne an dieser Stelle nun alle Transportprozesse en détail zu erläutern, sei hier nur erwähnt, dass ein Ergebnis dieser notwendigen Ausgleichsbewegung der sogenannte Strahlstrom (englisch: Jetstream) ist.

Genau genommen gibt es vier solcher Jetstreams, zwei auf der Nord- und zwei auf der Südhalbkugel. Da wir uns auf der Nordhalbkugel befinden, schauen wir nun genauer dorthin: Es gibt den Subtropenjet bei etwa 30 Grad und den Polarjet auf etwa 60 Grad nördlicher Breite. Dieses Starkwindband ist uns am nächsten und verläuft in einer Höhe von rund 10 Kilometern mäandernd von West nach Ost um den Erdball. Die Windgeschwindigkeiten können hier teilweise auf mehr als 500 Kilometer pro Stunde anwachsen, was so manche Turbulenz und infolgedessen deftige Schüttelbewegung von Flugzeugen im Reiseflug verursacht. Und gleichzeitig dafür sorgt, dass Interkontinentalflüge von Ost nach West länger benötigen als solche in Gegenrichtung.

Zurück zum Ausgleich der Temperaturunterschiede zwischen Äquator und Pol und damit zum zentralen Punkt: Je größer der Temperaturunterschied ist, desto stärker muss auch der Jetstream sein und umgekehrt! Da sich die Polregion durch den Rückzug des Eises und die Eis-Albedo-Rückkopplung nun aber übermäßig erwärmt, haben wir es folglich mit einer Abnahme der Temperaturunterschiede und damit im Mittel mit einer Abschwächung und einer Veränderung des Strahlstroms zu tun, der – wie erwähnt – in Wellenform über uns hinwegzieht. Vereinfacht gesprochen befindet sich unter jedem Wellenberg, dem sogenannten Rücken, das Bodenhoch, und unter jedem Wellental, dem Trog, das Bodentief. Je kürzer diese Wellen sind, desto schneller wandern sie von West nach Ost und mit ihnen unsere wetterbestimmenden Druckgebilde. Längere Wellen verlagern sich langsamer und besonders lange Wellen propagieren sogar retrograd, also von Ost nach West. Demnach muss es natürlich auch eine Wellenlänge dazwischen geben, bei der sich die Welle kaum noch oder gar nicht mehr bewegt. Genau dazu neigt die Strömung nun immer häufiger und in Anlehnung an Günter Netzers »Standfußball« nenne ich diesen Zustand gerne »Standwetter« – eine Wortfindung, die sich heutzutage zu meiner Freude auch immer häufiger in den Medien wiederfindet.

Wir haben es folglich durch den Rückzug des Eises in weiter Ferne bei uns immer häufiger mit Wetterlagen zu tun, bei denen sich die Hochdruck- und Tiefdruckgebiete kaum bewegen, da ihnen von oben durch den gestörten Jetstream kein Impuls zum Weiterwandern gegeben wird. So weilen sie mit ihrem Wetter lange an Ort und Stelle und so wird dieses natürlich extremer. Haben wir es wie 2018 mit einem ewig stationär vor Ort liegenden Hoch zu tun, so sind Hitze und Dürre die Folge, liegt hinge-

gen – wie etwa im Sommer 2017 im Norden Deutschlands – ein
Tief lange vor Ort, so kommt es zu extremen Niederschlagsmengen mit Überflutungen. Dürre und Hochwasser sind meteorolo-
gisch zwar das Gegenteil voneinander, doch inhaltlich sind sie eigentlich zwei Seiten derselben Medaille. Auch sommerliche
Gewitter verlagern sich bei fehlendem Wind kaum und sorgen
dann am einen Ort für extreme Wassermassen, während es nur
wenige Kilometer entfernt trocken bleibt. Dieses enge Nebenein-
ander ist auch im täglichen Wetterbericht schwer zu erfassen und
vorherzusagen, sodass sich in solchen Fällen nur ein Bereich angeben lässt, in dem ein großes Unwetterpotenzial herrscht. Das
ist ein bisschen vergleichbar mit Blasen in kochendem Wasser.
Man weiß genau, dass ständig neue Blasen entstehen, doch exakt
die Stelle im Vorhinein auszumachen, an der die nächste Blase
auftaucht, das ist schier unmöglich.

Der antarktische Kontinent

Am Südpol sind die Verhältnisse deutlich schwieriger zu interpretieren. Hier findet sich das meiste Eis ja nicht auf dem Meer, sondern es liegt als Landeis auf dem antarktischen Kontinent. Dieser
begann vor rund 30 Millionen Jahren erst allmählich und vor
25 Millionen Jahren, am Übergang vom Oligozän zum Miozän,
immer schneller zu vereisen. Der Grund dafür findet sich in einem ozeanischen Zirkumpolarstrom, der sich durch eine Öffnung
zwischen Südamerika und der Antarktis – der Drakestraße – bilden konnte. Heute ist das Eisschild dieses südlichen Kontinents
bis zu 4500 Meter dick und speichert etwa 70 Prozent der Süßwasservorräte dieses Planeten.

Nun betrachten Sie einmal einen Globus und blicken Sie auf
dessen Unterseite, also die Antarktis. Im ersten Moment sehen Sie
dort einen nahezu kreisrunden Kontinent, fast komplett von Eis
bedeckt. Die Temperaturen bewegen sich in dieser unwirtlichen
Region des Erdballs oft zwischen −20 und −60 Grad. Und weil
viele Areale hier mehr als 3000 Meter über dem Meeresspiegel
liegen, herrschen teilweise sogar noch krassere Gefrierschrank-
verhältnisse. Der Kälterekord unserer Erde stammt deshalb auch
aus dieser Region: Am 21. Juli 1983 wurden an der russischen
Station Wostock in 2 Metern über dem Boden beeindruckende

–89 Grad Celsius gemessen. Im August 2010 ermittelte ein Satellit am Erdboden sogar –93 Grad.

Um diesen Eispanzer herum finden Sie bei Ihrem Blick auf den Globus jedoch nichts anderes als Wasser: Atlantik, Pazifik und der Indische Ozean treffen hier zusammen und umschließen den Kontinent Antarktika. Das flüssige Ozeanwasser hat jedoch eine Temperatur von etwas über 0 Grad und so herrscht ein scharfer Temperaturkontrast zwischen Wasser und Land. Dieser Kontrast verursacht starke Winde und Ozeanströmungen, diese bilden wiederum für viele Regionen der Antarktis eine regelrechte Barriere für den meridionalen Wärmetransport. Die Antarktis bekommt deshalb quasi »gar nichts mit« von der Erwärmung der restlichen Welt. Und von ganz allein kann sich diese sonnenenergiearme Eisregion nicht erwärmen, schließlich hat sie eine negative Strahlungsbilanz. Der Südkontinent erlebt also seine ganz eigene Zirkulation. Und deshalb können Vorgänge hier nicht so einfach auf andere Gebiete des Planeten übertragen werden oder umgekehrt. Diese sogenannte Thermokline, die den massiven Temperaturunterschied zwischen Wasser und Land markiert, ist auch der Grund dafür, dass es das rein von uns Menschen verursachte Ozonloch genau in dieser Region der Welt so ausgeprägt gibt, denn zweifellos können dafür ja schlecht die 1 000 (im Winter) bis 4 000 (im Sommer) Menschen verantwortlich sein, die auf diesem Kontinent leben. Dazu gleich mehr.

In der Antarktis lassen sich zwei Gebiete unterscheiden. Da ist zunächst die Westantarktis mit der weit nach Norden reichenden Antarktischen Halbinsel sowie den großen Schelfeisgebieten Filchner-Ronne-Eisschelf und Ross-Eisschelf. Dieser Subkontinent befindet sich größtenteils westlich des Nullmeridians von Greenwich und östlich des 180. Längengrades. Insgesamt steckt in dieser Eismasse so viel Wasser wie im Eis Grönlands. Würde es abtauen, so stiege der weltweite Meeresspiegel um 6 bis 7 Meter. Anders sieht es in der etwas größeren Ostantarktis (östlich des Nullmeridians und westlich des 180. Längengrades) aus. Sie beherbergt eine zu Eis gefrorene Wassermenge, die, würde sie abtauen, den Meeresspiegel um etwa 50 bis 60 Meter steigen ließe. Das ist aber wegen der dort extrem niedrigen Temperaturen selbst bei starker Erwärmung ausgeschlossen. Schauen wir uns die Regionen genauer an.

Die Antarktische Halbinsel

Verglichen mit ihren benachbarten Gebieten reicht die Antarktische Halbinsel bis weit in den Norden. Sie ist eher maritim, also durch den Ozean beeinflusst, der sich in dieser Region deutlich erwärmt. Diese Region ist nicht vom globalen Trend abgekoppelt und so haben die Temperaturen hier am deutlichsten zugenommen. 2019 wurde hier das zweitwärmste Jahr überhaupt registriert und mit einem Temperaturanstieg um fast 3 Grad seit 1950 ist dies eine der sich am stärksten erwärmenden Regionen der Welt. Zum Vergleich: Global waren es in diesem Zeitraum etwa 0,7 Grad. In den Medien kaum zu übersehen war die Meldung, dass am 9. Februar 2020 erstmals in der Antarktis die 20-Grad-Marke überschritten worden war. Genau waren es 20,7 Grad an der nördlichsten antarktischen Station, der Marambio Base.

Die zunehmende Wärme dieser Gegend hat den Eisrückgang natürlich mehr und mehr beschleunigt. Besonders auffällig waren die großen Abbrüche des Larsen-Eisschelfs. 1995 löste sich der erste und kleinste Teil von Larsen A, zwischen Ende Januar und Anfang März 2002 brach die Verbindung zu einem 3 250 Quadratkilometer großen Stück des Larsen-B-Eisschelfs, das in den 10 000 Jahren davor durchweg stabil war. Das größte Bruchstück gab es im Juli 2017. Hier trennte sich ein rund 5 800 Quadratkilometer großes Stück von Larsen C. Dieses Bruchstück wiegt circa eine Billion Tonnen und zählt nun zu den größten bisher beobachteten Eisbergen. Als Eisberg droht es nun aber instabil zu werden und sich allmählich aufzulösen.

Schelfeis bezeichnet Eis, das auf dem Meer, meist in Buchten, schwimmt, aber von einem Gletscher an Land stammt und noch fest mit ihm verbunden ist. Das Gletschereis gleitet quasi über den Fels, bis es ab einem bestimmten Punkt, der sogenannten Aufsetzlinie, vom Meerwasser unterspült wird. Ab dieser Linie wird es Schelfeis genannt und an seiner Kante brechen fortwährend Eisberge ab. Diesen Prozess bezeichnet man als Kalben. Schelfe sind meist 200 bis 1 000 Meter dick und machen etwa 44 Prozent der Küstenlinie der Antarktis aus.

Nach Abbrüchen von Schelfeis beobachtete man, dass die Geschwindigkeit der Gletscher teilweise um das Achtfache zugenommen hatte. Das hat damit zu tun, dass das Schelfeis wie ein

Korken wirkt: Es hält das dahinter befindliche Eis des Gletschers zurück oder bremst es zumindest aus; der Gletscher wandert nur langsam. Verschwindet das Schelfeis, so fehlt der Korken, das Gletschereis rutscht zügiger nach und gelangt in Form vieler Eisberge in den Ozean.

Für einen Beobachter in der Abbruchzone kann so ein irritierender Eindruck entstehen: Weil das Eis des Gletschers durch die Erwärmung schneller abrutscht, kalbt er auch stärker. So entstehen mehr Eisberge in Küstennähe, und wenn mehr Eis im Wasser schwimmt, dann kühlt sich das Wasser dadurch regional natürlich ab. Sieht man nur diese Abkühlung und die Eisberge, ohne ihre Herkunft zu analysieren, dann entsteht der Eindruck, alles sei im Lot oder es gebe an dieser Stelle sogar einen Trend der Eisausdehnung. Im Gesamtkontext stellt sich die Lage auf der Antarktischen Halbinsel aber völlig anders dar, denn Eisberge und kälteres Oberflächenwasser sind die vorübergehende Folge eines durch die Erwärmung aus dem dynamischen Gleichgewicht geratenen Gletschers.

West- und Ostantarktis

Temperaturmessungen in der Antarktis sind eine schwierige Sache. Es gibt nur sehr wenige Wetterstationen für diese riesige Fläche, und Satellitendaten stehen hier erst seit 1981 zu Verfügung. Deshalb haben wir es am südlichen »Ende« unserer Welt immer mit einigen Ungenauigkeiten zu tun. Das Ergebnis einer Vielzahl wissenschaftlicher Studien ist heute, dass wir es in der Ostantarktis derzeit nur mit einem schwachen Temperaturanstieg zu tun haben. Der fehlende Trend hat mit der oben bereits beschriebenen Abkopplung der Region durch die ausgeprägte Thermokline zwischen Wasser und Land zu tun. Die Westantarktis weist hingegen auch abgesehen von der Antarktischen Halbinsel einen signifikanten Erwärmungstrend auf. Sie erhält durch ihre Orographie (Reliefstruktur der Erdoberfläche) und das auftretende Strömungsmuster in der Atmosphäre durch häufigere nördliche Komponenten der Windrichtung häufiger etwas »Warmluft« aus der Umgebung.

Wie bereits erwähnt, sind Eisschilde keineswegs starre Gebilde, sondern unterliegen stets Fließbewegungen, die durch ihr eigenes Gewicht hervorgerufen werden. Man kann diese Bewegung mit den Augen nicht wahrnehmen, weil alles viel zu langsam abläuft. Manchmal ist es jedoch zu hören, wenn man an einer Gletscherzunge steht und sich Eismassen gerade in dem Moment unter lautem Knacken und Rumoren gegeneinander verschieben. Würde man sich einen Zeitrafferfilm der Eisbewegung ansehen, so sähe alles wie fließendes, weißes Wasser aus. Im Idealfall befinden sich Gletscher in einem dynamischen Gleichgewicht, denn dann kommt so viel neue Masse in Form von Schnee hinzu, wie durch Schmelzen und Kalben verloren geht.

Landeis, Meereis und ihre Vermessung

Einen kontinentalgroßen Eisblock auszumessen und seine Masse zu ermitteln, ist nicht ganz trivial. Mithilfe der Schwerkraft kann die Massevariation des Eisschildes aber tatsächlich bestimmt werden. Hierfür ist seit 2002 im Rahmen des Gravity Recovery and Climate Experiment (GRACE) ein Satellit zuständig. Die Messungen zeigen in der Westantarktis von Beginn an einen deutlichen Eisverlust, in der Ostantarktis schienen die Verhältnisse zunächst stabil. Doch bald wurde klar, dass man es auch hier mit einem sich beschleunigenden Eisverlust zu tun hat. Da im Landesinneren aber nun mal eisiger Dauerfrost herrscht, kann für diesen Rückgang kein Schmelzprozess verantwortlich sein, wie auf der Antarktischen Halbinsel oder etwa auf Grönland. Der Masseverlust des Eises erfolgt somit rein über das Abbrechen von Eisbergen an Gletschern und Schelfeisrändern. Eine bedeutende Rolle spielen hierbei mutmaßlich die ansteigenden Meerestemperaturen, denn das Südpolarmeer erwärmt sich schneller als viele andere Ozeanregionen dieser Welt. Dieses etwas »wärmere« Wasser nagt nun an den schwimmenden Schelfeisfeldern und lässt sie brüchiger werden. So haben wir es auch hier mit einem dynamischen Verhalten des Eisschildes zu tun, wobei 2019 in einer Studie festgestellt wurde, dass der Eisverlust deutlich stärker ist als bisher angekommen. Verschwanden in den 1980er Jahren etwa 40 Gigatonnen pro Jahr und in den 1990er Jahren 50, so waren es in den Nullerjahren bereits beachtliche 166 und ab 2010 sogar rund 250 Gigatonnen – etwa die fünffache Wassermasse des Bodensees.

Beim Meereis sieht es überraschenderweise anders aus. Hier stellt man seit 1981 einen langfristigen Trend hin zu einer größeren Eisausdehnung fest! Und hier kommt der Wind ins Spiel: Die zirkumpolaren Westwinde, von den »brüllenden Vierzigern« am 40. Breitengrad über die »wilden Fünfziger« bis hin zu den »heulenden Sechzigern« haben sich in den vergangenen Jahrzehnten verstärkt, denn der Luftdruck in den dortigen Tiefdruckgebieten hat weiter abgenommen – insbesondere rund um die Amundsensee. Damit einhergehend nehmen aber auch die kräftigen Fallwinde zu, die sogenannten katabatischen Winde, die mit teilweise mehr als 300 Kilometern pro Stunde von Land aufs Wasser rauschen. Sie reißen das Eis durch ihre Gewalt dann förmlich auseinander und dadurch entstehen die sogenannten Polynjas, eisfreie Flächen, die viele Quadratkilometer groß sein können. Doch dieses offene Wasser gelangt dann mit der extrem eisigen Luft in Berührung, die darüberstreicht. Das Wasser gefriert auf diese Weise schnell wieder und so dehnt sich die Eismasse mit den kräftigen Stürmen nach Norden aus. Allerdings zeigen Messungen, dass diese ausgedehntere Eisfläche dünner ist. Die gesamte Eismasse wächst im Volumen also nicht ganz so stark, wie die Satellitenbilder vermuten lassen. Unterstützt wird die Meereisausdehnung durch zunehmende Niederschläge im tiefen Süden. Sie sorgen für einen geringeren Salzgehalt an der Ozeanoberfläche, sodass dieser natürlich auch schneller zufrieren kann. Wenn dann noch frisch gefallener Schnee die Eisschollen mehr oder weniger miteinander »verklebt«, ist schnelles Eiswachstum gesichert.

Die Antarktis muss also sehr differenziert betrachtet werden. Die Erwärmungstrends der Regionen sind höchst unterschiedlich und beim Eis spielt die Unterscheidung von Land- und Meereis die entscheidende Rolle. Ersteres wird weniger, Letzteres wird dünner, dehnt sich aber in der Fläche nach Norden aus. Wichtig ist festzuhalten, dass die Lage des eisigen und komplett von Wasser umgebenen Kontinents dazu führt, dass dortige Klimabeobachtungen nicht auf den ganzen Globus übertragbar sind – und umgekehrt.

Gebirgsgletscher auf dem globalen Rückzug

Mehr als 99 Prozent des Eises auf der Welt wurden nun bereits besprochen. Für die meisten unter uns sind aber die Hochgebirgsgletscher am bemerkenswertesten, obwohl sie weniger als 1 Prozent des weltweiten Eises ausmachen. In Europa kann man ihnen vor allem in den Alpen gegenüberstehen und die Erwärmung am eindrücklichsten mit den eigenen Augen sehen – zum Beispiel durch den Vergleich mit historischen Aufnahmen.

Der größte Gletscher der Alpen, der Große Aletschgletscher, hat sich seit 1870, dem Ende der in der Klimageschichte bereits eingeordneten »Kleinen Eiszeit« um 3 Kilometer auf eine Gesamtlänge von 22,7 Kilometern verkürzt, ein ganzer Kilometer davon allein nach 1980. Bis zum Jahr 2100 würde er sich bei einem weiteren Temperaturanstieg von 2 Grad wiederum halbieren und bei 4 Grad ganz verschwinden. Betrug seine Fläche – den Ober- und Mittelaletschgletscher eingeschlossen – 1870 noch 163 Quadratkilometer, so waren es 1973 nur noch 128 und derzeit etwa 80. Der Rückzug ist offensichtlich und mit bloßem Auge erkennbar. Zusammengefasst lässt sich für die Alpen sagen, dass bei einem Anstieg der Temperaturen um 3 Grad wohl 80 Prozent der Alpengletscher verschwinden werden, und »unser« Hochgebirge bei 5 Grad Erwärmung eisfrei wäre.

Eindrucksvoll sind beispielsweise auch die Zahlen des Furtwängler-Gletschers auf dem Kilimandscharo. Er ist mit seiner Lage in Tansania ein tropischer Gletscher, der bis auf 5 895 Meter hinaufreicht. Seit 1912 hat die Eisbedeckung hier um 75 Prozent abgenommen, 2005 waren zum ersten Mal seit 11 000 Jahren Teile des Gipfels eisfrei. Der Rückgang hängt jedoch neben der Erwärmung auch mit der Tatsache zusammen, dass das Klima in dieser Region deutlich trockener geworden ist – gibt's kein Wasser, gibt's auch keinen Schnee.

Fest steht, dass fast bei allen Gletschern der Erde ein deutlicher Rückgang der Eisfläche gemessen wird und die Geschwindigkeit des Rückzugs in jüngster Zeit meist zunimmt. Detaillierte Daten dazu sind in den Berichten des WGMS (World Glacier Monitoring Service) zu finden.

Auch für die Bilanz der Gebirgsgletscher sind natürlich Temperatur und Niederschlagsmenge entscheidend, aber nur diese Faktoren zu betrachten und danach das Verhalten der Gletscher über einen Kamm zu scheren, genügt bei Weitem nicht. Die Gletschergröße, das durch verschiedene Temperaturen unterschiedliche Fließverhalten, die Beschaffenheit des Untergrundes, die Hangneigung, die Talform, die Abflüsse von Gletscherschmelzwasser, aber auch der Wind mit seinen Luv- und Lee-Effekten sind alles Faktoren, die letztlich für das Verhalten des Eises eine Rolle spielen.

Bezieht man alle Effekte ein, so können höchst unterschiedliche Entwicklungen eintreten, wie man an zwei neuseeländischen Gletschern sieht. Der Fox- und der Franz-Josef-Gletscher sind in den 1980er und 1990er Jahren zeitweise innerhalb eines Jahres um 84 beziehungsweise 89 Meter angewachsen. Bei beiden Gletschern handelt es sich um große Gletscher an einem Steilhang, die demzufolge schnell fließen. Sie reagieren also schnell auf äußere Einflüsse und damit natürlich auch auf schwankende Niederschlagsmengen, wie sie am Westrand der neuseeländischen Südinsel typisch sind. Viel Schneenachschub führt zu Gletschervorstößen, die sich in weniger günstigen Jahren schnell wieder in Rückzüge umwandeln: Beide Gletscher haben seit Beginn des 20. Jahrhunderts etwa 2,5 Kilometer ihrer Eiszunge verloren. Kurzum, dieser Gletschertyp ist durch seine für Eismassen geradezu hektische Reaktion weniger geeignet, Klimaveränderungen aufzuspüren, sondern er gibt vielmehr Hinweise auf Niederschlagsschwankungen.

Wie der Meeresspiegel steigt

Wenn Meereis schmilzt, hat dies keine Auswirkungen auf den Meeresspiegel, denn die Eismasse befindet sich ja bereits auf dem Wasser und beansprucht schon ihren Platz. Anders beim Eis auf dem Land: Schmilzt es und fließt deshalb ins Meer, so erhöht sich natürlich der Meeresspiegel. Rechnet man die Eisvolumina auf die daraus entstehende Wassermenge um und vergleicht sie mit der weltweiten Gesamtwassermenge in den Ozeanen, dann stecken – wie schon gezeigt – 50 bis 60 Meter in der Ostantarktis, 7 Meter in der Westantarktis, aber auch 7 Meter im Grönländischen Eisschild.

Etwa die Hälfte des derzeitigen Meeresspiegelanstieges wird durch abschmelzendes Landeis verursacht, der Rest kommt durch die thermische Ausdehnung zustande: Wärmeres Wasser dehnt sich aus und braucht mehr Platz. Würde die Temperatur des gesamten Ozeanwassers beispielsweise um ein Grad steigen, so stiege der Meeresspiegel um etwa 25 bis 50 Zentimeter. Schlagartig kann das aber nicht passieren, denn anhand der beschriebenen langfristigen Prozesse im Ozean wurde ja verdeutlicht, wie viel Zeit das tiefe Wasser braucht, um auf eine durch die Atmosphäre verursachte Erwärmung zu reagieren.

Um die Schwankungen des Meeresspiegels besser einordnen zu können, werfen wir an dieser Stelle kurz einen Blick in die Vergangenheit: Als es im mittleren Pliozän rund 2 bis 3 Grad wärmer als heute war, lag er wohl 6 bis 30 Meter höher als heute. Im letzten Interglazial vor rund 125 000 Jahren dürfte es rund 1 Grad wärmer als heute gewesen sein und man nimmt einen damals 6 bis 9 Meter höheren Meeresspiegel an. Neben der Ausdehnung wärmeren Wassers und dem Schmelzen von Landeis, spielen für seine Veränderung natürlich auch Meeresströmungen sowie Landhebungen und -senkungen eine Rolle. Es wird klar, dass es sich beim Meeresspiegel nicht um eine gerade Linie wie bei einer Badewanne handelt, sondern dass es regionale Unterschiede gibt. Auch der Wind, der Wasser zum Ufer oder von ihm wegdrücken kann, spielt temporär eine Rolle.

Während des 18. Jahrhunderts stand der globale Meeresspiegel mit nur 2 Zentimetern Anstieg quasi still. Im 19. Jahrhundert beschleunigte sich der Anstieg auf 6 und im 20. Jahrhundert auf etwa 15 Zentimeter.

Jüngste Studien aus dem Jahr 2019 zeigen, dass der Meeresspiegel von 1901 bis 1990 jährlich um 1,4 Millimeter stieg, von 1993 bis 2015 aber pro Jahr schon um 3,6 Millimeter, also zweieinhalbmal so schnell. Nach den aktuellen Projektionen muss man bis zum Ende dieses Jahrhunderts von einem mittleren Anstieg zwischen 43 und 84 Zentimetern ausgehen. Angesichts der Tatsache, dass derzeit 680 Millionen Menschen in direkter Umgebung einer Küste oder auf kleinen Inseln leben, entsteht hier eine sehr konkrete Bedrohung. Als ich 2019 den Inselstaat Tuvalu besuchte und sogar die Gelegenheit hatte, knapp eine Stunde mit dem damaligen Ministerpräsidenten Enele Sopoaga zu sprechen, wurde sehr deutlich, dass die besondere Gefahr dieses beschleunigten Meeresspiegelanstieges in den Sturmfluten liegt, bei denen jedes Mal größere bewohnte Flächen überspült werden. Die

Weltgemeinschaft muss sich die konkrete Frage stellen lassen, ob sie es zulassen möchte, dass Menschen, die fast gar nicht für den Klimawandel verantwortlich zeichnen, ihre Heimat für immer verlassen müssen, weil man andernorts nicht bereit ist, die bereits versprochene Reduktion an Treibhausgasemissionen auch umzusetzen. Jeder von uns kann sich an dieser Stelle selbst überlegen, ob ihm nicht auch an der angestammten eigenen Heimat gelegen wäre.

Das Ozonloch und was wir daraus lernen können

Vom Ozean zum Ozon. Der Amerikaner Thomas Midgley war Chemiker und Tüftler zugleich und erfand durch seinen nicht zu bändigenden Tatendrang so allerlei, was unser Leben angenehmer machte. Er war sich sicher, dass der Mensch als einzige Spezies imstande sei, die Natur zu beherrschen. Was er übersah, war, dass fast jede Medaille zwei Seiten hat und so fast alle Erfindungen, die gut gedacht sind, auch unerwünschte Nebenwirkungen haben können. So stellte er etwa fest, dass Tetraethylblei im Benzin dafür sorgte, dass der Motor klopffrei lief – zweifellos erfreulich. Bei der Herstellung dieses Wundermittels, das zugleich auch ein Nervengift war, kamen jedoch Dutzende von Menschen ums Leben. Die Schädlichkeit von Blei war Anfang der 1920er Jahre längst bekannt, doch wurde sie von der Industrie angesichts der winkenden Gewinne schlicht ignoriert.

Was man sich heute kaum mehr vorstellen kann: Vor rund 100 Jahren konnte man den heute völlig unverzichtbaren Kühlschrank nur betreiben, indem man ihn entweder regelmäßig mit riesigen Eisblöcken auffüllte oder hochgiftige und entzündliche Stoffe wie Methylchlorid, Ammoniak und Schwefeldioxid als Kühlmittel einsetzte. Ein winziges Leck und die Substanzen traten aus und oft wurden ganze Familien ausgelöscht. Doch dann kam Thomas Midgley auf den Plan und er »baute« das künstliche Molekül FCKW (Fluorchlorkohlenwasserstoff). Es war geeignet als Kältemittel, es war nicht gesundheitsschädigend und nicht entzündlich. Und man konnte es nicht nur in Kühlschränken, sondern auch in Klimaanlagen, Spraydosen, in Feuerlöschern, bei der Schaumstoffproduktion und sogar als Lösungsmittel einsetzen. Dank dieser Erfindung ließen sich Lebensmittel oder Impfstoffe gefahrlos kühl halten und das revolutionierte die Medizin, was am Ende gemeinsam mit der Vermeidung von weiteren Kühlschrankunfällen sicher einer Vielzahl von Menschen das Leben rettete. Hervorragend!

Doch 1974 entdeckten die amerikanischen Forscher Mario Molina und Frank Rowland, dass eben diese bis dahin so wunderbar praktischen FCKW die Ozonschicht unseres Planeten in etwa 15 bis 50 Kilometern Höhe massiv schädigen und veröffentlichten ihre Erkenntnisse in der Fachzeitschrift *Nature*. Im Prinzip sagten die beiden uns damals mit ihrer Studie das Ozonloch voraus, dessen Existenz bereits wenige Jahre später gemessen werden konnte und das seit den 1980er Jahren unser ständiger Begleiter ist. Bevor wir gleich der Frage nachgehen, wie dieses »Loch« in der Ozonschicht zustande kommt, kurz eine Anmerkung zur kurzwelligen Strahlung der Sonne, vor der uns das Ozon schützt.

Die ultraviolette Strahlung (UV-Strahlung) hat Wellenlängen zwischen 100 und 400 Nanometern, also milliardstel Metern. Diese Bandbreite wird nochmals in drei Bereiche unterteilt (UV-A: längere Wellen, UV-B: kurze Wellen und UV-C: ultrakurze Wellen). Die UV-A-Strahlung erreicht den Erdboden, ist aber vergleichsweise ungefährlich, und die UV-C Strahlung wird in der Atmosphäre komplett gestreut und erreicht den Erdboden nicht, ist also für uns bedeutungslos. Die UV-B-Strahlung allerdings wird nur zu etwa 90 Prozent gestreut und zwar maßgeblich durch die Ozonschicht. Hierin liegt ihre eminente Bedeutung: Wird sie dünner, so dringt mehr UV-B-Strahlung zum Erdboden durch, und dann wird es bedrohlich für das Leben an Land und in den oberen Wasserschichten. Kommt nämlich zu viel UV-B-Strahlung an, so werden lebenswichtige Proteine ebenso zerstört wie die DNA, die unsere Erbinformationen trägt. Schon bei einer nur etwas dünneren Ozonschicht erhöht sich unser Risiko, Hautkrebs zu bekommen.

Wie steht es also um das Ozon und wie wirken die FCKW konkret? 90 Prozent des gesamten Ozons befinden sich in der Stratosphäre, jener Schicht, die oberhalb unserer Wettersphäre, der Troposphäre, liegt. Das meiste davon findet sich in Höhen zwischen 15 und 50 Kilometern und die Mittelwerte der gesunden Ozonschicht liegen dort zwischen 280 und 440 Dobson Units. Diese Einheit bedeutet nichts anderes, als dass die Dicke dieser

Schicht, würde man sie unter normalen Druckverhältnissen komplett auf den Boden »legen«, 2,8 bis 4,4 Millimeter betrüge. Ziemlich »dünnhäutig« und gleichzeitig unglaublich wichtig.

Wird die Schicht dünner als 220 Dobson Units oder 2,2 Millimeter, spricht man vom Ozonloch. Die bisher niedrigsten gemessenen Werte lagen sogar schon unterhalb von 100 Dobson Units. Damit ist klar, dass das Ozonloch eigentlich gar kein Loch ist, sondern »nur« ein Gebiet mit einer viel zu dünnen Schutzschicht aus Ozon. Am dünnsten ist sie regelmäßig Ende September über der Antarktis, wenn dort der »Frühling« beginnt und die lange Polarnacht mit der über den Horizont steigenden Sonne endet. Die Fläche des Ozonlochs betrug in den Jahren seiner größten Ausdehnung, 1998 und 2006, 25 beziehungsweise etwas über 27 Millionen Quadratkilometer. Auch auf der Nordhemisphäre treten mittlerweile im Frühjahr deutliche Ozonreduktionen auf, die bisher in ihrer Intensität aber nicht an die der Südhemisphäre heranreichen konnten. Das war bisher aber wohl eine trügerische Sicherheit, denn im März 2020 trat nun auch in der Arktis ein richtiges »Ozonloch« auf.

Bleiben wir aber zunächst in der Antarktis. Um die Ozonschicht derart anzugreifen, müssen sich verschiedene Prozesse miteinander verzahnen und ein paar Voraussetzungen gegeben sein. Es ist Sonneneinstrahlung nötig; es muss zuvor polare stratosphärische Wolken gegeben haben, die nur bei extremer Kälte entstehen; es vereinfacht die Entstehung des Ozonlochs, dass die Antarktis ein Kontinent ist, der am Pol liegt und gleichzeitig vollständig vom Meer umgeben ist; und es braucht genug Chlor – ein einziges Chloratom ist in der Lage, 100 000 Ozonmoleküle zu zerstören. Letzteres lieferte der Mensch durch die FCKW, weshalb wir auch ganz allein für das Ozonloch verantwortlich zeichnen, denn von Natur aus kommt Chlor dort nicht vor.

Nun ist der zuvor bereits ausführlich beschriebene Kältepol Antarktis von im Vergleich dazu »warmem« Wasser mit Temperaturen um den Gefrierpunkt umgeben. Atmosphärisches Ergebnis: Im Winter bildet sich der antarktische Polarwirbel über der kalten Landmasse aus. Diese gegen von außen einströmende wärmere Luft abgeschirmte Zirkulation hält die Luft quasi gefangen, und mangels Einstrahlung kühlt sie sich weiter ab. Sinken dabei die

Temperaturen in der Stratosphäre unter −78 Grad ab, so bilden sich polare stratosphärische Wolken. An den Eiskristallen dieser Wolken entsteht durch chemische Prozesse Chlorgas, und zwar umso mehr, je mehr Chlor – eingetragen durch unsere langlebigen FCKW – zur Verfügung steht. Solange es dunkel ist, bleibt das Chlorgas stabil. Geht aber die Sonne auf, zerstört die kurzwellige Sonnenstrahlung das Chlorgas, sie photolysiert es zu zwei Chloratomen. Trifft nun ein solches Chloratom auf ein Ozonmolekül, zerstört es dieses und verbindet sich zu Chlormonoxid und Sauerstoff. Der Ozonabbau durch die Photolyse hält so lange an, bis die Erwärmung die Bildung polarer stratosphärischer Wolken unterbindet und sich auch der Polarwirbel abschwächt. Luft aus niedrigeren Breiten mischt sich dann wieder unter die antarktische Luft, das Ozonloch löst sich wieder auf – bis zum nächsten polaren Sonnenaufgang.

Auf der Nordhalbkugel sind Landmasse und Ozean ganz anders verteilt und darum kommt es nur selten zu einem abgeschlossenen Polarwirbel. Meistens bilden sich mehrere kleine Strukturen, denen immer wieder Mischluft zugeführt wird. Dadurch ist es meist nicht kalt genug, um die nötigen Eiswolken entstehen zu lassen – deshalb ist das Ozonloch auf der Südhalbkugel viel intensiver. Trotzdem ging die Ozonschicht über der Arktis im Frühjahr 2011 vorübergehend um rund 40 Prozent zurück, zuvor lag der Rekord bei 30 Prozent. Ein neuer Rekord wurde im März 2020 erreicht, denn erstmals trat nun auch über der Nordpolregion ein richtiges Ozonloch mit weniger als 220 Dobson Units Dicke auf. Die Ursache findet sich in einer beständigen Wetterlage, die ausnahmsweise doch zu einem sehr beständigen Polarwirbel geführt hat. Selten war so viel Kaltluft über der Arktis versammelt wie im Winter zwischen den Jahren 2019 und 2020. Da sich der Planet aber in Summe weiter erwärmt, bedeutet das auch, dass es außerhalb der Arktis deutlich weniger Kaltluft im Nordwinter gab. So zogen dann auch ständig Tiefdruckgebiete mit warmer Meeresluft an der Südflanke des Polarwirbels entlang. Und genau da befindet sich zum Beispiel auch Mitteleuropa und so erklärt sich auch der bei uns quasi ausgefallene, sehr milde Winter.

Bei aller Tragik dieses rein menschengemachten und gefährlichen Phänomens, gibt es hinsichtlich der zukünftigen Entwicklung des Ozonlochs Erfreuliches zu berichten: Es wird sich in den kommenden 50 Jahren wohl weitgehend auflösen, wenn wir keine neuen ozonschädigenden Stoffe in die Atmosphäre einbringen. Im »wenn« liegt übrigens der Haken, denn die Weltorganisation für Meteorologie (WMO) stellt fest, dass der Rückgang der FCKW-Konzentration sich derzeit verlangsamt. Grund dafür sind wieder zunehmende Emissionen aus Ostasien.

Setzen wir jedoch voraus, dass diese Entwicklung zügig wieder gestoppt werden kann, bietet der Umgang mit dem Ozonloch möglicherweise eine hoffnungsvolle Blaupause; zeigt dieser doch, dass der Mensch erfolgreich gegen selbstverursachte Naturschäden ankämpfen kann. Wichtig ist dabei allerdings stets, dass es Alternativen gibt. So erkannte man damals schnell, dass Fluorkohlenwasserstoffe (FKW) in vielen Bereichen in der Lage sind, die FCKW zu ersetzen.

Somit war das weltweite Vorgehen in der Einsicht des gravierenden Problems robust, schnell und klar. Wurden 1985 überhaupt erst die entscheidenden Messungen zum Ozonschwund veröffentlicht, so gipfelten die neuen Erkenntnisse schon 1987 im Montrealer Abkommen. Es trat 1989 in Kraft und sorgte für einen erheblichen, fast vollständigen Stopp der FCKW-Emissionen. Auch wenn sich ein Rückgang der Konzentrationen wegen der langen Verweildauer der FCKW in der Atmosphäre bisher nur langsam beobachten lässt – 2017 war das antarktische Ozonloch allerdings wieder deutlich kleiner als in den Jahren davor seit 1988 – so ist die gute Prognose für die Zukunft chemisch begründbar und damit realistisch.

Wie der Zufall eine Katastrophe verhinderte

Als Thomas Midgley begann, die FCKW zu synthetisieren, hatte weder er, noch später irgendein Nutzer dieser Gase die Absicht, damit die schützende Ozonschicht der Erde zu zerstören – der Zusammenhang war schlicht unbekannt. Das Ozonloch war damit im Nachhinein eine ungeheure, nicht vorhersehbare Überraschung und hat die in den 1970er Jahren noch bestehende Haltung, der »kleine Mensch« könne die »riesige Natur« nicht beeinflussen, grundlegend verändert.

Wir können übrigens sehr froh sein, dass Chlor damals besser und billiger zu bekommen war als das Element Brom. Hätte man nämlich damals nicht FCKW, sondern FBKW – eben mit Brom statt Chlor – entwickelt, so hätte unser Planet einer Apokalypse wohl kaum entgehen können. Die Eigenschaften von Brom und Chlor sind sich, bezogen auf den geplanten Einsatz, so ähnlich, dass beide zur Herstellung geeignet gewesen wären. Nur reagiert Brom noch viel intensiver mit Ozon als Chlor. Das hätte schon Mitte der 1970er Jahre ein Riesenozonloch zur Folge gehabt, und zwar nicht nur über der Antarktis, sondern über der ganzen Erde. Wir hätten uns auf diese Weise praktisch aus Versehen selbst vernichtet.

Neben der ozonzerstörenden Wirkung sind die FCKW zu allem Überfluss auch noch intensive Treibhausgase, die rund 50 bis 100 Jahre in der Atmosphäre verweilen. Sie sind etwa 3 000- bis 10 000-mal so wirksam wie CO_2. Nur der Tatsache, dass ihre Konzentration trotz allem sehr gering ist – ihr Anteil an einem Volumen macht nur einige Billionstel aus –, ist zu verdanken, dass ihr Einfluss auf das Klima nicht alles andere in den Schatten stellt. So liegt der Beitrag der beiden wichtigsten FCKW (CFC-11 und CFC-12) bei etwa 7 Prozent der Summe aller langlebigen Treibhausgase.

Kehren wir zum Schluss noch einmal zum FCKW-Erfinder Thomas Midgley zurück – einer am Ende bedauernswerten Figur. Denn nicht nur seine größten Erfindungen hatten etwas Tragisches, sondern auch sein Tod. Im Alter von knapp über 50 erkrankte er an Kinderlähmung, die ihn ans Bett fesselte. Um dieses aber dennoch allein verlassen zu können, konstruierte er sich eine Seilwinde. Und mit ebenjener hat er sich im November 1944 beim Versuch aufzustehen – mutmaßlich versehentlich – stranguliert.

Den Klimawandel vermitteln

Nicht missionieren, sondern informieren

Sie haben es bis hierhin sicherlich bemerkt: Man muss sich recht intensiv mit der Materie auseinandersetzen, bevor man die Zusammenhänge vernünftig versteht. Das braucht Zeit und auch etwas Muße. Und Letztere wächst mit der Art der Vermittlung. Kann ein Lehrer oder – gerade ganz aktuell bei Covid-19 – ein Virologe sein Thema interessant darstellen und die wichtigen Punkte sachlich korrekt wiedergeben, so findet erfolgreicher Wissenstransfer statt, und in Folge wächst das Vertrauen zwischen Fachperson und Zuhörer. Dies gelingt aber nur, wenn neben der Fähigkeit des Vermittelns auch ausreichend Zeit zur Verfügung steht. Das ist eines der Themen im Kapitel zur Bedeutung der Medien bei der Wissensvermittlung. Zuvor geht es noch um einen erstaunlichen Fakt: Die Äußerungen der Klimaleugner bleiben beim Laien viel besser haften als wissenschaftliche Erkenntnisse und das hat schlicht mit dem Komplexitätsgefälle zwischen diesen beiden Darstellungen zu tun – schwierige Fragen haben meist komplizierte Antworten. Deshalb wird hier die Gelegenheit genutzt, sie auf Sachlichkeit zu prüfen und die daraus gewonnenen Erkenntnisse zu nutzen, um das eigene Klimaweltbild, das im Zuge der letzten Kapitel entstanden ist, weiter zu festigen.

Kritischen Äußerungen begegnen und daraus lernen

Die Skepsis gegenüber der wissenschaftlichen Theorie zur Veränderung des Klimas, verkürzt »Klimaskepsis«, oder gar das Leugnen des menschlichen Einflusses auf die messbaren und zunehmend sichtbaren Veränderungen der Atmosphäre und des gesamten Erdsystems könnten ein mehrbändiges Werk füllen. Wie wir als Gesellschaft mit einem solch zukunftsentscheidenden und generationenübergreifenden Thema umgehen, das hat – für mich als Meteorologen leider – mehr mit der menschlichen Psyche und den Zwängen unseres kapitalistischen Wirtschaftssystems zu tun als mit Naturwissenschaft. Dieses Buch tritt nicht als investigatives Werk auf. Es will nicht vordergründig Machenschaften aller Art beschreiben oder aufzeigen, wie Sand ins Getriebe notwendiger politischer Entscheidungen gestreut wird, um diverse Partikularinteressen durchzusetzen. Dennoch sollen hier anhand einiger Punkte die Gründe für die Ablehnung eines ganzen Wissenschaftszweiges beleuchtet werden. Danach geht es dann um die inhaltliche Überprüfung typischer »Argumente«, die wissenschaftliche Erkenntnisse zum Klimawandel in Frage stellen oder leugnen. Sie werden in einer Welt, in der – vorsichtig formuliert – nicht jeder von physikalischer Erkenntnis durchdrungen ist, leicht weitergetragen. So begegnen mir seit etwa 20 Jahren wie in einer Teigrührmaschine stets die gleichen Beiträge. Und so ermüdend es ist, diese oft süffisant vorgetragenen Sätze immer und immer wieder wie die »größte Neuigkeit der Welt« vorgetragen zu bekommen, so entscheidend ist es wohl auch, sie unermüdlich und stets sachlich zu beantworten. Dieser Maxime folgend soll dieses Kapitel als Ergänzung dienen, um die Zusammenhänge im Klimasystem noch besser zu verstehen und Phantasie oder Wunsch von Physik zu trennen.

Beginnen wir mit einigen Gedanken zur Geschichte der Klimaskepsis und des Leugnens eines Klimawandels. Hierfür sei noch mal an die kognitive Dissonanz erinnert: Wenn man die Erkenntnisse der Klimaforschung akzeptiert, muss man als Gesellschaft viele liebgewonnene Dinge verändern. Das fällt uns schwer und deshalb geschieht trotz einer immer größeren Vielzahl verbaler Forderungen viel zu wenig, um den Ausstoß von Treibhausgasen signifikant zu senken. Wir befinden uns also in einem inneren Zwiespalt, der erst aufgelöst werden kann, wenn wir auch tun, was wir sagen. Das ist aber derzeit nicht der Fall und die spannende Frage ist daher: Wie viel Druck von außen – in Form der enormen Folgeschäden des Klimawandels – benötigen wir, um umzudenken?

Es ist aber auch möglich, diese Dissonanz ganz ohne Druck aufzulösen: Man glaubt einfach nicht, was die Klimawissenschaft sagt und fertig! Inhaltlich sinnlos und unverantwortbar gegenüber unseren Nachkommen, aber prinzipiell ist man damit erst mal fein raus. Das funktioniert im Kleinen, indem man sich die Welt einfach schönredet, wobei es – wie schon erwähnt – dafür hilfreich ist, möglichst wenig von Physik zu verstehen. In dem Moment, da man sein eigenes Klimanarrativ beisammen hat, kann man auch mühelos gegenüber dem Nachbarn bestehen oder ihm eine steile These servieren, um sehr fragwürdiges klimaschädliches Verhalten zu rechtfertigen. Sich dabei selbst als Klimarealist zu bezeichnen und andere als »weltfremde Gutmenschen« abzutun, erzeugt zudem eine wohlige Gruppendynamik. Im Internet lässt sich diese Empfindung dann mühelos verfestigen, denn hier ist man durch die Gnade der Algorithmen längst ungestört in seiner Filterblase zu Hause: »Die anderen denken alle wie ich!« Da kommt Sicherheit auf.

Im Großen spielt aber ein anderer Punkt die zentrale Rolle: Erkennt eine relevante gesellschaftliche Mehrheit die Ergebnisse der Klimaforschung an, zerstört dies ein Geschäftsmodell, das gerade in der fossilen Energiewirtschaft oder der Automobilindustrie, solange sie überwiegend am Verbrennungsmotor festhält, immer noch jedes Jahr viele Milliarden einspielt. Logischer Reflex in den 1980er Jahren: anzweifeln und diese Zweifel in der Gesellschaft streuen. Über die hohen Summen, die große Unternehmen ganz offen für Artikel geboten hatten, welche die Klimaforschung in Misskredit bringen sollten, wurde bereits berichtet.

Ab den 1990er Jahren wandelte sich deren Auftreten dann allmählich. Sätze wie »Klimaschutz ist eine politisch motivierte Erfindung« und »Superreiche finanzieren grüne Lobbygruppen und gefährden damit die Demokratie« hört man zwar noch, aber immer seltener. Sie sind aus der Zeit gefallen und entbehren auch nicht einer gewissen Komik. Denn wenn man genauer nachschaut, ist es schon erhellend, wen viele der Superreichen tatsächlich finanzieren. Wenn da jemand Grund zum Grinsen hätte, dann wären es nämlich die organisierten Klimaleugner – die natürlich tunlichst vermeiden, ihre Finanzquellen offenzulegen. Wer über das Kapital hinter den Skeptikern mehr erfahren will, dem sei beispielsweise ein Report von CORRECTIV und Frontal21 empfohlen. Sie finden den entsprechenden Link in der Literaturliste zu diesem Buch.

Nun begann die Zeit, wo man andere für sich sprechen ließ. Große Tabakfirmen etwa bedienten sich hervorragender »unabhängiger« Rhetoriker, die erklärten, dass Rauchen weder gesundheitsschädlich ist, noch mit Krebs in Zusammenhang gebracht werden kann. Auch bei Klimathemen übernahmen Lobbyisten zunehmend die Kommunikation im Sinne der Konzerne, die selbst immer mehr in den Hintergrund traten – eine Entwicklung, die sich aufgrund ihres Erfolgs bis heute fortsetzt. Der Grund ist einfach: Die Welt dreht sich weiter und typischerweise verbreiten sich Erkenntnisse mehr und mehr in einer Gesellschaft – auch die der Klimaforschung, insbesondere, da viele ihrer Vorhersagen mittlerweile eintreffen. Irgendwann kommt der Moment, wo es dem eigenen Image und damit dem Geschäft schadet, wenn man sich offen als Klimawandelleugner positioniert. Lobbyisten hingegen können »unterhalb des Radars«, abseits der Öffentlichkeit agieren, während ihre Auftraggeber offiziell verkünden, dass man durchaus für Verpflichtungen ist. Im Hintergrund wird unterdessen daran gearbeitet, die Verpflichtung abzuschwächen, sie in eine Absichtserklärung umzuformulieren oder konkrete Konsequenzen bei Verfehlen der Ziele zu verhindern. Nach Schätzungen der Nichtregierungsorganisation Corporate Europe Observatory sind es in Europa insgesamt zwischen 15 000 und 30 000 Lobbyisten, die das Parlament und die EU-Kommission belagern – von Vertretern der Pharmabranche bis hin zur Autoindustrie. Viele von ihnen sind damit beschäftigt, strengere Gesetze für ihre Branchen zu verhindern. Eine große Zahl von Vorgängen

Kritischen Äußerungen begegnen und daraus lernen

rund um den Lobbyismus wurde in den letzten Jahren aufgedeckt und veröffentlicht. Solche Recherchen sind auch Grundlage dieser Zusammenfassung und sie sind online in unserem Literaturverzeichnis zu finden.

Der Kontrast zwischen dem eigenen Wissen und dem, was nach außen kommuniziert wird, ist bei den Öl- und Gaskonzernen am größten. Einige verfügen sogar über eigene Forschungsabteilungen. So hat EXXON (ESSO) schon 1982 (!) mithilfe eigener Klimamodelle ziemlich akkurate Berechnungen wichtiger Größen liefern können. Die Wissenschaftler des Konzerns wiesen intern darauf hin, dass der CO_2-Gehalt bis 2020 auf 420 ppm steigen würde (aktuell 415 ppm) und dass die globale Temperatur bis dahin um 0,9 Grad gegenüber der vorindustriellen Zeit angestiegen sein wird (dieser Wert wurde 2017 erreicht). Auch auf das Schmelzen der Polkappen und die daraus folgenden Veränderungen beim Niederschlag wurde 1982 hingewiesen. Trotzdem schaltete der gleiche Konzern noch 1997, also 15 Jahre nach Vorliegen dieser Erkenntnisse, Anzeigen, in denen er darauf hinwies, dass Klimawissenschaftler nicht vorhersagen *können*, ob und wie stark die Temperaturen durch menschliches Zutun ansteigen.

Shell stellte 1986 Ähnliches fest und schrieb in der internen Studie »The Greenhouse Effect«, dass der massive Ausstoß von Treibhausgasen unumkehrbare Auswirkungen auf Natur und Menschen haben wird, und dass fossile Brennstoffe daran einen erheblichen Anteil haben werden. Ergebnisse also, die Ölkonzerne in eigener Regie gewannen, lange bevor es den Weltklimarat IPCC überhaupt gab! Eine weitere interne Studie von Shell aus dem Jahr 1998 weist auf eine deutliche Extremwetterzunahme ab 2010 »mit katastrophalen Folgen« und eine wachsende Besorgnis in der Öffentlichkeit hin. Auch dass Umweltorganisationen immer mehr Gehör in der Öffentlichkeit bekämen und gegen Ölkonzerne klagen könnten, wurde thematisiert. Chapeau, eine solide Vorhersage! … Die allerdings ebenfalls verschwiegen wurde. Am alten Geschäftsmodell so lange wie möglich festzuhalten, um Geld zu machen und deshalb – koste es, was es wolle – vernünftige Maßnahmen auszubremsen, ist bei Weitem nicht auf eine Branche beschränkt. Traurig, aber wahr und vielleicht eine fundamentale Charakterschwäche des Menschen.

All das funktioniert freilich nur, wenn die gesäten Zweifel an der Klimaforschung in der Bevölkerung auch auf fruchtbaren Boden fallen. Und genau das klappt bestens, denn einerseits ist die Klimaphysik wirklich schwer zu verstehen und andererseits kommen einem ja genau diese Zweifel zupass, wenn man damit das eigene Verhalten rechtfertigen kann. Um diesen sehr offensichtlichen Zusammenhang ein bisschen zu tarnen, wird beim Vortragen eigener Klimavorstellungen nicht selten hinzugefügt, dass ein Denken gegen den »Mainstream« heute ja kaum noch erlaubt sei. Ein verblüffendes Urteil angesichts der Masse an abweichenden Meinungen, die man etwa im Netz zu allem und jedem findet. Dennoch hilft der Satz dem Skeptiker, denn gegen den Strom zu schwimmen wird meist als »mutig« empfunden. Und als »gut«, da man sich ja einem »bösen« System entgegenstellt. Ein bisschen wie David gegen Goliath. Was aber leider übersehen wird: Der Mainstream ist das Resultat der wissenschaftlichen Erkenntnisse und des wissenschaftlichen Diskurses, und deshalb sind die meisten Menschen – wenn man so will der Mainstream – völlig zurecht keine Klimawandelleugner. Damit gesicherte Erkenntnisse auch in Zukunft in der Gesellschaft Gehör finden, muss die Kommunikation zwischen Wissenschaft, Politik und Bevölkerung stets weiter verbessert werden. Hier sind die Institute, die Medien, aber auch die Schulen, indem sie eine hohe Qualität des naturwissenschaftlichen Unterrichts sicherstellen, in der Pflicht.

Verlassen wir nun die möglichen Gründe, *weshalb* man Ergebnisse der Klimaforschung leugnet, und kommen zur Frage, wie es *inhaltlich* um die Argumente bestellt ist. Vorab folgender Hinweis: Es ist völlig legitim und auch notwendig, dass jeder Mensch eine gesunde Skepsis in sich trägt und Dinge hinterfragt. Entscheidend ist am Ende aber, wie man bestehende Zweifel auflöst. Das ist nur schlüssig möglich, wenn man sich ausführlich mit einem Thema auseinandersetzt. Eigene Theorien ohne physikalischen Mittelbau zu konstruieren ist ebenso wenig zielführend, wie einem Populismus anheimzufallen, der stets einfach klingende, aber falsche Erklärungen anbietet. Doch auch wenn die Fakten es »schaffen« sich durchzusetzen, eine Entscheidung nehmen sie uns nicht ab. Die muss zuletzt jeder für sich selbst treffen.

Es geht in diesem Buch daher nicht ums Missionieren, sondern schlicht ums Informieren.

Selbsterfahrung und die »45-Minuten-Regel«

Nachdem ich selbst ein ganzes Jahrzehnt lang bereit war, mit jedem Skeptiker oder auch Leugner (hier ist die männliche Form ausnahmsweise mal sehr zutreffend) des menschengemachten Klimawandels zu diskutieren, habe ich festgestellt, dass Mails oder das Internet hierfür ungeeignet sind. Es kam während dieser langen Zeit in nur ganz wenigen Ausnahmefällen, ich kann sie wirklich an einer Hand abzählen, zu einer echten inhaltlichen Diskussion. Ungleich erfolgreicher verlief das Befüllen des Ordners »Beleidigungen«, in welchen ich anfing, mir bis dato oft unbekannte Schimpfwörter einzutragen. Für die Psychologie ist es sicher hochinteressant zu beleuchten, warum eine »Kommunikation« so läuft, aber für mich als Meteorologe entsteht da kein Forschungsfeld. Deshalb habe ich mein Angebot beendet und lege entsprechende Zuschriften nun im Unterordner »Zeitverschwendung« ab. Schade, aber eine andere sinnvolle Lösung war nicht erkennbar.

Trotzdem verweigere ich mich natürlich nicht einem Austausch mit Menschen, die nicht meiner Meinung sind. Das direkte Gespräch vis-à-vis ist schließlich immer möglich und läuft erwartbar gänzlich anders ab. Die Situation ist nicht anonym und so weicht das seltsam unzivilisierte Gebaren im Netz einem normalen, respektvollen Umgang. Als jemand, der viel im Land unterwegs ist – übrigens elektrisch, weil mit dem Zug reisend – und Vorträge über den Klimawandel, erneuerbare Energien und Wetter hält, begegnet man natürlich vielen Menschen. Gerade der Austausch mit dem Publikum nach dem Vortrag bei einem Bier, einem Glas Wein oder einem Mineralwasser, macht fast immer Freude. Hin und wieder spricht mich natürlich jemand an, den meine Aussagen nicht überzeugen. Dies sind übrigens fast immer Männer älteren Semesters und das, was sie vortragen, ist fast immer das Gleiche. Aus dieser Erfahrung resultiert die Auswahl der Punkte unten.

Bahnt sich nun ein Gespräch mit einem Skeptiker an, schlage ich ihm zu Beginn ein paar Regeln vor, die natürlich für beide gelten, und bitte um sein Einverständnis. Das ist nötig, denn andernfalls diene ich schnell als Behältnis für die Rubrik »was ich alles schon immer mal sagen wollte«. Zur Abmachung gehört neben dem Verzicht auf einen nicht enden wollenden Monolog, dass man zuhört, ohne zu unterbrechen, und dass zu aufgestellten Thesen Nachfragen gestellt werden dürfen. Diese müssen fundiert beantwortet werden, denn wer Position bezieht, muss sie ernsthaft begründen können. Themen mit »aber trotzdem«, »das ist hier halt eine Ausnahme« oder »so was habe ich neulich mal irgendwo gelesen« zu beenden und mit einem neuen Thema abzulenken, ist nicht erlaubt. Zuhören dürfen freilich alle Umstehenden, aber das Gespräch wird zu zweit geführt, sonst überlagert die Gruppendynamik jeden Inhalt, für welche Seite auch immer.

Das verblüffende Ergebnis: Der Verlauf dieser Gespräche ist in sämtlichen Fällen identisch! Nach circa 20 Minuten wird stets von meteorologischen zu politischen Themen gewechselt. Die Sachfrage scheint offensichtlich eher als Rampe für politische Meinungsäußerungen zu dienen. Um die Unterhaltung nicht aus dem Ruder laufen zu lassen, führe ich sie dann stets zurück zu naturwissenschaftlichen Fragen, denn das war ja die eigentlich erbetene Absicht. Nach ziemlich genau 45 Minuten geschieht ohne Ausnahme dies: Ich bekomme zu meiner Freude »aus dem Nichts heraus« gesagt, dass man da wohl einiges doch noch etwas genauer anschauen müsse. Abschließend wird für den Input gedankt und es gibt einen Handschlag. Über die Frage, ob nun der Inhalt die Triebfeder dafür war oder einfach der Wunsch, nun endlich nach Hause zu kommen, muss ich selbst schmunzeln, beantworten kann ich sie nicht. Angemerkt sei noch, dass meine Erlebnisse in keinster Weise repräsentativ sind, da ich dies in Summe erst gut 20-mal ausprobiert habe.

Die Leugner-Strategie

Sollten Sie selbst einmal auf einen eingefleischten Klimaskeptiker treffen, so erleben Sie fast sicher folgenden Ablauf: Zunächst wird die Klimaforschung als unsinnig abgetan, denn »wenn man noch nicht mal weiß, wie das Wetter am kommenden Wochenende wird, kann man ja wohl schlecht das Klima in 100 Jahren voraussagen«. Nun sind Sie möglicherweise verunsichert und sie werden hören, dass »die Klimaforschung nur darauf aus ist, Forschungsgelder abzugreifen, in dem sie ihr Thema so sehr aufbauscht, dass die ganzen einfältigen Politiker darauf reinfallen. Deswegen ziehen sie uns nun mit Ökosteuern das Geld aus der Tasche«. Hier geht es gar nicht um Inhalte, aber da sich niemand gerne Geld aus der Tasche ziehen lässt, sitzt man mit dem Skeptiker ab dem Moment in einem Boot. Danach werden Sie erfahren, »dass sich das Klima vor uns Menschen doch auch schon gewandelt hat und dass die Sonne schließlich für Klimaschwankungen zuständig ist. Der Klimawandel hat also, wie früher auch, ganz natürliche Ursachen. Und im Übrigen ist die Konzentration des CO_2 mit 0,04 Prozent ohnehin so gering, dass das überhaupt nicht die Ursache sein kann«. Das klingt alles irgendwie plausibel, man kann es sich merken und schnell wiederholen. Deshalb ein kleiner Rat, wenn Sie ein solches Gespräch erleben: Seien Sie skeptisch! Gehen wir nun diese und weitere Aussagen einfach mal durch.

»Wie soll man das Klima in 100 Jahren vorhersagen, wenn man nicht einmal genau weiß, wie das Wetter am kommenden Wochenende wird?«
Dies beruht auf der Verwechselung von Wetter und Klima. Klimaprojektionen und Wettervorhersagen sind etwas grundsätzlich Verschiedenes. Lesen Sie dazu gegebenenfalls noch mal das Kapitel »Wetter ist nicht gleich Klima«.

»Die Klimaforscher bauschen ihr Thema auf, um an Forschungsgelder zu gelangen.«
Dieser Vorwurf ist unsachlich und kann in keiner Weise belegt werden. Es ist zudem unwahrscheinlich, dass sich Tausende von Mathematikern, Physikern und Meteorologen rund um den Erdball einmütig dazu verabreden, ihre Kenntnisse einheitlich falsch darzustellen. Erst vor einigen Jahren erstellte ein Forscher an der Universität Oxford anhand vergangener Fälle ein komplexes statistisches Modell, das es ermöglicht, die Wahrscheinlichkeit dafür zu berechnen, dass eine groß angelegte Verschwörung bewusst oder unbewusst von einem der Beteiligten verraten wird. Je größer die

Zahl der Involvierten, desto wahrscheinlicher ist das Scheitern der Verschwörung über die Zeit. Das wenig überraschende Ergebnis: Wäre die Haltung der Klimaforscher Teil eines globalen Komplotts, wüssten wir das mittlerweile mit großer Sicherheit. Und schaut man sich zum Vergleich die wissenschaftliche Literatur an, ist dort durchweg eine nüchterne, in den relevanten Aspekten ähnliche Beschreibung der Sachverhalte zu finden.

Dass einige Medienberichte »überdrehen«, ist sicher richtig, aber die werden ja nicht von der Wissenschaft gestaltet. Und sollte eine Übertreibung verkaufsfördernd wirken, profitiert davon ohnehin nur das Medium, nicht aber der Forscher. Konkret zum Geld: Ein Großteil der Forschungsarbeit wird von Studenten (völlig unbezahlt) und Doktoranden geleistet. Letztere fahren dafür monatlich, oft nur mit einer halben Stelle nach TVöD, im Schnitt magere 1 250 Euro netto ein. Schlagen Sie mal in der Tariftabelle nach und überlegen, welche der oft gut betuchten Skeptiker für dieses Gehalt eine 60-Stunden-Woche absolvieren möchte.

»Das Klima hat sich auch schon gewandelt, als es den Menschen noch nicht gab.«
Das ist absolut richtig, das Klima war noch nie konstant. Der Unterschied ist aber die globale Geschwindigkeit der Veränderung. Die ist derzeit höher als je zuvor. Es braucht gegenüber früheren Klimaveränderungen also einen beschleunigenden Faktor, denn allein würde unser Planet das so schnell nicht »schaffen«. Und dieser Faktor sind eben wir! Wichtig ist hier das Wort global, denn lokale Änderungen können durchaus mal sehr schnell ablaufen.

»Die Klimaänderungen werden durch die Sonne verursacht.«
Grundsätzlich gilt: ohne Sonne kein Klima! Damit ist die Sonne natürlich von zentraler Bedeutung. Aber hier geht es ja nicht um die Frage »Klima oder kein Klima?«, sondern um die Frage der Veränderungen. Es müssen also Veränderungen bei der Sonnenintensität gefunden werden, die zum aktuellen Temperaturanstieg passen, sowohl im Zeitrahmen als auch in der Intensität. Beginnen wir mit der Intensität: Hierzu wurden im Buch bereits die verschiedenen Zyklen der Sonnenflecken und damit der Sonnen-

intensität behandelt. Selbst wenn sich alle Zyklen ideal überlagern, was alle rund 1 470 Jahre passiert, dann macht das global kaum ein Watt pro Quadratmeter aus. Sonst sind es meistens sogar nur einige Zehntel. Um aber den aktuellen Temperaturanstieg energetisch zu erklären, werden rund 3 Watt pro Quadratmeter benötigt. Schon an dieser Stelle ist klar, dass die Sonne die derzeitige Erwärmung nicht dominant verursachen kann. Außerdem gibt es keine zeitliche Übereinstimmung, denn der elfjährige Schwabe-Zyklus müsste sich ja eigentlich in einer elfjährigen globalen Temperaturschwingung wiederfinden, was nicht der Fall ist. Überdies geht die Sonnenaktivität seit den 1980er Jahren von Zyklus zu Zyklus zurück, und das müsste eine Abkühlung ergeben. Wir haben es stattdessen aber mit dem deutlichsten Temperaturanstieg zu tun, seit überhaupt gemessen wird. Auch die Milanković-Zyklen kommen mit ihren Periodizitäten von 26 000, 41 000 und 100 000 Jahren natürlich nicht infrage, um Veränderungen von 30 oder 100 Jahren zu erklären. Kurz: Die Sonne ist wichtig für alle Kreisläufe im Erdsystem, mit den derzeitigen Klimaveränderungen hat sie aber nichts zu tun.

Im Zusammenhang mit der Sonne wird jüngst häufig auf eine »plötzliche Verschiebung der Erdachse« hingewiesen, die den Klimawandel erklären soll. Hier gerät so Einiges durcheinander: Die Erdachse selbst hat sich nicht verschoben, das gelänge nur durch einen riesigen Rumms. Fiele etwa der Mond versehentlich in die Erde, dann würde sich die Achse sicher um einige Grad verändern. Aber so ein Unfall – das kann ich versichern – wäre uns nicht entgangen, und der Klimawandel wäre dann wohl auch unser geringstes Problem. Wieder ernst: Wo es tatsächlich eine Veränderung gibt, ist bei der Präzession, also quasi dem Taumeln der Erde. Das war in den letzten zwei Jahrzehnten nämlich der Fall. Dieses Taumeln lässt sich mit einer »Wanderung« der geografischen Pole (nicht zu verwechseln mit den magnetischen Polen, die sich davon unabhängig bewegen) beschreiben. Derzeit wandert der Nordpol nämlich mit rund 17 Zentimetern im Jahr nach Osten, früher waren es nur etwa 9 Zentimeter. Das ist bezogen auf den Wert selbst fast eine Verdopplung und damit eine starke Veränderung. Für die Größe der Erde spielt es natürlich keine Rolle und kann damit auch in keiner Weise als Begründung für die starken Klimaveränderungen herangezogen werden. Aber umgekehrt wird ein Schuh draus, denn der Klimawandel ist für die Erklärung des Phänomens sogar äußerst bedeutsam: Durch die massive Eisschmelze an den Polen und die daraus entstehenden Wasserströme wird eine unglaubliche Masse in Bewegung gesetzt und genau das fördert die Taumelbewegung.

»Wie sollen mickrige 0,04 Prozent CO_2 in der Atmosphäre bitte den Klimawandel verursachen?«
Diesen Satz hört man sehr oft und die konkrete Zahl wird auch von nahezu jedem Klimaleugner richtig genannt. Oft wird dann noch – ebenso richtig – darauf hingewiesen, dass man im IPCC-Bericht nachlesen könne, dass etwa 93 Prozent des CO_2 natürlichen Ursprungs sind, also nur 7 Prozent von uns stammen. Sprich, es geht um 7 Prozent von 0,04 Prozent, also genau genommen um 0,0028 Prozent. Alle diese Zahlen sind richtig und weil dieser Wert wirklich sehr klein ist, sind viele Menschen hier leicht zu verwirren. Lösen wir es auf: Der Fehler ist die Denkweise »viel hilft viel« oder umgekehrt »wenig macht wenig«. Deswegen der wichtige Satz vorab: Es kommt nicht auf die Menge, sondern auf die Wirkung an. Hier sei zum Vergleich noch einmal das Ozonloch erwähnt. Die Konzentration der dafür verantwortlichen FCKW ist rund eine halbe Million Mal geringer als die des CO_2! Und doch ist die Wirkung erheblich, wie man weiß. Drehen Sie es zu Veranschaulichung einfach mal herum und nehmen dafür an, es gäbe so viel FCKW wie menschengemachtes CO_2 (also 0,0028 Prozent). Sie müssen dann nur ausrechnen, was 7 Prozent von einer halben Million ist und kommen schnell auf 35 000. Das bedeutet nichts weiter, als dass wir bei 0,0028 Prozent FCKW in der Atmosphäre 35 000 Ozonlöcher erwarten dürften. Das sind ziemlich viele und abgesehen davon, dass man sie nirgends unterbringen könnte, weil der Planet dafür viel zu klein ist, würde das auch niemand von uns überleben. Die Essenz: Sehr wenig kann sehr wohl sehr viel verursachen!

Ganz ähnlich ist es übrigens beim Nervengift Botulinumtoxin, das als Botox an die richtige Stelle verbracht angeblich so manchen Menschen schöner und jünger macht. Nun denn: Würde man es in die Blutbahn injizieren, reichten 8 Nanogramm – das sind 8 Milliardstel oder ausgeschrieben 0,000000008 Gramm – aus, um einen erwachsenen Menschen zu töten. Das ist nicht besonders viel, aber die Folgen sind dramatisch: Rechnet man diese Menge hoch, bedeutet das, dass weniger als ein Teelöffel dieses Giftes ausreichen würde, um die gesamte Menschheit zu beseitigen. Kurz: Die Menge spielt schlichtweg keine Rolle und damit ist der Satz oben auch keine Begründung dafür, dass das CO_2 den Klimawandel nicht verursachen kann! Er ist einfach eine gelungene Irritation.

Gliedern wir den Mengenirrtum nun aus, dann können wir eine Überschlagsrechnung vornehmen: Wie bereits zu Beginn des Buches erwähnt, ist am Treibhauseffekt von 33 Grad der Wasserdampf als wichtigstes, aber von uns Menschen praktisch nicht emittiertes Gas, mit 21 Grad beteiligt. Das CO_2 trägt 7 Grad bei, alle anderen Gase zusammen 5 Grad. Das bedeutet nichts anderes, als dass die 0,04 Prozent CO_2 unsere Atmosphäre um beeindruckende 7 Grad Celsius erwärmen! Wenn davon nun 7 Prozent von uns Menschen verursacht werden (das sind wieder die 0,0028 Prozent CO_2), dann muss man nun 7 Prozent von 7 Grad berechnen und das sind 0,49 Grad und damit etwa die Hälfte der Temperaturänderungen der vergangenen 100 Jahre! Nimmt man nun die Rückkopplungen, insbesondere jene mit Wasserdampf hinzu, so lässt sich das CO_2 eindeutig als das wichtigste Gas für den menschengemachten Treibhauseffekt identifizieren. Auf die Rechnung des Menschen kommen dann außerdem noch alle anderen Treibhausgase, wie etwa Methan, Lachgas oder FCKW. Und freilich kommen – auch wenn nicht für den Treibhauseffekt – auch noch Schadstoffe hinzu, wie etwa Stickoxide oder Feinstaub, die unsere Luft verschmutzen. Abschließend sei hier noch darauf hingewiesen, dass diese vereinfachende Methodik nur dazu dient, die Größenordnung des menschlichen Beitrags durch das CO_2 abzuschätzen.

Schauen wir uns nun noch ein paar weitere Skeptikerargumente an und beurteilen sie:

»CO_2 ist kein Klimakiller.«

Stimmt, CO_2 ist ein lebensnotwendiges Gas, denn es ermöglicht den Pflanzen (Algen eingeschlossen) die Photosynthese und erst dadurch steht uns der lebenswichtige Sauerstoff zur Verfügung. Es als »Klimakiller« abzutun, ist daher unglücklich. Aber wie immer hat jede Medaille ihre zwei Seiten: Neben der Bedeutung für die Sauerstoffproduktion ist CO_2 eben auch ein Treibhausgas, das die Atmosphäre erwärmt und wie bereits erläutert die Wetterabläufe verändert. Wir sollten uns daher vielleicht darauf einigen, nicht das CO_2, sondern allenfalls uns selbst als Klimakiller zu bezeichnen.

»Das CO_2 stammt vor allem aus dem Ozean und von Vulkanen.«
Das ist nicht richtig, denn der Ozean ist derzeit ja (Gott sei Dank noch) eine CO_2-Senke. Bei vulkanischen Emissionen besteht zwar der Anlass zur Vermutung, dass Vulkane mehr CO_2 freisetzen, als bisher angenommen wurde, doch liegen die Werte insgesamt bei nur etwa 2 Prozent der anthropogenen Emission und sind daher gering.

»Eisbohrkerne zeigen, dass in früheren Zeiten immer erst die Temperatur und danach der Kohlendioxidgehalt angestiegen ist.«
Das ist richtig und verblüfft im ersten Moment, denn eigentlich erwarten wir ja den Temperaturanstieg *wegen* des CO_2-Anstiegs. Falsch herum also! Hier wird von Klimawandelleugnern gerne so getan, dass die Wissenschaft den Fehler nie bemerkt hätte oder die Erkenntnis bewusst unterdrückt habe. Erst ein paar Hobbyforscher hätten das dann aufgedeckt. Diese Darstellung ist schlicht falsch, die passende Erklärung auch ziemlich einfach und seit Ewigkeiten bekannt. Es spielen wieder Rückkopplungen eine Rolle: Stiegen die Temperaturen früher durch Veränderungen der Erdbahnparameter, so wirkte sich das natürlich auch auf den Ozean aus. Er erwärmte sich und wurde irgendwann zu einer CO_2-Quelle, und dieses zusätzliche CO_2 verstärkte den Treibhauseffekt – eine positive Rückkopplungsschleife also. Erst ein Temperaturanstieg, dann über Rückkopplung durch CO_2 ein weiterer Temperaturanstieg: Die Klimageschichte kannte nur diese Reihenfolge, bis wir Menschen kamen. Nun erhitzen wir die Atmosphäre mit der Verbrennung fossiler Energieträger sozusagen direkt, weshalb auch die Rückkopplung über den Ozean wegfällt: Die Temperatur steigt also – wie erwartet – infolge unseres Kohlendioxids.

»Die kosmische Strahlung spielt eine entscheidende Rolle für die Wolkenbildung.«

Eine Studie dänischer Wissenschaftler fand Ende der 1990er Jahre besondere Beachtung, denn sie brachte die Faktoren kosmische Strahlung, Sonnenintensität und Wolkenbildung zusammen. Der Gedanke der Forscher war Folgender: Die Erde ist ständig hochenergetischer kosmischer Strahlung aus den Tiefen des Alls ausgesetzt, welche die Luft ionisiert, und genau dieser Prozess erzeugt in unserer Atmosphäre neue Kondensationskerne. Diese wiederum könnten ihrerseits zur Wolkenbildung beitragen. Da Wolken für das Klima eine entscheidende Rolle spielen, stellte die Gruppe eine Hypothese auf, die dem Schwabe-Zyklus der Sonnenflecken folgte. Wenn die Sonne nicht sehr aktiv ist, sie also wenige oder keine Sonnenflecken hat, dann ist das interplanetare Magnetfeld der Sonne, innerhalb dessen sich die Erde befindet und das diese schützt, schwächer. Entsprechend kommt es zu mehr Ionisation, mehr Kondensationskernen und mehr Wolkenbildung.

Noch kürzer formuliert: Weniger Sonnenflecken würden bewirken, dass es kühler und zudem auch noch bewölkter wäre. Mehr Sonnenflecken hätten mehr Sonnenenergie und damit Wärme zur Folge und gleichzeitig weniger Wolken. Durch diesen Rückkopplungsprozess würde der bis dato als zu schwach gesehene Einfluss der Sonne auf das Klima verstärkt. Zum Verständnis der Stärke des Sonnenmagnetfeldes sei noch kurz darauf hingewiesen, dass eine Studie der Universität Aalto in Finnland und des MPI aus dem Jahr 2016 zu der Feststellung gekommen ist, dass sich das Magnetfeld der Sonne während ihres Intensitätsminimums quasi unter ihrer eigenen Oberfläche versteckt. Es ist dort in diesem Zeitraum überraschenderweise sogar besonders stark.

Zurück zur Theorie. Sie überzeugte zunächst, zumal im Zeitintervall von 1980 bis 1995 die Sonnenintensität und die Wolkenbedeckung sehr stark korrespondierten. Da in der Studie jedoch nur 15 Jahre betrachtet wurden, kam Kritik an ihr auf. Später wurden andere Zeiträume korreliert, wobei der Zusammenhang weitaus schlechter ausfiel, und die Situation vor 40 000 Jahren sogar gänzlich dagegen spricht. Damals hatte das Erdmagnetfeld für einige Jahrtausende nur ein Zehntel seiner heutigen Stärke. Als Folge davon nahm die kosmische Strahlung massiv zu und genau das lässt sich anhand von Eisbohrkernen beobachten. Nach der Theorie hätten nun aber mehr Kondensationskerne die Bewölkung zunehmen und so die Temperatur abnehmen lassen müssen. Das wiederum belegen die Eisbohrkerne aber nicht. Aus heutiger Sicht war die Studie der dänischen Wissenschaftler zwar eine höchst interessante Idee, aber der Effekt der kosmischen Strahlung auf Wolkenbildung und Temperatur, den sie voraussagte, konnte nicht bestätigt werden. Daher müssen wir die Theorie zurückweisen. Genauso funktioniert übrigens ordentliche Wissenschaft! Theorien werden nicht einfach als bewiesen hingestellt, sondern ganz im Gegenteil so hart wie möglich »rangenommen« und von anderen Forschungsgruppen überprüft. Nur wenn sie diese Tests überstehen, dürfen sie »weiterleben«. Bis zur nächsten Erkenntnis.

»Im Vergleich zur Klimageschichte sind die derzeitigen Veränderungen minimal.«
Hierbei kommt es immer wieder auf die betrachtete Zeitskala an. Die Klimageschichte hat – wie gezeigt wurde – natürlich eine ganz andere Spannbreite, als wir sie derzeit erleben. Denn die erheblichen Veränderungen der Vergangenheit vollzogen sich ja zum Teil über Hunderttausende oder sogar viele Millionen Jahre – denken Sie nur an die Wirkung der eher langsamen Kontinentalverschiebung. Beim aktuellen Klimawandel geht es hingegen um wenige Jahre oder Jahrzehnte und in diesem Zeitrahmen sind die Änderungen erheblich. Da es für die menschliche Gesellschaft um den Erhalt der Bedingungen geht, unter denen wir uns angesiedelt haben und die zudem unser Auskommen sichern, sind Vergleiche mit Jahrmillionen während erdgeschichtlichen Prozessen wenig zielführend. So ist es diesem Planeten auch völlig gleichgültig, ob etwa die Alpen zerbröckeln oder der Meeresspiegel um über 100 Meter steigt. Probleme ergäben sich daraus nur für uns und alle anderen Lebewesen. Es geht also nicht um die Frage, was unser Planet aushält, sondern was wir aushalten.

»Wir steuern wieder auf eine Eiszeit zu.«
Folgt man verschiedenen Studien, so ist in 15 000 bis 55 000 Jahren wieder mit einer Eiszeit zu rechnen – vorausgesetzt, dass un-

ser Klimasystem durch unser Zutun nicht vorher aus den Fugen gerät. Das Potsdam-Institut für Klimafolgenforschung hat errechnet, dass sich dieser Eintritt durch unsere heutigen Emissionen um beeindruckende 50 000 bis 100 000 Jahre verschieben kann. Völlig unabhängig von allen akademischen Überlegungen dazu, liegen all diese Zahlen weit außerhalb unseres Horizonts und tragen damit in keiner Weise zur aktuellen Diskussion bei.

»Der Urbanisierungseffekt ist viel größer als der gemessene Temperaturanstieg.«

Dieses Argument ist interessant, denn es spielt auf den Effekt an, dass es in Städten oft deutlich wärmer ist als in der Umgebung. Das können Sie selbst beispielsweise an einem Spätsommerabend bestens feststellen. Sind Sie mit dem Fahrrad in einen städtischen Biergarten gefahren und radeln spätabends zurück ins Umland, dann spüren Sie anfangs noch die warme Stadtluft. Sobald Sie die Stadt aber verlassen haben, weht Ihnen ganz schön frische Luft um die Nase. Der Unterschied zwischen Stadt und Umland kann im Extremfall bei Hitzewellen Tag und Nacht zusammengenommen bis nahe 10 Grad ausmachen – das wurde zum Beispiel in Frankfurt oder Köln ermittelt. Nun standen einige Wetterstationen vor 100 Jahren noch am kühlen Rand einer Stadt und wurden mittlerweile von ihr »geschluckt«. Folglich wird dieser Effekt mitgemessen. Dadurch, so sagen Kritiker, wird eine künstliche Erwärmung gemessen. Per se ist das richtig, aber natürlich ist dieser Effekt in der Wissenschaft bekannt und deswegen begegnet man ihm mit der sogenannten Homogenisierung von Datenreihen. Dadurch können solche Effekte, aber auch echte Standortwechsel von Messstationen oder auch der Austausch von Beobachtungssatelliten mit möglichen Kalibrierungsunterschieden, so herausgefiltert werden, dass nicht jede äußere Veränderung als »plötzlicher Klimawandel« missinterpretiert wird.

»Eine wärmere Welt bringt viele Vorteile.«

Hält man sich an Studien, die sich mit der weiteren Entwicklung bestimmter Regionen im Zuge des Klimawandels befassen – einige Ergebnisse sind ja in diesem Buch auch aufgeführt – so muss der Satz wohl geändert werden in »Eine wärmere Welt bringt *wenigen vorübergehend einige* Vorteile«. Das sind etwa Regionen Kanadas oder Skandinaviens, wo sich eine Verlängerung der Vegetationszeit positiv auswirkt und entsprechend mehr geerntet werden kann. Auch für den Sommertourismus ist der Klimawandel hier erfreulich. Dem stehen aber andernorts viele Nachteile gegenüber: Schäden durch Extremniederschläge, Dürren oder stärkere Stürme, Eisverlust für die Inuit, Meeresspiegelanstieg für viele Inselbewohner, tauender Permafrostboden für viele Wälder und Bewohner Sibiriens, denen die Gebäude einstürzen. Hinzu kommen die Gefahren für den Regenwald im Amazonasgebiet oder für Orte auf der Erde – besonders im Nahen Osten – an denen die Kombination aus extremer Hitze und hoher Feuchtigkeit für den Menschen lebensfeindlich wird. Hier kann man nur noch in klimatisierten Räumen existieren, weil die menschliche Temperaturregulierung bei diesen äußeren Bedingungen nicht mehr funktioniert.

Vielleicht sollte man es so einordnen: Alle Lebewesen – vom kleinsten Organismus bis hin zum Menschen – haben sich den heute existierenden Umweltbedingungen angepasst und verfügen unverändert über eine gewisse Anpassungsfähigkeit. Aber: Diese Fähigkeit ist von Art zu Art unterschiedlich stark ausgeprägt, und es verwundert kaum, dass ein schnellerer Wandel allen eine größere Anpassungsgeschwindigkeit abverlangt als ein langsamer. Damit wird der Zeitfaktor zum *wichtigsten* Schlüssel. Sehr nüchtern gesprochen, führt ein Klimawandel für die Lebewesen immer dazu, dass die »Karten neu gemischt« werden. Einige Arten – und das schließt Gruppen von Menschen ein – kommen dabei unter die Räder, andere verbreiten sich in ganz neuer Ausdifferenzierung. Die Evolutionsbiologen sprechen dann von Radiation. Dabei zeigt die Klimageschichte, dass starke Klimawandel zunächst zu größeren Artensterben – bis hin zu den »big five« – führten, und dass das Leben die frei gewordenen Nischen anschließend neu besiedelte, wenngleich in einer anderen Artenzusammensetzung. Auch unsere Vorfahren sind in den letzten 6 Millionen Jahren aufgrund von Klimaschwankungen wohl mehr als einmal am Rande des Aussterbens gestanden und überlebten nur in geringer Zahl. Damit wird unter anderem erklärt, warum sich die heutigen Menschen weltweit genetisch so verblüffend ähnlich sind.

In der Natur geschehen diese Dinge einfach und es ist müßig darüber nachzudenken, »Warum?« Das können wir nicht wissen. Hierzu Überlegungen anzustellen, ist Sache der Philosophie oder der Religionen. Naturwissenschaften können nur das »Wie?« erforschen. Somit ist die Frage, die sich für uns aus all dem ergibt, eine ethische: Können wir es vertreten, die Karten *selbst* neu zu mischen, also einen globalen Klimawandel anzuzetteln, der höchstwahrscheinlich zahlreichen Arten und vielen von uns selbst das Aus bringen wird? Ich bin der Überzeugung, dass das nicht vertretbar ist, und damit gelangen wir wieder zu der grundlegenden Aussage, dass wir »unserem« Klimawandel dringend und entschlossen begegnen müssen.

An dieser Stelle ließen sich nun viele weitere Punkte anführen, was den Umfang des Buches aber sprengen würde. Unter dem Gedanken »Jeder hat das Recht auf seine eigene Meinung, aber nicht auf seine eigenen Fakten« lassen sich im Internet viele vernünftige Erklärungen zum Klimawandel und wie er funktioniert finden. Vom Alfred-Wegener-Institut (AWI) über das Max-Planck-Institut für Meteorologie (MPI), das Potsdam-Institut für Klimafolgenforschung (PIK) bis hin zur Weltorganisation für Meteorologie (WMO), gibt es zahlreiche qualifizierte Institute, bei denen man sich gut informieren kann. Zusätzlich möchte ich an dieser Stelle noch auf die Seite www.klimafakten.de hinweisen, die viele Zusammenhänge verständlich darlegt und weitere Beiträge von Klimawandelleugnern auswertet.

Herausforderung für die Medien

Auf den letzten Seiten ist klar geworden, dass die Äußerungen von Klimaleugnern durchaus helfen können, unser Wissen zu erweitern – und zwar allein, indem wir sie widerlegen! Nun soll auf die Rolle der Medien geschaut werden, denn sie haben – neben der Unterhaltung – eine entscheidende Bedeutung bei der Wissensvermittlung. Besonders wichtig hier: Die Ausgewogenheit der Berichterstattung und der richtige Umgang mit der zur Verfügung stehenden Zeit.

Stellen Sie sich mal eine Welt ohne Zeitung, Radio, Fernsehen und Internet vor. Wenn Sie sich auf diesen Gedanken einlassen, werden Sie schon nach wenigen Sekunden ganz intuitiv spüren, dass das eine sehr begrenzte Welt wäre. Abgesehen von unserem eigenen Fachgebiet, wo wir im Idealfall solide ausgebildet sind, wären wir alle ziemlich hilflos auf unseren Tellerrand beschränkt und der berüchtigte Stammtisch diente wohl als einzige, kaum hilfreiche Informationsquelle. Diese einfache Überlegung macht sofort klar, wie notwendig und hilfreich Medien für uns sind; eine globale Gesellschaft mit geistigem und wirtschaftlichem Austausch wäre ohne sie schlicht unmöglich.

Derzeit befinden wir uns allerdings erkennbar in einem medialen Umbruch. Onlineformate gewinnen immer mehr an Zuspruch, das klassische Fernsehen wird von der Generation »60 plus« zwar weiterhin geliebt, von jenen, die hingegen »30 minus« angehören, aber kaum noch wahrgenommen. Zeitungen müssen sich ebenfalls immer mehr auf Onlineformate einstellen und haben in der Papierversion Auflagerückgänge zu verkraften. Wo das Eine zu beklagen ist, birgt das Andere Chancen. Erst in den kommenden Jahren wird sich herausstellen, wie und mit welchen Vor- und Nachteilen sich das Feld neu sortiert.

Entscheidend für eine sachorientierte Berichterstattung ist zum einen die politische und wirtschaftliche Unabhängigkeit. Das ist kein einfaches Feld und wir können uns in Deutschland freuen, dass wir beim Thema Pressefreiheit laut »Reporter ohne Grenzen« neben skandinavischen Ländern, Benelux, der Schweiz, aber auch Neuseeland oder Costa Rica (!) stets auf den vorderen

Plätzen der 180 untersuchten Länder zu finden sind (Platz 11 im Jahr 2020). Insgesamt ist jedoch zu beklagen, dass die Pressefreiheit in vielen Ländern immer mehr unter Druck gerät oder schlicht überhaupt nicht gegeben ist. Neben politischer Einflussnahme insbesondere in Diktaturen ist auch in Demokratien die Macht einiger Medienkonzerne groß genug, um ihre Gedankenwelt – Verstrickung in Macht- und monetäre Interessen eingeschlossen – gekonnt in eine Gesellschaft hineinzupressen. Fake News, die heute immer schneller den Weg in die Öffentlichkeit finden, tun ihr Übriges.

Unsere Medien sind bei genauem Hinsehen so unverzichtbar wie mächtig. Letzteres auch dadurch, dass sie einen Diskurs – und sei es auch nur durch das Auslassen bestimmter Themen – stark beeinflussen können. Aus dieser Beobachtung stammt der Satz, die Medien seien eine Art vierte Gewalt im Staat. Laut der Bundeszentrale für politische Bildung ist eine solche Gleichsetzung mit den drei klassischen Staatsgewalten allerdings problematisch. Ohne diese Erörterung weiterzuführen, soll es an dieser Stelle nun in komprimierter Form um die Bedeutung der Medien bezüglich Information und Diskussion rund um den Klimawandel gehen. Dieses Kapitel erhebt keinerlei Anspruch auf irgendeine Art von Vollständigkeit, wie auch immer sie in diesem Zusammenhang aussähe. Vielmehr beruft es sich auf meine eigenen Erlebnisse, von denen ich nach 20 Jahren Tätigkeit im Umfeld der Medien so einige hatte. Da das Wort »Erlebnisse« irgendwo zwischen amüsant und kritisch liegt, will ich Sie hier einerseits nicht enttäuschen, andererseits aber diesen für einen ausgewogenen Umgang mit dem Thema Medien wichtigen Satz voranstellen: Verwendet man etwas Zeit auf die Suche, so findet man hervorragende, gut recherchierte und thematisch breit aufgestellte Artikel oder auch mehrteilige Serien in Zeitungen oder Zeitschriften zum Klimawandel, ebenso wie auch beeindruckende Dokumentationen im TV. Sie bereiten das Thema anschaulich und verständlich auf und helfen so bei der dringend notwendigen Wissensvermittlung. Ich hoffe sehr, dass man sich hier von verantwortlicher Seite auch in Zukunft weiter darauf besinnt, dass auf diese Weise viele Menschen erreicht werden können. Es ist immer eine Freude, solche Beiträge zu lesen oder zu sehen, und ich empfehle diese auch stets gerne weiter.

Der Klimawandel ist komplex und die Zeit knapp

In vielen Formaten bleibt das größte Problem für das komplexe Thema Klimawandel, dass es komplex ist! Ja, der Satz ist äußerst banal, hat aber massive Folgen. Verkürzt man nämlich komplizierte Zusammenhänge erheblich, so werden sie irgendwann entweder trivial oder schlicht falsch. Will man über Klimathemen berichten, so muss man einen vernünftigen Korridor zwischen notwendiger Kürze und ebenso notwendiger Verständlichkeit finden. Gelingt das nicht, erntet ein solcher Beitrag lediglich Widerspruch und unerfreuliche Kommentare.

Der Zeitkorridor ist auch ein typisches Problem bei Sonderschalten im TV, wo ein Experteninterview Mehrwert generieren soll. Das ist per se eine gute Idee. Wichtig ist aber dabei, dass die Fragen, deren Beantwortung und die dafür zur Verfügung gestellte Zeit in einem sinnvollen Verhältnis zueinander stehen. Soll man etwas in 3 Minuten, inklusive der gestellten Fragen, erklären, was selbst helle Köpfe erst in einer einstündigen Vorlesung aufzunehmen in der Lage sind, dann ist damit niemandem geholfen. Nicht dem Zuschauer, für den es gemacht wird, nicht dem Experten, der sich unwohl fühlt, und deshalb auch nicht der Redaktion, die den guten Gedanken hatte.

Sie können das selbst ausprobieren: Sie bitten eine Freundin oder einen Freund zum Zuhören, und beantworten eine typische Interviewfrage. Das wäre zum Beispiel »Warum hat es denn auch schon Klimawandel gegeben, bevor wir Menschen auf diesem Planeten waren?«. In so mancher Sendung würden Sie vermutlich nur 60 Sekunden dafür bekommen und darum stellen Sie jetzt eine Uhr entsprechend ein. Da Sie nun schlecht »Das war eben immer schon so« antworten können, müssen Sie etwas erklären, und das sind in diesem Fall ganz konkret die Milanković-Zyklen. Sie merken an dieser Stelle vermutlich schnell, wie sehr Sie unter Stress geraten, denn ihr erwartungsvoller Zuschauer ist ja gespannt auf die Lösung, kennt Erdbahnparameter im Zweifel aber überhaupt gar nicht. Sie haben nun die Aufgabe, ihr oder ihm all dies in dieser kurzen Zeitspanne ruhig und verständlich zu vermitteln. Am Ende ihrer Ausführung bitten Sie Ihr Gegenüber wiederzugeben, was haften blieb. Ich fürchte, Sie werden nicht übertrieben glücklich mit dem Ausgang dieses Experiments sein – weder mit sich selbst, noch mit dem, was letztlich hängen geblieben ist.

So passiert es, dass wir – egal ob mit oder ohne Expertenfragen – bei komplexen Themen medial oft in einer regelrechten »Schnipselwelt« landen. Dieses passende Wort zitiere ich mit großer Freude. Es stammt von Rolf Schlenker, einem Wissenschaftsjournalisten, mit dem ich die mehrteilige Dokumentation »Wo unser Wetter entsteht« gedreht habe, in der es auch immer wieder um Klimathemen ging. Das Wort hat mich so begeistert, dass ich es nun immer und überall anbringe und deshalb verraten möchte, wer es erfunden hat. Eine Schnipselwelt sieht so aus: »Mal eine Nachricht von Überschwemmungen in Indien, dann Eisrückgang am Pol, dann Waldbrand in Alaska, dann Meeresspiegel in Tuvalu, dann Polarwirbelsplitting, dann Permafrost, dann El-Niño, dann Abbruch des Larsen-C-Eisschelfs, dann Waldsterben und der Borkenkäfer, dann Tornados, dann Dürre und neue Hitzerekorde, dann größere Eisflächen in der Antarktis und trotzdem Eisrückgang, dann ungewöhnlich nasser Februar in Deutschland, dann erstmals Ozonloch auf der Nordhalbkugel, dann ... und ich könnte hier immer so weiter machen. Eine kurz getaktete Informationsschnipsel- und Schlagzeilenwelt, in der die fachliche Einordnung oftmals fehlt oder zumindest unzureichend ist. Das lässt Menschen allein und führt zu Unsicherheiten.

Mich erreichen oft E-Mails, in denen ich mit teils wilden, selbst gestrickten Theorien eingedeckt werde, welche die Schnipselwelt zu verbinden suchen: Da sind schon mal die Windräder dafür verantwortlich, dass sich der Jetstream verändert, oder es sollen die Automotoren sein, die durch ihre Abwärme den Klimawandel verursachen. Auch Zuschriften, wonach die Corioliskraft durch die Windenergie verändert werde, habe ich schon erhalten. Das ist spannend, denn so etwas gelänge nur durch die Zerstörung der Kugelgestalt der Erde. Handelt es sich nicht um typische Klimawandelleugner, deren Zuschriften im Wesentlichen aus Beleidigungen bestehen, dann kann ich klar erkennen, dass man mich damit nicht persönlich ärgern will, sondern schlicht nach Vorstellungen sucht, wie die »Schnipsel« vielleicht auch zusammenhängen könnten, ohne dass man selbst dafür eine Verantwortung trägt. Das ist verständlich, aber mich beschleicht dann doch der Wunsch nach einer Möglichkeit, in großer Stückzahl Physikbücher verschenken zu können. Krass wird es, wenn derartige Phantasien – oft sehr emotional – in sozialen Medien »diskutiert« werden. Zuweilen bin ich dann positiv überrascht, dass diese Welt trotz unserer Anwesenheit noch existiert. Zurück zum Thema: Kurze Nachrichtenformate mit ausführlicheren Online-Beiträgen noch besser zu verlinken, kann eine Gegenstrategie sein, die das Zeitproblem lindert. Auch Talkshows leiden darunter, indem sie sich das Problem meist zuvor selbst beschaffen: Zu viele Gäste mit zu vielen Themen in zu wenig Zeit ist häufig das Konzept und so meinen dann auch viele der geladenen »Alphatierchen« gleichzeitig sprechen zu müssen. Versteht man dann als Zuschauer gar nichts mehr, fühlt man sich ein bisschen ausgeschlossen oder ergötzt sich am Versuch von durchaus kompetenten Moderatoren, den Haufen wieder einzufangen.

Die Vorteile des Podcasts

Gerade in Zeiten von Corona passiert etwas Bemerkenswertes, nämlich das Aufleben der Podcasts! Eine große Chance für dieses Medium, denn gerade in Krisenzeiten wächst unser Informationsbedürfnis erheblich. Wahrscheinlich kennen Sie den NDR-Podcast mit dem Virologen Professor Christian Drosten, dem Leiter der Virologie an der Berliner Charité. Hier geschieht etwas, das ich mir schon seit vielen Jahren für das leider als Krise nicht gleichermaßen wahrgenommene Klimathema wünsche: ein richtig informativer Beitrag! Kluge Fragen von klugen Journalistinnen gestellt und von einem klugen, verständlich und differenziert sprechenden Experten beantwortet. Der Clou: kein Stress. Dieser Podcast nimmt sich Zeit! Herr Drosten bekommt die Möglichkeit, das Thema von verschiedenen Seiten zu beleuchten, abzuwägen, wissenschaftliche Ungewissheit glaubwürdig zu markieren und so entsteht beim Zuhörer – mir ist es jedenfalls so ergangen – eine gewisse fachliche Sicherheit. Keine ständige Unterbrechung und erzwungene Neuausrichtung des Gesprächs exakt in dem Moment, wenn einem Gedankengang gerade mal etwas tiefer nachgegangen wird. Sehr wohltuend! Es geht auch nicht ständig um Meinungen, sondern um Sachverhalte. All das sorgt dafür, dass man sich in dieser Krise sicherer fühlt und sich dadurch auch viel leichter tut, notwendige Maßnahmen zu verstehen und einzusehen. Auch sieht man sich in der Lage, bei neuen Nachrichten Unsinn von vernünftigen Informationen zu trennen. Die Medien können – wenn sie sich Zeit nehmen für eine solide Einordnung eines Themas – einen tief greifenden Bildungsbeitrag leisten, der in den Statuten der Öffentlich-Rechtlichen ja ohnehin benannt ist.

Die große Nachfrage nach diesem Podcast zeigt auch, dass es kein Fehler ist, sich Zeit zu nehmen. Die Zuhörerschaft ist eine riesige und sie bleibt dran. Auch bei jungen Menschen ist es möglich, Aufmerksamkeit über lange Zeit zu halten, wenn man etwas zu sagen hat. Sonst hätten sich das Rezo-Video zum Klimawandel, das 55 Minuten dauert, sicher nicht bisher 17 Millionen Menschen angeschaut.

Recherche braucht Zeit

Sich Zeit zu nehmen, ist aber auch für die Journalisten selbst ein entscheidender Faktor, gerade wenn über ein komplexes Thema wie den Klimawandel berichtet werden soll. Das ist nicht leicht, denn die Masse, die wir in einer immer eiligeren Welt glauben produzieren zu müssen, nimmt zu und die finanzielle Ausstattung oft ab. Selbst Journalisten mit einem sehr hohen Anspruch an sich selbst, können oftmals nicht mehr ausreichend gründlich recherchieren und so ist immer häufiger zu erleben, dass einfach mal vom Kollegen »abgeschrieben« wird. Was man irgendwo »schwarz auf weiß« gelesen hat, kann so falsch ja nicht sein. Ein nicht ungefährlicher Ansatz. Auch Experteninterviews müssen gut vorbereitet werden, denn es kommt nicht nur auf einen guten Gesprächspartner an, sondern auch auf vernünftige Fragen. Gegen dumme Fragen hat selbst der qualifizierteste Experte keine Chance. Und der Journalist muss die Bereitschaft haben, sich auf die Expertenantwort einzulassen.

Um an dieser Stelle kurz aus dem Nähkästchen zu plaudern: Nicht selten erlebe ich selbst Interviews, wo man mir Antworten quasi in den Mund legen will. Im plumperen Fall wird einfach eine Antwort vorgeschlagen, bei der subtileren Variante wird auf ein Stichwort gewartet beziehungsweise man wird forsch zu diesem gedrängt. Ist es gefallen, kann der im Kopf bereits vorgefertigte Text um dieses Wort herum balanciert werden. Apropos vernünftige Frage: Mich nach einer Trockenphase zu fragen, ob es in Zukunft nur noch Dürren geben wird, ist journalistisch nicht unbedingt die Oberklasse. Nachdem ich ein gutes Dutzend Mal mit dieser Formulierung konfrontiert wurde, trat erst Verzweiflung, dann aber ein heiteres Grinsen in mein Gesicht. Die Idee: einfach »Ja, es gibt nur noch Dürren!« zu antworten. Dann herrscht erst Stille und danach kommt fast sicher: »Was? Nur noch Trockenheit?« Dann antworte ich: »Genau, kein Regen mehr!«. Entgegnung: »Nie wieder Regen?«. Ich: »Genau!«. Darauf Pause. Dann: »Aber Herr Plöger, das kann doch gar nicht sein!« Und dann komme ich dran: »Tja, wenn Sie so genau wissen, dass das nicht sein kann, wieso fragen Sie es mich dann?« Ab diesem Moment war die Bahn stets frei für ein vernünftiges Frage-Antwort-Spiel. Zuhören und dabei vorbereitete Fragen mit gesundem Menschenverstand an den Gesprächsverlauf anzupassen, führt zu guten Beiträgen.

Verantwortung

Im Zusammenhang mit Interviews haben Medienschaffende eine große Verantwortung: Sie müssen – wenn wir an dieser Stelle einmal die schreibende Zunft betrachten – das schreiben, was der Interviewpartner auch wirklich gesagt hat! Das passiert leider nicht immer und der Grund sind nicht ausschließlich Missverständnisse. Für mehr Aufmerksamkeit und damit bessere Verkaufschancen wird hier so manche Schraube schlicht überdreht. Aus der Boulevardpresse kennt man das fast durchgehend und sie lebt davon. Bei Fachthemen kann das aber ernsthafte Folgen haben und so habe ich mich selbst immer mal wieder gewundert, was für seltsame Sätze ich hier und da angeblich schon gesagt habe. Der Nachteil: Der Leser kennt den Hintergrund nicht und glaubt die Aussage natürlich. Man selbst hat dann im Nachgang den Zeitaufwand, so etwas wieder gerade zu biegen, so man denn überhaupt, leider meist klein gedruckt und weit hinten, die Möglichkeit dazu bekommt.

Im extremsten Fall hat sich ein Schreiberling – dieses Wort nutze ich explizit nur für diese Art von »Kollegen« – erlaubt, über einen Vortrag von mir zu berichten, zu dem er aus Zeitgründen nicht erscheinen konnte. Alternativ ließ er sich ein paar Bilder von einem Fotografen schicken und textete so, wie er dachte, dass ich mutmaßlich geredet haben könnte. Der Text handelte von einem vermeintlichen Vortrag mit düster-apokalyptischen Vorhersagen zum Klimawandel und war dazu inhaltlich irgendwo zwischen dürftig und falsch. Dieser Vortrag, den es nie gab, hat mir viel Kritik eingebracht, gegen die ich mich mühsam zur Wehr setzen musste. Viele Journalisten wissen um ihre große Verantwortung und setzen das in sehr guter Weise um, indem Sie etwa Zitate zuvor vom Interviewpartner prüfen und freigeben lassen. Manch schwarzes Schaf darf hier noch lernen.

Nicht in die Defensive drängen lassen!

Im Verlauf dieses Kapitels ist deutlich geworden, dass der Journalist ein wichtiges Bindeglied zwischen dem – wenn man so will – Klimalaien, der Wissenschaft und zuweilen auch den politischen Entscheidungsträgern darstellt, wobei Letzteren natürlich auch unterstützende Einrichtungen wie etwa der wissenschaftliche Dienst des Bundestages zur Verfügung stehen.

Im Rahmen dieser Schlüsselposition der Medien herrscht in puncto Ausgewogenheit der Berichterstattung beim Thema Klimawandel eine spezielle Situation. Dazu sei noch mal daran erinnert, dass im Verlauf dieses Buches bislang sehr genau ausgeführt wurde, auf welchem Weg kritische Stimmen zur wissenschaftlichen Erkenntnis zustande kommen, welche Interessen dahinter stehen können und welche Methoden der Argumentation mitunter angewandt werden. Diesen Strategien dürfen Medienvertreter nicht erliegen, um am Ende für eine »falsche Ausgewogenheit« zu plädieren. Was ist damit gemeint: Wenn in der Klimawissenschaft eine große übereinstimmende Klarheit besteht, die durch viele Forschungsarbeiten gestützt ist – eine Menge davon sind in diesem Buch nachzulesen –, dann sollte eine gegenläufige Einzelmeinung von jemandem, der nicht in der Klimaforschung tätig ist und auch keine von Fachkollegen zuvor begutachtete Veröffentlichung vorzuweisen hat, schlicht keine gleichwertige Plattform in einer Sendung oder in einem Artikel bekommen. Es ergibt keinen Sinn, zwei Menschen gleichwertig diskutieren zu lassen, von denen der eine sagt, die Erde sei eine Kugel und der andere, freilich ohne jeden Beleg, behauptet, die Erde sei eine Scheibe. Eine solche Diskussion folgt nicht dem Gebot der Ausgewogenheit der Berichterstattung, sondern sie ist einfach Unsinn. Denn die Aussage, die Erde sei eine Scheibe, ist unsinnig. Ebenso wie die Aussage, dass der Mensch nichts mit dem Klimawandel zu tun hat! Die BBC hat diesbezüglich klar Position bezogen und deutlich gemacht, dass die wissenschaftlichen Erkenntnisse zum Klimawandel die Grundlage der Berichterstattung bilden. Auch in unserem Land ist hier erfreulicherweise viel in Bewegung.

Aus eigener Erfahrung darf ich hinzufügen, dass die Unsicherheiten hinsichtlich der in der Atmosphäre stattfindenden Prozesse bei Geisteswissenschaftlern verständlicherweise etwas größer sind als bei Naturwissenschaftlern. Da erstgenannte Gruppe aber einen großen Anteil der journalistisch arbeitenden Zunft ausmacht – was wegen vieler feinsinniger Formulierungen und einem oft hervorragenden Umgang mit Sprache sehr erfreulich ist –, gilt es hier den Mut zu haben, sich von der zweiten Gruppe, also den Naturwissenschaftlern, den ein oder anderen Zusammenhang einfach mal erläutern zu lassen.

Am Ende müssen wir darauf achten, dass nicht Klimawandelleugner die Agenda bestimmen, in dem sie lautstark fragwürdige Thesen herausposaunen, denen Medien und Wissenschaftler sich rechtfertigend nachlaufen. Vielmehr müssen die vielen interessanten Erkenntnisse rund um das Klima und seine Erforschung die Grundlage einer spannenden, informativen Berichterstattung bilden. Sich dabei auf apokalyptische Bilder zu beschränken und keinen positiven Ausblick zu bieten, ist eine Ungeschicklichkeit, die vermieden werden sollte. Betrachtet man es nüchtern, so ist es nämlich gesellschaftlich und technologisch durchaus machbar, sogar das 1,5-Grad-Celsius-Ziel einzuhalten. Eine riesige Aufgabe, zu der uns offensichtlich immer noch der internationale politische Mut fehlt, denn dafür wäre eine breit angelegte Kooperation aller Länder nötig. Dass sie möglich ist, wäre eine großartige Lehre, die wir aus der Begegnung mit dem Coronavirus ziehen könnten.

Die Folgen des Klimawandels

Welche Klimaveränderungen kommen auf uns zu?

Die Mechanismen im Klimasystem sind komplex, das ist mittlerweile sicher deutlich geworden. Gleichzeitig sind wir durch unser Verständnis der Zusammenhänge, aber auch durch die Rechenkapazitäten unserer Computer in der Lage, uns einen Überblick zu verschaffen, wie unsere Klimazukunft – abhängig von unserem Verhalten – aussehen könnte. Natürlich gilt es dabei, das vom Computer errechnete Klimabild nicht in jedem Detail eins zu eins zu interpretieren, sondern vor allem darum, eine begründbare und damit vernünftige Richtung der klimatischen Entwicklung zu erkennen.

Um den Umfang dieses Kapitels in einem erträglichen Rahmen zu halten, wird hier nur auf die Tendenz einiger Klimaparameter – weltweit, in Europa und bei uns in Deutschland – eingegangen. Völlig klar ist dabei, dass eine Temperaturänderung von 2 Grad oder darunter andere Folgen hat als eine von 4 Grad oder darüber. Die Grundlage für die anzutreffenden Aussagen bilden die Klimaprojektionen, die unsere Erdsystemmodelle liefern. Noch mal zur Erinnerung: Projektionen sind bedingte Prognosen, also Berechnungen der Art »wenn, dann«. Also zum Beispiel: »*Wenn* die Bevölkerung bis 2050 auf 9 Milliarden Menschen wächst und wir die fossilen Energieträger immer intensiver und ohne Gegenmaßnahmen nutzen, *dann* kann das Klimamodell für eine Region einen bestimmten Temperaturanstieg oder eine Veränderung der Niederschlags- oder Sturmintensität für *diese* vorgegebenen Bedingungen berechnen.« Unsicher beim »Wenn« sind beispielsweise das tatsächliche Bevölkerungswachstum, die Menge des durch technologische Neuerungen reduzierten Treibhausgasausstoßes und die Frage, wann und ob welche neuen Energieressourcen entdeckt oder genutzt werden. Um diese Art der Unsicherheiten zu verringern, werden die bereits erwähnten, unterschiedlichen Szenarien angenommen, die natürlich zu verschiedenen Ergebnissen führen – wenn man möchte, bis hin zu dem Extremfall, in dem sofort jegliche CO_2-Emission unterbunden wird. Das entspräche der »idealen Erfindung« zur CO_2-Minderung. Hinzu kommen noch die Unsicherheiten beim »Dann«. Das sind die Fehler der Modellrechnungen selbst, die in unserem stets begrenzten Wissen der physikalischen Zusammenhänge und den Problemen chaotischer Systeme begründet liegen. Sie lassen sich immer weiter minimieren, doch nie ganz beseitigen.

Wer an den Details des fünften oder einem anderen der viele Hundert Seiten langen Berichte des IPCC interessiert ist, kann diese auch im Internet lesen. Hier wird der Stand der Klimaforschung frei von emotionaler Aufregung und Hysterie umfassend dargelegt.

Laut Bericht liegt die Wahrscheinlichkeit bei rund 95 Prozent, dass die anthropogen bedingten Treibhausgaszuwächse mit Ursache für die globale Temperaturerhöhung der zweiten Hälfte des 20. Jahrhunderts sind. Auffällig ist dabei, dass die Erwärmungsrate der letzten 50 Jahre etwa doppelt so hoch ausfällt wie die der letzten 100 Jahre. Festgestellt werden konnten bereits Änderungen regionaler Klimamuster bei Temperatur, Niederschlägen und Wind. Ebenso haben sich die Eisvorkommen in der Arktis und bei den Gebirgsgletschern vermindert, und auch der Salz- und Säuregehalt von Ozeanen wird bereits beeinflusst. Zudem hat die Häufigkeit extremer Wetterereignisse zugenommen, besonders bei Hitzewellen, Dürren und heftigen Niederschlägen.

Werden die Treibhausgasemissionen nicht verringert, so werden die Temperaturen in den kommenden 30 Jahren weiter um 0,2 Grad pro Dekade steigen und damit die Klimaänderungen im 21. Jahrhundert stärker ausfallen als jene des 20. Jahrhunderts. Selbst bei einer Stabilisierung der Treibhausgaskonzentration bis zum Jahr 2100 wird sich das Klima wegen seiner trägen Reaktionszeit noch über diesen Zeitraum hinaus weiter verändern, insbesondere durch den Anstieg des Meeresspiegels.

Wie schon einmal angedeutet, wird es abhängig vom Konzentrationspfad im Zeitraum zwischen 2081 und 2100 im Vergleich zur Periode von 1985 bis 2005 deutlich wärmer werden. Folgt man dem Pfad RCP 2.6, so werden es zwischen 1,0 und 1,7 Grad Celsius sein, bei RCP 8.5 sind bis zu 4,8 Grad Celsius zu erwarten. Gleichzeitig ist *fast sicher*, dass Wetterextreme weiter zunehmen werden. Extreme Niederschläge werden in den mittleren Breiten und in den feuchten tropischen Regionen *sehr wahrscheinlich* häufiger und intensiver werden – allein schon wegen des in einer wärmeren Atmosphäre höheren Wasserdampfgehaltes. Der arktische Ozean ist beim Konzentrationspfad RCP 8.5 *wahrscheinlich* im Sommer schon vor Mitte dieses Jahrhunderts eisfrei. Der Meeresspiegel wird bis zum Zeitraum 2081 bis 2100 je nach Konzentrationspfad *wahrscheinlich* zwischen 26 und 55 Zentimeter (RCP 2.6) und 45 und 82 Zentimeter (RCP 8.5) ansteigen. Lag die jährliche Rate zwischen 1901 und 2010 bei 1,7 Millimetern pro Jahr, so sind es zwischen 1993 und 2010 3,2 Millimeter pro Jahr gewesen. Es ist *nahezu sicher*, dass der Anstieg des Meeresspiegels auch nach 2100 schon allein aufgrund der Wärmeausdehnung des Wassers noch für einige Hundert Jahre weitergeht.

Die kursiv geschriebenen Wahrscheinlichkeiten dokumentieren wissenschaftliche Unsicherheiten: »Fast oder nahezu sicher« bedeutet eine Eintrittswahrscheinlichkeit von 99 bis 100 Prozent, »sehr wahrscheinlich« von 90 bis 100 Prozent und »wahrscheinlich« von 66 bis 100 Prozent.

Bei der räumlichen Verteilung des Temperaturanstiegs ist festzustellen, dass die Landmassen und die hohen nördlichen Breiten weiterhin am stärksten betroffen sein werden. So stiegen die Werte im Verlauf der letzten 100 Jahre in der Arktis bereits doppelt so schnell wie im globalen Durchschnitt. Auf arktischen Permafrostböden wurde es seit den 1980er Jahren verbreitet beachtliche 3 Grad wärmer. Gleichzeitig schrumpfte die Eisausdehnung seit 1978 hier pro Jahrzehnt um 2,7 Prozent, in den Sommern sogar um 7,4 Prozent.

Auch bei der Niederschlagsverteilung sind langfristige Veränderungen der Muster deutlich festzustellen. Nasser sind die östlichen Teile Nord- und Südamerikas geworden, Gleiches gilt auch für Nordeuropa, Nord- und Zentralasien. Der Sahel (Westafrika), der Mittelmeerraum, das südliche Afrika und Teile Südasiens werden hingegen immer trockener, wobei sich die Dürren in den Tropen und Subtropen (zum Beispiel auch in Australien) verlängert haben und intensiver geworden sind. Frosttage, kalte Tage und kalte Nächte sind seltener geworden, während die Zahl der Hitzewellen insgesamt zugenommen hat. Es ist zu erwarten, dass sich diese Entwicklung fortsetzt.

Auf den folgenden Seiten möchte ich einen kurzen Überblick über die Forschungsergebnisse geben und damit zeigen, welche Veränderungen die Klimaforschung in Zukunft erwartet. Dabei werfen wir zunächst grob einen Blick auf die verschiedenen Kontinente, dann betrachten wir Europa etwas detaillierter und »zoomen« schlussendlich auf Deutschland.

Weltweite Auswirkungen

In Afrika ist das zentrale Problem der Wassermangel, unter dem schon derzeit 75 bis 250 Millionen Menschen leiden. Zudem nimmt die Anbaufläche für Nahrungsmittel in einigen Regionen deutlich ab. Trockenheit einerseits, aber Unwetter andererseits werden die Ernteerträge reduzieren – der Hunger nimmt zu. Afrika ist wegen seiner wirtschaftlichen Schwäche somit einer der durch den Klimawandel am stärksten verwundbaren Kontinente.

Asien wird ebenfalls große Probleme mit der Wasserversorgung bekommen, denn durch die sich immer weiter zurückziehenden Gletscher werden die großen Flüsse immer weniger Süßwasser führen. Bis Mitte des 21. Jahrhunderts könnten davon bereits eine Milliarde Menschen betroffen sein. Indien erhält rund 75 Prozent seines jährlichen Niederschlages durch den Monsunregen. Feuchte Luft aus dem Indischen Ozean regnet sich durch eine großräumige südwestliche Luftströmung aus – am intensivsten an den Hängen des Himalayas, wo die Luft zum Aufsteigen und damit zum Abkühlen gezwungen wird. Durch den Klimawandel verursachte Veränderungen dieser Strömung lassen den Monsun unzuverlässiger werden: manchmal viel zu schwach mit der Folge großer Dürre, manchmal viel zu stark mit der Folge extremer Überflutungen wie etwa 2008 oder in Pakistan im August 2010. An den Küstendeltas Asiens nimmt die Überflutungsgefahr zu, wovon auch viele der riesigen Metropolen betroffen wären. Überflutungen und Dürren fördern zudem verschiedene Krankheiten – zum Beispiel die Cholera, die sich mit steigenden Wassertemperaturen schneller ausbreitet.

Australien wird es durch zunehmende und länger anhaltende Dürren mit einem entsprechenden Rückgang der land- und forstwirtschaftlichen Produktion zu tun bekommen. Die Anfänge davon sind bereits zu sehen, denn die Hälfte der Agrarflächen ist von Versteppung bedroht. Es wird immer schwieriger werden, große Städte wie Sydney oder Perth mit Wasser zu versorgen.

Standen dem Einzugsgebiet von Perth zwischen 1911 und 1974 im Schnitt noch 338 Milliarden Liter Wasser zur Verfügung, die jährlich in die oberirdischen Staubecken flossen, so waren es zwischen 1975 und 1996 nur noch 177 Milliarden Liter, heute sind es gerade mal 120 Milliarden Liter – eine Abnahme um knapp zwei Drittel.

Für den Süden Amerikas zeigen die Modellrechnungen, dass sich das Amazonasbecken bis zum Jahr 2100 in eine Trockensavanne verwandeln könnte, die Folgen davon werden später im Kapitel »Die Bedeutung der Wälder« ausgeführt. Besonders im Westen Nordamerikas wird sich durch den Rückzug der Gletscher der Rocky Mountains die Wasserversorgung schwieriger gestalten, eine Zunahme von Feuersbrünsten und Schädlingsbefall in den Wäldern ist ebenfalls wahrscheinlich. Viele Städte der USA werden unter häufigeren Hitzewellen leiden, im Falle der Küstenstädte treten außerdem regelmäßige Überschwemmungen hinzu. Für die Landwirtschaft ist mit sehr unterschiedlichen Folgen zu rechnen. Besonders Kanada könnte durchaus vom Klimawandel profitieren, da es einerseits zu großen landwirtschaftlichen Ertragssteigerungen kommen kann und andererseits das Land durch die steigenden Temperaturen für den Tourismus immer attraktiver wird.

Große Probleme birgt das Tauen des sibirischen Permafrostbodens. Das mögliche Austreten von großen Methanmassen wurde bereits diskutiert, doch sind zwei weitere Punkte ebenfalls von großer Bedeutung. Durch das Auftauen entsteht Morast. Gebäude, Straßen, Pipelines und Industrieanlagen sacken dadurch ab oder stürzen ein – mit der Folge, dass teure Kühlsysteme installiert werden müssen, um den Boden am Tauen zu hindern, die wiederum Energie benötigen. Aufweichender Untergrund wird natürlich auch ein Problem für die Wälder der Taiga, die borealen Nadelwälder, denn zwei Drittel davon stehen auf Permafrostboden. Wenn dieser taut, verlieren auch die Bäume ihren Halt – besonders dann, wenn ein Sturm über eine solche Region fegt.

Auswirkungen auf Europa

In Europa lassen sich ebenfalls viele Veränderungen durch den Klimawandel diagnostizieren. Dabei kommt es zu großen jahreszeitlichen Unterschieden. Sind es bis zum Jahr 2050 in den Sommermonaten vor allem die südeuropäischen Länder, in denen es wärmer wird (der höchste Wert wird mit etwas mehr als 2 Grad in Spanien ermittelt), steigen die Wintertemperaturen am stärksten im Norden an (in Skandinavien und Russland). Bis 2050 sind hier teilweise Veränderungen bis zu 5 Grad möglich. Auch bei den Niederschlägen gibt es Unterschiede, vor allem im Winter. Nehmen die Niederschlagsmenge und die Anzahl von Starkregentagen im ohnehin niederschlagsreichen Nordeuropa teils deutlich zu, so ist im regenärmeren Südeuropa eine Abnahme der Winterniederschläge wahrscheinlich. Damit vergrößern sich die Differenzen zwischen feuchten und trockenen Gebieten weiter. Die Sommermonate werden hingegen für fast ganz Europa trockener berechnet, was mit Veränderungen der großräumigen atmosphärischen Zirkulation zu tun hat. Sommerhochs werden hier ausgeprägter und häufiger, während sich Tiefdruckgebiete womöglich auf nördlicheren Bahnen bewegen. Die so erhöhte Verdunstungsrate sorgt zusätzlich für Trockenheit und speziell im Süden und kontinentalen Osten Europas für ein größeres Waldbrandrisiko. Dem großflächig trockeneren Sommerklima steht aber trotzdem eine Zunahme lokaler gewittriger Unwetter mit Hagel, Platzregen, Sturmböen und kurzfristigen Überschwemmungen gegenüber.

Im Norden Europas führt eine geringe Erwärmung – ähnlich wie in Kanada – zu einigen positiven Effekten wie vermindertem Heizbedarf, höheren Ernteerträgen und stärkerem Wachstum des Waldes. Steigen die Temperaturen weiter, werden diese Vorteile von den Nachteilen (häufigere winterliche Hochwasser, instabilere Böden mit entsprechender Erosion und ein Rückgang biologischer Vielfalt) schnell aufgewogen. In Mittel- und Osteuropa wird der abnehmende Sommerniederschlag das Hauptproblem darstellen und die Wasserversorgung gefährden. Durch Hitzewellen nehmen die Gesundheitsrisiken zu. In Südeuropa lassen sich die Veränderungen schon jetzt deutlich sehen. Dürren werden hier weiter zunehmen, die Ernteerträge schrumpfen und die Wasserversorgung stößt örtlich an ihre Grenzen. Während solcher Dürre- und Hitzeperioden kann es durch den Wassermangel auch häufiger dazu kommen, dass Kernkraftwerke abgeschaltet werden müssen, da sie nicht ausreichend gekühlt werden können. In einigen Regionen Südeuropas besteht zudem die Gefahr, dass sich Wüstengebiete ausbreiten. Der Süden der Iberischen Halbinsel ist hiervon besonders betroffen.

Veränderungen in Deutschland

Im Zeitraum von 1881 bis 2018 ist die Temperatur in Deutschland um 1,5 Grad Celsius angestiegen. Dieser Wert liegt geringfügig oberhalb des globalen Wertes von etwas über 1 Grad. Hierbei ist natürlich zu beachten, dass der Wert über Wasser dank dessen hoher spezifischer Wärmekapazität freilich viel geringer ist. Insofern haben Landmassen grundsätzlich höhere Werte als der globale Durchschnitt.

In Deutschland sind die Herbsttemperaturen etwas weniger gestiegen als die der übrigen Jahreszeiten. Die stärkste Erwärmung ließ sich im Südwesten der Republik messen, am schwächsten fiel sie im Nordwesten aus. Die Nullgradgrenze stieg in den vergangenen 50 Jahren um rund 210 Meter. Auch extreme Wärme wird öfter registriert, etwa in den schon mehrfach erwähnten Hitzesommern 2003 oder 2018. Dennoch kamen auch immer wieder kühlere Phasen vor, wie zum Beispiel im Dezember 2010 oder im Winter zwischen den Jahren 2012 und 2013. Diese sind aber mitnichten ein Widerspruch zum langjährigen Trend, sondern nur eine Bestätigung der Tatsache, dass das Wettergeschehen natürlich von Jahr zu schwankt. Und dies eben nicht um eine waagerecht verlaufende Linie herum, sondern um eine nach oben ansteigende.

Bei den Niederschlagsmengen ist festzustellen, dass die Winter in den vergangenen 100 Jahren um 17 Prozent feuchter und die Sommer um 7 Prozent trockener geworden sind. Betrachtet man nur die letzten 50 Jahre, so ging der Sommerniederschlag sogar um 14 Prozent zurück. Gleichzeitig nahmen die sommerlichen Starkniederschläge durch Gewitterlagen teilweise zu, speziell im Süden und hier besonders in Bayern.

Um die weitere Klimaänderung unseres vergleichsweise kleinen Landes wiederzugeben, kommen nun Regionalmodelle zum Einsatz, wobei verschiedene Verfahren (statistische und dynamische) angewendet werden – natürlich auch das wieder mit unterschiedlichen Szenarien der Emissionszunahme. Die Ergebnisse der wahrscheinlichsten mittleren Szenarien lassen für die Jahre 2071 bis 2100 einen sommerlichen Temperaturanstieg um 2,5 bis 3,5 Grad erwarten – wobei mit der stärksten Erwärmung im Süden und Südwesten zu rechnen ist. Im Winter gehen die Werte sogar um bis zu 4 Grad nach oben, und auch hier werden die größten Veränderungen für den Süden prognostiziert. Der jeweilige Vergleichszeitraum ist der von 1961 bis 1990. Die Sommerniederschläge werden dabei abnehmen, am stärksten in den ohnehin recht trockenen Regionen im Nordosten Deutschlands. Das Minus kann hier Werte von 30 Prozent erreichen. Im Winter wiederum nehmen die Niederschläge fast überall zu, in den Mittelgebirgen im Westen und Südwesten sowie im Nordseeumfeld teilweise um mehr als 30 Prozent. Durch die Erwärmung geht der Schneeanteil natürlich weiter zurück, und so könnte sich die Zahl der Tage mit einer Schneedecke in den tieferen und mittleren Lagen bis zum Ende des Jahrhunderts halbieren. Die Schneesicherheit der Skigebiete nimmt deutlich ab. Das betrifft fast alle Skigebiete in Deutschland und rund 70 Prozent derer in der Schweiz und in Österreich. Nur die höchstgelegenen Regionen sind davon ausgenommen.

Angesichts dieser nüchternen Zahlen wird ebenfalls deutlich, wie dringend zügiges Handeln geboten ist.

Stürmische Zeiten?

Sehr oft hört man im Zusammenhang mit dem Klimawandel den Satz »Extreme Wettererscheinungen nehmen zu«. Da ist sehr oft etwas dran, doch nicht immer. Schauen wir dazu auf ein spezielles Extremwetter: den Sturm. Immerhin verursachen Stürme oft die größten Sachschäden, die Versicherer und Rückversicherer am Ende zu tragen haben. Doch wie häufig sich die Stürme der Zukunft mit welcher Intensität präsentieren, ist längst nicht so eindeutig vorherzusagen.

Zunächst müssen drei Formen von Stürmen unterschieden werden. Da ist zum einen der tropische Wirbelsturm, zum zweiten der Sturm im Zusammenhang mit Unwettern wie etwa kräftigen Sommergewittern, und zum dritten sind es die großen, flächendeckenden Sturmtiefs der mittleren Breiten. Zu diesen zählen unsere Herbst- und Winterstürme, wie zum Beispiel »Vivian« und »Wiebke« zu Beginn des Jahres 1990, »Lothar« am zweiten Weihnachtsfeiertag 1999, »Kyrill« im Januar 2007, »Christian« Ende Oktober 2013 oder »Friederike« im Januar 2018. Am einfachsten ist die Prognose bei den Sturmböen im Zusammenhang mit Sommergewittern. Da letztere in Zukunft in vielen Regionen zunehmen, wird damit auch eine Häufung solcher lokaler Sturmböen einhergehen.

Nahezu unmöglich gestaltet es sich, die langfristige Entwicklung bei den tropischen Wirbelstürmen vorherzusagen. Sie sind zu kleinskalig, um in den derzeitigen Klimamodellen aufgelöst zu werden, und so kann ihre Dynamik nicht direkt erfasst werden. Natürlich erinnern wir uns beim Stichwort Hurrikan sofort an »Katrina« und die großen Zerstörungen in New Orleans im Jahr 2005 – dem Jahr der intensivsten Hurrikansaison seit Beginn regelmäßiger Messungen. Schnell ist man dann geneigt, dies »linear« weiterzudenken und mit der Erwärmung einfach immer mehr Hurrikans zu erwarten. Doch so einfach ist es nicht, wie uns ein Jahr später das sehr wirbelsturmarme 2006 gezeigt hat.

Zwar bezieht ein tropischer Wirbelsturm seine Energie vorwiegend aus der Feuchtigkeit, die warmes Ozeanwasser zur Verfügung stellt, doch spielen auch andere Faktoren eine wichtige Rolle. Für die Hurrikanaktivität über dem Atlantik ist besonders die vertikale Windscherung zu nennen, also die Änderung des Windes mit der Höhe. Ist diese Scherung schwach, so wird die Entstehung von Hurrikans begünstigt, ist sie stark, so wird deren Entwicklung gebremst. Und diese Windscherung hängt wiederum entscheidend mit dem Temperaturunterschied zwischen tropischem Nordatlantik und tropischem Indo-Pazifik zusammen. Vereinfacht bleibt die Aussage übrig, dass eine große Temperaturdifferenz viele, eine geringe wenige Hurrikans zur Folge hat. Und noch einen Schritt weiter: Die natürliche Klimaschwankung »El Niño« sorgt durch einen geringen Temperaturunterschied somit für weniger Hurrikans im Atlantik. Da einige Klimaprognosen für die Zukunft – ausgelöst durch die anthropogene Erwärmung – auf eine Art »permanenten El Niño« hindeuten, spräche das eher für eine Abschwächung der Hurrikans. Auf der anderen Seite erwärmt der anthropogene Temperaturanstieg auch die Ozeane – in den letzten 50 Jahren um 0,5 Grad. Das bedeutet zusätzliche Energie für die Wirbelstürme, und dies wiederum lässt erwarten, dass ihre Intensität zunimmt. Die Komplexität des Systems sorgt also dafür, dass sich auch hier verschiedene und teilweise gegeneinander arbeitende Prozesse überlagern. Darin begründet sich wohl auch die Tatsache, dass die nach 2005 zweitintensivste Hurrikansaison 72 Jahre früher, nämlich 1933 stattfand. Nach heutigem wissenschaftlichem Konsens ist von einer Häufung tropischer Wirbelstürme durch die globale Erwärmung nicht auszugehen. In Sachen Intensität bestehen unterschiedliche Ansichten, doch ist die Annahme begründbar, dass der Anteil intensiverer Wirbelstürme zunehmen wird. Demnach würden wir es häufiger mit den stärksten Kategorien 4 oder 5 zu tun haben – und genau das ist in den letzten Jahren auch zu beobachten.

Bei den Sturmtiefs der mittleren Breiten schließlich ist die Prognose wieder etwas leichter zu treffen als bei den tropischen Wirbelstürmen, doch sind die Ergebnisse nicht weniger komplex. Während der vergangenen Jahrhunderte ist die Sturmaktivität in unseren Breiten langfristig recht konstant geblieben, sie unterliegt aber stetigen Schwankungen.

Für die zukünftige Entwicklung sind folgende zwei Mechanismen wichtig: Bodennah werden die Temperaturunterschiede zwischen Äquator und den Polarregionen abnehmen, da die Temperaturen letzterer überproportional steigen. Da Wind der Ausgleich von Druckunterschieden ist und diese durch Temperaturunterschiede zustande kommen, spricht die entstehende geringere Temperaturdifferenz zwischen Nord und Süd also für in Zukunft weniger Stürme. Gleichzeitig steigt aber in einer wärmeren Atmosphäre mehr Wasserdampf in die höheren Schichten der Troposphäre auf. Dies gilt überproportional für die Tropen. Da der Kondensationsprozess Wärme freisetzt, nimmt der Temperaturunterschied zwischen Äquator und Pol in der Höhe zu, und das verstärkt wiederum den Jetstream, das Starkwindband in der Höhe. Das etwas paradoxe Ergebnis dieser Zusammenhänge ist, dass die globale Erwärmung bei uns zwar zu weniger, aber dafür zu intensiveren Stürmen führen dürfte. Dies gilt vor allem für die ohnehin sturmträchtigen Wintermonate. Im Sommer deutet sich eher eine Abnahme des Sturmgeschehens an, weil viele – nicht alle – Modellergebnisse Hinweise auf eine Verlagerung der Tiefdruckzonen in nördliche Breiten liefern.

Weil wir die extremen Wetter- und Witterungserscheinungen – Hagel, Schwergewitter, Stürme, Überschwemmungen, Dürren – am stärksten spüren, stehen sie bei der Diskussion um den Klimawandel meist im Mittelpunkt. Doch ist die statistische Auswertung durch eine banale Tatsache nicht so einfach. Extremwetter ist Wetter, das es selten gibt – sonst wäre es nicht extrem. Damit aber ist die Anzahl der Vorkommnisse zwangsläufig gering. Doch je geringer der Stichprobenumfang bei einer statistischen Untersuchung ist, desto ungenauer ist am Ende die Aussage. Trotzdem können Trends bei einigen Wetterextremen nachgewiesen und physikalisch begründet werden. Ein Beispiel wurde bereits im Zusammenhang mit dem Jetstream beleuchtet.

Wichtig ist, sich stets auf meteorologische Parameter zu beschränken, wenn man die Veränderungen von Extremwetterlagen untersucht. Angaben etwa über Schadenzuwächse bei Versicherungen sind zwar von wirtschaftlich großer Bedeutung, können aber Aussagen auch verfälschen: Durch die massive Zunahme der Wertschöpfung, den Bau von Wohngebieten und Industrieanlagen in potenziell gefährdeten Regionen und durch einen deutlichen Zuwachs abgeschlossener Versicherungen entsteht über den Schadensfaktor der Eindruck, dass Unwetter übermäßig zunehmen. Doch möglicherweise hätte ein Wirbelsturm aus den 1920er Jahren, wäre er in seiner Stärke und Zugbahn heute aufgetreten, schlimmere Folgen gehabt als die berüchtigte »Katrina«.

Folgen für die Ökosysteme

Es liegt nahe, dass der Klimawandel auch vielfältige Auswirkungen auf die Ökosysteme haben dürfte. Vor allem die Geschwindigkeit der derzeitigen Veränderungen bringt viele Lebewesen an die Grenze ihrer Anpassungsfähigkeit. Schon bei einer Erwärmung von 1,5 bis 2,5 Grad steigt für 20 bis 30 Prozent der Tier- und Pflanzenarten das Aussterberisiko deutlich an. Besonders unter Druck stehen dabei die alpine Fauna und Flora. Ihnen bleibt nur die Möglichkeit, nach oben auszuweichen. So ist in hochalpinen Regionen zu beobachten, dass gerade Pflanzen, die in der Konkurrenz mit anderen Pflanzen kaum oder nicht bestehen können, sich massiv in höhere Lagen ausdehnen. Im ersten Moment sieht das wie eine Verbesserung der Lebensbedingungen aus, das ist aber nichts weiter als eine vorübergehende Chance. Denn langfristig werden die Konkurrenten nachkommen und den Lebensraum für die empfindlichen Pflanzen verschwinden lassen. Denn die Option immer weiter nach oben und damit in kältere Regionen auszuweichen, findet im Erreichen der Gipfellagen zwangsläufig ihr Ende. Aber auch sonst sind die Rückzugsgebiete für Tiere und Pflanzen nicht mehr in demselben Umfang gegeben wie bei früheren Klimaveränderungen. Denn etwa die Hälfte der gesamten Landoberfläche dieses Planeten nutzen inzwischen wir Menschen.

Wer die heimische Natur aufmerksam beobachtet, dem dürfte in den letzten Jahren eine unglaubliche Vielzahl an Veränderungen aufgefallen sein. So zum Beispiel ein früheres Austreiben der Blätter im Frühjahr und einen späteren Laubfall im Herbst – Vorgänge, die sich sogar mit Satelliten registrieren lassen. Die massive räumliche Ausbreitung der Zecke bei uns ist ein deutliches Anzeichen dafür, dass die Erwärmung zu Veränderungen in den Ökosystemen führt, und aus dem gleichen Grund entwickelt auch der eher mäßig geliebte Borkenkäfer immer mehr Lebensfreude in unseren Gefilden. Und so mancher Zugvogel überrascht uns damit, dass er im Winter einfach mal zu Hause bleibt, anstatt die Reise nach Süden anzutreten. Ornithologen konnten am Bodensee in den vergangenen Jahren feststellen, dass in diese Region immer mehr eigentlich im Mittelmeerraum heimische Vögel einwandern.

Klima, Krieg und Frieden

Ein Gastbeitrag von Dr. Kira Vinke, Politikwissenschaftlerin und Forscherin für Migrationsbewegungen am Potsdam-Institut für Klimafolgenforschung (PIK), und Hermann Vinke, Rundfunkjournalist und Publizist

Der Klimawandel hat nicht nur dramatische Folgen für Ökosysteme auf der ganzen Welt – er gefährdet auch den Frieden, indem er die klassische Sicherheitspolitik auf den Kopf stellt. Die bisher gültigen Parameter zur Eindämmung von Konflikten und Kriegen gelten nur noch bedingt. Zusätzliche Faktoren müssen als Auslöser und Beschleuniger von bewaffneten Auseinandersetzungen berücksichtigt werden, wie etwa die Gefährdung der Existenzgrundlagen von Menschen, deren Arbeit und Einkommen von funktionierenden Ökosystemen abhängen, wie zum Beispiel Fischer und Landwirte.

Als weiterer, daraus resultierender Faktor für eine neue Bewertung der Sicherheitslage gelten die globalen Flüchtlingsströme, die zu großem menschlichen Leid führen. Die Schätzungen variieren: Zwischen 60 und 100 Millionen Menschen sind weltweit auf der Flucht. In Europa und in den USA, aber auch im Nahen Osten und in Asien versuchen die Staaten geradezu verzweifelt, Migrationsbewegungen zu stoppen – in Europa an den Außengrenzen der Europäischen Union und in den Vereinigten Staaten an der Grenze zu Mexiko.

Mit den Auswirkungen des Klimawandels geht ein zusätzliches Konfliktpotenzial einher. Dafür im Folgenden einige Beispiele:

Sudan

Der Krieg um Darfur im westlichen Sudan gilt als der erste »Klimakrieg«. Ausgelöst wurde die Fluchtbewegung dort durch ausbleibenden Regen. Die Folgen von zwei langanhaltenden Dürreperioden – einmal in den 1970er Jahren und dann Mitte der 1980er Jahre – verstärkten die Spannungen mit der Zentralregierung in der Hauptstadt Khartum, die zum Bürgerkrieg und im April 2019 zum Militärputsch gegen die Diktatur des Präsidenten Umar al-Baschir führten.

Vorher hatten viele Menschen das von der Dürre ausgezehrte Land verlassen und im Süden des Landes ein neues Auskommen gesucht. Der Bürgerkrieg verstärkte die Fluchtbewegung und etwa 3 Millionen Menschen wanderten in Richtung Süd-Sudan ab, wo sich ein bewaffneter Kampf mit unübersichtlichen Fronten entwickelte, der nur mühsam mit internationaler diplomatischer Hilfe beendet werden konnte.

Syrien

Eine wesentliche Ursache des bis heute andauernden Bürgerkriegs in Syrien sind, neben anderen Gründen, ursprünglich ebenfalls Umweltfaktoren. Im Jahre 2011 gab es eine der schlimmsten Dürreperioden seit Beginn der Wetteraufzeichnung, die einen Großteil der Viehherden verenden ließ. In großer Zahl flüchteten die Menschen aus ihren angestammten ländlichen Regionen und zogen in die Städte, um dem Hunger zu entkommen.

Doch in den städtischen Ballungsgebieten gab es kaum Chancen zu überleben. Dort fehlte es an fast allem: an ausreichendem Wohnraum, an Arbeitsplätzen und an Lebensmitteln. Durch die Dürre stiegen die Preise von Grundnahrungsmitteln. Gleichzeitig kamen viele Flüchtlinge aus dem Irak in die syrischen Städte.

In der Folge entwickelten sich fast zwangsläufig innenpolitische Konflikte, die schließlich in eine Revolte gegen das diktatorische Assad-Regime und in einen Bürgerkrieg mündeten – mit ungezählten Toten, massenhaften Zerstörungen und einer Fluchtbewegung, die 2015 Europa und Deutschland erreichte.

Burkina Faso

Burkina Faso liegt in Westafrika in Nachbarschaft zu Mali und Niger. Die ehemalige französische Kolonie hat etwa 20 Millionen Einwohner, die hauptsächlich von Viehzucht und Landwirtschaft leben. Das Land ist Teil der Sahelzone, die schon seit Jahrzehnten von extremen Wetterlagen heimgesucht wird. Der Regen bleibt oft Monate, manchmal sogar Jahre aus, lang anhaltende Dürreperioden sind die Folge. Zuletzt herrschte 2018 eine extreme Trockenheit. Unterbrochen werden diese Perioden nur gelegentlich durch Starkregen, der wiederum Überschwemmungen auslöst und fruchtbaren Boden wegschwemmt, sodass nur Sandwüsten übrig bleiben.

Der Klimawandel gefährdet die Lebensgrundlage vieler Menschen in Burkina Faso. Der Kreislauf ist fast immer gleich: Die Flächen, auf denen Rinder grasen können, werden immer kleiner. In der Folge treiben die Hirten ihre Herden häufig auf Ackerland und geraten so in Konflikt mit den Bauern. Welches Land letztlich wem gehört, ist nirgendwo festgelegt.

Insgesamt fallen die Ernteerträge zunehmend geringer aus, und die Selbstversorgung der Bevölkerung in Burkina Faso funktioniert nicht mehr. Es gibt zu wenig Futter für das Vieh, sodass Nutztiere geschlachtet werden müssen oder – schlimmer noch – irgendwo in der Savanne verenden. Etwa eine Million Einwohner sind bereits auf zusätzliche Lebensmittellieferungen angewiesen.

Kleiner werdende Anbauflächen führen bei anhaltendem Bevölkerungswachstum fast zwangsläufig zu Spannungen. Für islamistische Terrorgruppen bieten diese Konflikte ein nahezu ideales Terrain. Die Taktik der Milizen ist ebenso einfach wie wirkungsvoll: Sie wiegeln eine Volksgruppe gegen die andere auf und schaffen so ein Klima der Gewalt, das leicht in bewaffnete Kämpfe umschlagen kann.

Bislang blieb Burkina Faso davon weitgehend verschont. In dem Land herrscht momentan noch eine relative Stabilität, die allerdings bereits unterhöhlt wird. Denn Burkina Faso ist zugleich Ziel von Flüchtlingsströmen aus den benachbarten Bürgerkriegsländern Mali und Niger. Diese zusätzliche Hypothek macht die Lage nicht einfacher. Der Klimawandel ist also nicht die einzige Ursache für Instabilität, aber er wirkt manchmal als Brandbeschleuniger für andere Konflikte.

Das gilt insbesondere in fragilen Staaten, die nicht in der Lage sind, bewaffnete Gruppen und marodierende Banden aus eigener Kraft unter Kontrolle zu bringen. Insgesamt gib es weltweit etwa 40 solcher Staaten, die meisten davon liegen in Afrika. Das bekannteste Beispiel ist Somalia am Horn von Afrika.

Für den Kampf gegen die Folgen des Klimawandels und für die Sicherheit eines Landes sind also stabile Regierungen unerlässlich; Regierungen, die in der Lage sind, Gefahren rechtzeitig zu erkennen, Gegenmaßnahmen zu ergreifen und besonders gefährdeten Bevölkerungsgruppen, Minderheiten und Verfolgten Schutz und Sicherheit zu bieten.

Marshallinseln im Zentralpazifik

Mikronesien ist der geografische Sammelbegriff für mehrere Inselstaaten im Zentralpazifik – ein Meeresgebiet so groß wie die Vereinigten Staaten, mit über 2 000 Inseln und Atollen, darunter die Marshallinseln. In Mikronesien sind die Vorboten der von uns Menschen verursachten Veränderungen des globalen Klimasystems deutlicher zu erkennen als irgendwo sonst.

Vor ihrer Unabhängigkeit erlebten die Marshallinseln mehrere Kolonialregimes. Dort herrschten Spanier, Deutsche, Japaner und nach dem Pazifischen Krieg die US-Amerikaner, die bis heute auf der Insel Kwajalein eine Raketen-Teststation unterhalten.

Der Klimawandel bedroht im Zentralpazifik viele Inseln und Atolle in ihrer Existenz, denn der Meeresspiegel steigt. Die größte Gefahr sind dabei die immer häufigeren Überflutungen dieser Inseln bei tropischen Wirbelstürmen. Sie machen die kostbaren Süßwasservorräte auf den Inseln unbrauchbar und schädigen die Pflanzenwelt massiv. Die Marshallinseln, die nur etwa eineinhalb bis zwei Meter über dem Meeresspiegel liegen, sind besonders betroffen. Das Wasser steht den Inselbewohnern buchstäblich bis zum Hals.

Wie in Burkina Faso verlieren die Menschen dort ihre Existenzgrundlage. Jahrhundertealte Traditionen gehen verloren. Dies ist besonders in den städtischen Ansiedlungen Majuro und Ebeye zu beobachten, wo sich die traditionellen Clan- und Familienstrukturen bereits aufgelöst haben. Und längst hat eine Fluchtbewegung eingesetzt, vor allem in Richtung USA, aber auch nach Australien und Neuseeland.

Der international angesehene Klimaforscher Professor Hans Joachim Schellnhuber schreibt in seinem Buch *Selbstverbrennung – Die fatale Dreiecksbeziehung zwischen Klima, Mensch und*

Kohlenstoff unter Hinweis auf das Gutachten des Wissenschaftlichen Beirates der Bundesregierung Globale Umweltveränderungen (WBGU) aus dem Jahr 2007:»Der Klimawandel ist eine globale Bedrohung für die Sicherheit im 21. Jahrhundert. Wir müssen rasch handeln, um die Risiken für den Planeten, den wir teilen, und den Frieden, den wir ersehnen, zu begrenzen [...]. Der Klimawandel wird – ohne entschiedenes Gegensteuern – bereits in den kommenden Jahrzehnten die Anpassungsfähigkeiten vieler Gesellschaften überfordern. Daraus können Gewalt und Destabilisierung erwachsen, welche die nationale und internationale Sicherheit in einem erheblichen Maße bedrohen.«

Schellnhuber plädiert für ein »entschiedenes Gegensteuern«. Doch davon kann bislang keine Rede sein. Während die Emissionen von Schadstoffen weltweit steigen und in Asien an die 100 Kohlekraftwerke geplant oder bereits im Bau sind, hat die deutsche Bundesregierung ein »Klimapaket« vorgelegt, das bestenfalls ein erster Schritt ist, der Dimension des Problems aber keineswegs gerecht wird. Studien des Weltklimarates über den Zustand der Ozeane und der globalen Agrarwirtschaft offenbaren Gefährdungen und Risiken, die nach wirksamen Gegenmaßnahmen geradezu schreien (siehe dazu auch die Kapitel »Die Meere als größte Kohlenstoffsenken« und »Aufgetischt! Unsere Ernährung« in diesem Buch). Der jüngste Bericht der Vereinten Nationen über das Artensterben klingt ähnlich alarmierend. Demnach werden bis Mitte dieses Jahrhunderts etwa eine Million Arten aussterben.

Nur langsam setzt sich die Erkenntnis durch, dass Klimaschutz alle Bereiche der Gesellschaft durchdringen muss. Da der Klimawandel bereits in mancher Hinsicht den Frieden gefährdet, sollte diese Einsicht auch Folgen für die Streitkräfte unseres Landes haben. Aufrüsten ist nicht das Gebot der Stunde. Stattdessen gilt es, für die verschiedenen Teile der Bundeswehr verbindliche ökologische Standards zu verankern. »Klimaneutralität« muss auch für die Truppe gelten und zwar für Ausrüstung, Logistik und Mobilität. An dieser Stelle ist es vielleicht interessant, dass die USA schon für die Unterzeichnung des Kyotoprotokolls zur Voraussetzung gemacht hatten, dass die Emissionen ihres Militärs aus Erfassung und Regulierung vollständig ausgenommen würden. Mit vermutet rund 300 000 Barrel Rohölverbrauch pro Tag, also einem Ausstoß von etwa 44 Millionen Tonnen CO_2 pro Jahr, überflügeln die US-Streitkräfte die gesamte Schweiz und gehören damit zu den größten Emittenten der Welt. Übrigens: Die Forderung wurde erfüllt, unterzeichnet haben die USA das Protokoll als einziges Industrieland trotzdem nicht ...

Aufgabe für eine auf die Wahrung des Friedens ausgerichtete Armee sollte es sein, Hilfseinsätze in den vom Klimawandel akut betroffenen Weltregionen durchzuführen. »Friedensmissionen gegen den Klimawandel« – ein solches Einsatzprofil würde einer modernen Bundeswehr gut anstehen.

Der Wettlauf zum Klimaziel –
was jetzt zu tun ist

Kohlenstoffsenken schützen, Kohlenstoffquellen schließen

Wir haben uns nun die Mechanik des Weltklimas angesehen, verstanden, inwiefern unser Handeln diese beeinflusst, und skizziert, welche Folgen diese Praxis nach sich zieht und noch nach sich ziehen wird. Wir haben uns außerdem darauf geeinigt, dass ein völliges Entgleisen des Systems keine vernünftige Alternative darstellt. Bleibt die Frage: Was tun? Ich könnte nun sagen »Von allem weniger« und das Buch schließen. Denn fast egal, wie Sie dies auch umsetzen sollten – es würde helfen. Gut, etwas genauer: Setzen wir uns ein Ziel und zeichnen die Route dorthin.

Es ist nur Physik

Das Ziel zu definieren ist nicht schwierig, das wurde uns nämlich im Paris-Abkommen schon abgenommen: Wir müssen den mittleren globalen Temperaturanstieg bis Ende dieses Jahrhunderts auf 2, besser noch 1,5 Grad Celsius begrenzen. Nur dann können Flora und Fauna der Geschwindigkeit, mit der sich die klimatischen Bedingungen ändern, halbwegs folgen und wir Menschen die Auswirkungen des Klimawandels einigermaßen im Griff behalten. Daraus lässt sich die Menge der Treibhausgase herleiten, die dafür in die Atmosphäre gelangen dürfen. Zieht man davon die bereits vorhandene Menge ab, ergibt sich unser CO_2-Budget für das Paris-Ziel. Es sind, je nach Zieltemperatur und Wahrscheinlichkeit diese einzuhalten, 420 bis 720 Gigatonnen. Das klingt nach viel, ist es aber gar nicht, wenn wir daran denken, dass die Menschheit derzeit etwa 38 Gigatonnen pro Jahr produziert. Machen wir also einfach so weiter wie bisher, bleiben uns noch zwischen 10 und 20 Jahren, bis wir unser Budget für einen stabilen Planeten aufgebraucht haben.

Versuchen Sie einmal, den Vorgang möglichst nüchtern zu betrachten. Es ist nichts Persönliches, es geht nicht um Glauben oder gar Belohnung und Bestrafung. Wir sind mit naturwissenschaftlichen Tatsachen konfrontiert und denen sind solche menschlichen Konzepte völlig fremd. Alles was wir tun, tun wir so gesehen nur für uns. Und wir kämpfen nun um jedes Zehntel Grad!

Zur nackten Realität der Natur gehört auch, dass es keine »energiefreien« Waren oder Dienstleistungen gibt. Für jede Bewegung, für jeden Prozess, für alles Produzieren brauchen wir – neben materiellen Ressourcen – Energie. Die ziehen wir seit geraumer Zeit aus der chemischen Bindungsenergie fossiler Brennstoffe. Und genau das müssen wir nun schleunigst anders machen. An dieser Erkenntnis führt kein Weg vorbei. Sehen wir uns daher die wirklich relevanten Stellschrauben für unser Vorhaben an, die globale Temperatursteigerung zu bremsen.

Die großen Kohlenstoffkreisläufe vollziehen sich – wie bereits erläutert – innerhalb bestimmter Medien, die Kohlenstoff abwechselnd freisetzen und wieder binden. Da sie beim Binden Kohlenstoff aus der Atmosphäre entnehmen, nennen wir sie »Senken«. Wir werden uns in diesem Abschnitt die drei größten ihrer Art ansehen: die Wälder, die Meere und die Moore. Diese Senken intakt zu halten, ist eine der wichtigsten Stellschrauben im Klimageschehen. Wir Menschen haben demgegenüber etliche neue »Quellen« geschaffen, aus denen zusätzlicher Kohlenstoff ins System strömt, im Wesentlichen durch die Verbrennung fossiler Energieträger. Diese wieder zu schließen ist die zweite große Stellschraube. Die wichtigsten Quellen, auf die wir uns im Folgenden konzentrieren wollen, sind die Energiewirtschaft – hier geht es vor allem um Elektrizität –, der Verkehr, die Gebäudetemperierung und die Landwirtschaft. Zusätzlich zu nennen wäre die industrielle Produktion, die sich aber aufgrund der Unzahl ihrer Produkte im Rahmen dieses Buches kaum fassen lässt und nicht im Detail behandelt wird. Wichtige Themen wären hier zum Beispiel die Textilproduktion, das Bauwesen oder die Elektrotechnik.

Handeln und fordern

Wenn wir in den nachfolgenden Abschnitten unsere Optionen für den Klimaschutz abhandeln, werde ich versuchen, allgemeine Richtungen zu beschreiben, in denen wir alle tätig werden können. Ein Buch kann da freilich keine individuellen Lösungen anbieten, sondern nur Wirkzusammenhänge verdeutlichen, sodass Sie in der Lage sind, Überlegungen für Ihr eigenes Leben und Umfeld abzuleiten. Wenn Sie aktiv werden wollen – was ich mir wünsche – finden Sie ausgiebige Spezialliteratur und Online-Ratgeber zu jedem Handlungsbereich. Wichtig ist mir hier aber eines: So sehr wir uns auch bemühen, werden wir trotzdem an Grenzen stoßen. Verschiedene Untersuchungen und Experimente zeigen, dass Haushalte oder Privatleute bei uns selbst mit vollem Einsatz ihren CO_2-Ausstoß nicht unter 4 bis 5 Tonnen pro Kopf und Jahr senken können. Eine enorme Leistung, aber dennoch, wie wir wissen, nicht genug. Das liegt an den systemischen Vorbedingungen, den Grundeinstellungen unseres Wirtschaftens. Und damit ist auch die Linie aufgezeigt, wo unsere Möglichkeiten enden und die Politik endlich die richtigen Rahmenbedingungen setzen muss. Deswegen möchte ich in jedem Kapitel neben den Handlungsvorschlägen auch immer ein paar Hinweise geben, welche Änderungen wir für einen funktionierenden Klimaschutz fordern müssen.

Geschlossene Kreisläufe

Zum allgemeinen Konsum möchte ich hier nur einen Gedanken anbringen, den man »cradle to cradle« nennt: Demnach ist das Lebensende eines Produkts immer gleich der Anfang eines neuen – ohne den »Umweg« es wegzuwerfen. Alle Ressourcen würden in geschlossenen Stoffkreisläufen geführt. In der Praxis könnte dies so aussehen: Der Hersteller einer Waschmaschine verkauft sie nicht, sondern vermietet sie. Nach ihrer Nutzungszeit nimmt er sie zurück und repariert oder verwertet sie direkt. Dann hätte er ein vitales Interesse, dass das Gerät von hoher Qualität ist und gut gewartet wird. Schundprodukte, gefertigt nach dem Motto »Aus den Augen, aus dem Sinn«, die zu dauerndem Wiederkauf zwingen, hätten dann keine Zukunft mehr. Wir würden unseren gegenwärtigen Umgang mit Ressourcen also grundsätzlich umstellen. Denn noch bedeutet unsere Praxis aus Produktion, Konsum und Entsorgung, dass wir knappe Rohstoffe letztlich immer feiner über den Planeten verteilen. Sie sind dann zwar nicht »weg«, aber so diffus verstreut, quasi unendlich »verdünnt«, dass wir auch eine gewaltige – fast schon unendliche – Menge

Energie aufwenden müssten, um sie wieder einzusammeln. D
Energie steht uns nicht zur Verfügung.

Der Rebound-Effekt

Können wir nicht einfach darauf vertrauen, dass uns Technologie
im Alleingang retten wird? Das ist mehr ein Mantra als überprüf-
bare Realität. Blicken wir in die Geschichte der letzten 150 Jahre,
müssen wir konstatieren, dass technologische Weiterentwicklun-
gen, gerade auch solche zur Einsparung von Zeit und Energie,
letztlich zu mehr Verbrauch geführt haben, der zumindest teilweise die Verbesserungen wieder aufzehrte. Dieses Phänomen
heißt heute Rebound-Effekt und wir werden ihm auf den folgenden Seiten immer wieder begegnen. Die sparsame LED-Lampe
lassen wir gerne länger brennen (direkter Rebound-Effekt), haben wir an Heizkosten gespart, leisten wir uns einen Urlaubsflug
mehr (indirekter Rebound-Effekt) und so weiter. Wenn der Mehr-
verbrauch die technologischen Einsparungen überkompensiert,
heißt das Backfire – ein toller Begriff! Die Lösung dafür lautet:
Wir müssen eine knappe Ressource verteuern *und* den Zugriff darauf reduzieren. Wie im Idealfall bei den Zertifikaten im Emissionshandel: Sie werden teurer *und* weniger. Setzen wir politisch
diesen Rahmen, unterbinden wir den Rebound-Effekt und geben
guter Technologie eine Chance, uns zu retten.

Das kostet doch nicht die Welt

In manchen Kreisen wird ohne Unterlass vor den Kosten des Kli-
maschutzes für »die Wirtschaft« gewarnt. Was ist damit gemeint?
Sicher nicht die 100 Millionen Euro, die für Deicherhöhungen in
Norddeutschland eingestellt werden müssen, und ebenfalls sicher nicht die 340 Millionen Euro, die Bund und Länder allein im
Dürresommer 2018 für Stützzahlungen an die Landwirte bereitgestellt hatten – garantiert nicht zum letzten Mal. Vor der Coronakrise war das einmal viel Geld! Warum war hier eigentlich kein
Aufschrei zu hören? Vielleicht, weil diese Summen bei der breiten und stummen Bevölkerung leicht abgeschöpft werden können, wohingegen Einschränkungen bestimmter Wirtschafts- oder

Produktionsweisen sehr punktuell schmerzen und auf entsprechend lauten Widerstand stoßen? Ja, das Klima zu stabilisieren wird uns einiges kosten. Eine generationenübergreifende gemeinschaftliche Anstrengung, aber auch bares Geld. Dass wir es mobilisieren können, haben wir gerade bewiesen. Und alle Kalkulationen zeigen, dass die Kosten des Zuwartens die des zeitigen Handelns bei Weitem übertreffen werden. Gehen wir es also an mit den Worten Nelson Mandelas: »It always seems impossible until it is done.«

Die Bedeutung der Wälder

Von den 510 Millionen Quadratkilometern der Erdoberfläche sind 366 Millionen, also mehr als 70 Prozent, von Wasser bedeckt. Vom restlichen Teil sind derzeit noch rund 40 Millionen Quadratkilometer bewaldet, 8 Millionen davon mit Tropenwäldern. Der Mensch vernichtet jährlich etwa 120 000 Quadratkilometer Wald – das sind 35 Fußballfelder in jeder einzelnen Minute. Gelindert durch Wiederaufforstungsmaßnahmen und die natürliche Waldausdehnung beläuft sich der Nettoverlust dennoch auf beachtliche 73 000 Quadratkilometer pro Jahr. Das entspricht ziemlich exakt der Fläche der Beneluxstaaten, die uns damit im Kohlenstoffkreislauf und im Klimaschutz verloren geht. Noch speichern die tropischen und borealen Wälder gut die Hälfte des terrestrisch gebundenen Kohlenstoffs. Dem entsprächen 2 400 Milliarden Tonnen Kohlendioxid oder 63 Jahre unserer derzeitigen CO_2-Emissionen. Dadurch sind sie unsere potenziell stärksten Verbündeten gegen den Klimawandel. Die Kohlenstoff-Hotspots der Erde liegen in Südamerika, insbesondere in den tropischen Zonen, sowie in Russland, wobei dort der Speicher »Boden« eine noch wichtigere Rolle spielt als in anderen Regionen der Erde. Die USA und China kommen zusammen auf eine ähnliche Waldfläche wie Brasilien, und in Afrika ist die Demokratische Republik Kongo mit 150 Millionen Hektar die wichtigste Waldregion. Indonesien verfügt über 10 Prozent der tropischen Regenwälder und zudem über ein gutes Drittel aller Moore. Nebenbei sind Wälder Heimat für 80 Prozent der Landlebewesen; allein die tropischen Regenwälder beherbergen rund die Hälfte aller Tier- und Pflanzenarten, neben etwa 100 Millionen Menschen. Noch saugen die Regenwälder jährlich knapp ein Drittel der menschengemachten Treibhausgasemissionen auf. Über die letzten 150 Jahre haben die Wälder und Ozeane rund die Hälfte der etwa 2 000 Milliarden Tonnen CO_2, welche die Menschheit seither in die Atmosphäre gefeuert hat, wieder aus ihr entfernt. Jüngst haben die borealen Wälder die Regenwälder als wichtigste Kohlenstoffsenke abgelöst, was allerdings nicht auf ein wundersames Wachstum der ersteren, sondern den rapiden Schwund und das biologische Erlahmen der letzteren zurückzuführen ist.

Wie dramatisch der Mensch eine Region verändern kann, lässt sich in Äthiopien beobachten. Waren vor rund 100 Jahren noch 40 Prozent des Landes bewaldet, sind es heute nur noch etwa 4 Prozent. Die radikalste Abholzung des Waldes ist dort zu verzeichnen, wo eine arme, schnell wachsende Bevölkerung das Holz zum Heizen braucht oder auf dem gerodeten Gebiet bescheidene Landwirtschaft betreibt. Die Not, irgendwie bis zum nächsten Tag überleben zu müssen, zerstört dort die Lebensgrundlage auf Dauer. Global gesehen bedeutet der Rückgang des Waldbestandes, dass die CO_2-Senke »Landbiosphäre« schrumpft und mehr Kohlendioxid in der Atmosphäre verbleibt.

Dabei könnte es genau anders herum laufen. Weltweit gibt es derzeit ein Flächenpotenzial von knapp einer Milliarde Hektar für den Aufbau neuer Wälder, so eine aktuelle Rechnung der ETH Zürich. Dort könnten wir dann 205 Gigatonnen CO_2 »versenken« und laut IPCC das 1,5-Grad-Ziel bis 2050 erreichen. Auch wenn der Ansatz, mit Aufforstung Klimaprobleme zu lösen, nicht unumstritten ist, weil zusätzliche Waldflächen eine Verringerung der Albedo bedeuten und eine veränderte Bodenfauna auch mehr Treibhausgase produzieren kann, dürfte klar sein, wie mächtig dieser Hebel ist.

Noch effizienter wäre es, das belegte ein Wissenschaftlerkonsortium aus den USA Anfang 2020, Wälder besser zu schützen und zu managen, besonders in den Ländern der Tropen. Denn dort stammt der größte Teil der nationalen Treibhausgase aus der Abwertung und Vernichtung von Wäldern, doch ließe sich dies durch geeignete politische Schutzmaßnahmen stoppen und so die CO_2-Quellen in wachsende Speicher umwandeln. Im Paris-Abkommen werden solche Ansätze nicht genügend berücksichtigt und deshalb sind in den nationalen Aktionsplänen nur geringe Mittel dafür vorgesehen. Dabei wären mit einem halben Dutzend dedizierter Lösungsansätze 79 Länder wie Brasilien, Vietnam, Simbabwe oder Ruanda in der Lage, pro Jahr 6,6 Gigatonnen CO_2 zu vermeiden – weit mehr als die Vereinigten Staaten produzieren!

Doch erleben wir zurzeit, wie die Misere »Waldschwund« kontinuierlich fortgeschrieben wird. So stammen etwa 15 Prozent des global freigesetzten Kohlenstoffs aus Waldbränden und der weltweit agierende brasilianische Konzern JBS hat 2016 mehr Treibhausgase verursacht als die gesamten Niederlande, nur durch die Verarbeitung von Rindern, die auf gerodeten Regenwaldflächen grasen. Das Amazonasbecken ist ohnehin eine der Regionen, welche die Wissenschaft mit höchster Sorge beobachtet. Mittlerweile ist es zu 17 Prozent entwaldet, in Brasilien sind es schon 20 Prozent. Diese Zahl gewinnt Gewicht, weiß man, dass bei einem Verlust der Waldfläche von 20 bis 25 Prozent einer der 16 global identifizierten Kipppunkte erreicht sein dürfte: Da der Regenwald einen Großteil seines Niederschlags selbst »erzeugt«, also ein enger Wasserkreislauf vorherrscht, könnte an diesem Punkt das Ökosystem Regenwald mangels Niederschlägen irreversibel hin zum Ökosystem Savanne umkippen – weniger Wald bedeutet weniger Regen, weniger Regen bedeutet weniger Wald. Die dadurch freigesetzten Kohlenstoffmengen würden den Prozess wiederum weiter beschleunigen. Und er hat schon begonnen: Im Süden des Amazonasgebiets regnet es heute ein Viertel weniger als Ende der 1980er Jahre. Klimaanalysen der Universität São Paulo und der George Mason University sowie Hochrechnungen der zu erwartenden weiteren Abholzungen durch das Washingtoner Peterson Institute for International Economics legen nahe, dass sich bereits 2021 entscheiden könnte, in welche Richtung das System geht.

Natürlich wird beim Zerfall von Holz wieder Kohlenstoff frei. Dieses banale Faktum nutzen manche »Skeptiker« für einen typischen Kartenspielertrick: Angesichts der großen Mengen CO_2 aus dem Totholz der Wälder spiele der Beitrag des Menschen keine Rolle, so ihr Kurzschluss. Gezielt verwechseln sie hier Umsatz mit Gewinn, denn im selben Zug nehmen die wachsenden Bäume ja die entsprechende Menge CO_2 wieder auf – daher der Name Kohlenstoffkreislauf. Ein Nullsummenspiel, das erst aus der Balance gerät, weil wir stetig Waldflächen »aus der Rechnung nehmen« und so ein CO_2-Überschuss entsteht.

Sag mir, wo die Bäume sind

Seit 1990 hat die Erde mindestens 40 Millionen Hektar Wald verloren, vor allem im brasilianischen Teil des Amazonasgebiets und in Südostasien. Die großen Waldvernichter sind Viehzucht und Landwirtschaft: in Asien und Afrika vor allem der Anbau von Palmöl, in Südamerika auch von Getreide zur Produktion von Biotreibstoffen. Daneben schwinden die Regenwälder für Holzeinschlag, für Soja zur Viehmast und durch den Abbau von Metallen wie Gold, Cobalt oder Aluminium.

In Brasilien ist der Verlust dramatisch. War die Entwaldung ab 2012 durch Anstrengungen der Regierung da Silva auf jährlich rund 4000 Quadratkilometer gedrückt worden – Brasilien galt da noch als Vorreiter im Klimaschutz – ist sie 2018 auf fast 8000 und 2019 auf gut 9000 Quadratkilometer gesprungen. Auch die Zahl der Brände war laut offiziellen Berichten um 30 Prozent gestiegen. Zweifellos auch eine Folge der Regierung Bolsonaro, die das Budget des Umweltministeriums um ein Viertel gekürzt, das für Klimaschutz fast völlig gestrichen hat. Der Atlantische Regenwald an der Ostküste Brasiliens ist heute zu 90 Prozent verschwunden, vom Rest wurde nur der kleinste Teil unter Schutz gestellt; und auch dort findet noch illegaler Holzeinschlag statt. Etwa zwei Drittel der Entwaldung gingen 2019 auf die Rechnung der Fleischindustrie, die einen neuen Exportrekord von 1,64 Millionen Tonnen erreicht hat. Drittwichtigster Abnehmer mit einem Handelsvolumen von 640 Millionen Euro ist die EU. Illegaler Holzhandel, unter anderem auch für unsere steigende Papiernachfrage, tut sein Übriges.

Indonesien dagegen zeigt, wie die Sucht nach billigem Palmöl die Urwälder dezimiert. Der Inselstaat liefert über die Hälfte des weltweit nachgefragten Öls, und mit gut dreieinhalb Millionen Beschäftigten ist der Wirtschaftszweig der wichtigste nach Kohle und Petroleum. Dem Boom hat das Land Millionen Hektar Regenwald geopfert, zwischen 2000 und 2015 jährlich etwa 500000 Hektar, an deren Stelle Palmplantagen hochgezogen wurden. Damit belegt es nach Brasilien den zweiten Platz der größten Regenwaldvernichter und schafft es unter die Top Ten der CO_2-Emittenten. Das hat durchaus etwas mit uns zu tun, denn

Palmöl, wie auch Sojaöl, wird bei uns größtenteils Dieseltreibstoffen beigemischt: Über die Hälfte der europäischen Importe landet in Autotanks. Die Erneuerbare-Energien-Richtlinie der EU hatte diese Praxis ab 2009 subventioniert, um die Klimabilanz des fossilen Kraftstoffs aufzubessern. Seither müssen die Treibstoffhersteller einen Anteil von 7 Prozent »Biokraftstoff« einhalten. Doch die als Klimaschutzmaßnahme gedachte Förderung hob ein Gemisch in den Markt, das aufgrund der resultierenden Regenwaldabholzung dreimal so klimaschädlich wie purer Diesel ist. Wir verfahren die Wälder Südostasiens und tragen so unseren Teil zu den Treibhausgasemissionen bei, die aus den Plantagen dort entweichen. Wir sollten grundsätzlich darüber nachdenken, ob der »Export« unseres überdurchschnittlichen Konsums ethisch zu rechtfertigen ist. Müssten wir alles, was wir verbrauchen, auch selbst produzieren – was bei Biotreibstoffen de facto gar nicht ginge – und uns die Emissionen selbst anrechnen, sähe unsere Klimabilanz noch deutlich schlechter aus.

Nicht nur wegen unserer Verstrickung in den Schwund der Urwälder sollten wir uns hüten, mit dem Finger auf andere zeigen – nein, auch unsere eigene Historie gibt Anlass, den Ball flach zu halten. Wir *haben* bereits einen Großteil unserer Wälder geopfert, sie bedecken aber noch gut 40 Prozent der EU. Zwei Drittel davon finden sich in nur sechs Ländern – darunter auch Deutschland. Immerhin nehmen die Wälder in der EU wieder zu, vor allem weil man sie wachsen *lässt* und aufforstet.

Beschädigte Wälder bedeuten auch einen großen Verlust an Fauna. Seit 1970 sind die Bestände von waldlebenden Wirbeltieren um über die Hälfte gesunken und besonders in Zentralafrika ist das »Empty Forest Syndrom« zu beobachten: scheinbar intakte Wälder, in denen aber kaum noch tierisches Leben zu finden ist. Umgekehrt sind aber die Wälder auf eine Tierwelt angewiesen, die das Bestäuben und das Verbreiten der Samen übernimmt. Plantagen ohne jegliche biologische Vielfalt speichern wesentlich weniger CO_2 als die ursprünglichen Wälder.

Wir sind der Papiertiger

Auch wenn sich alle Welt am Raubbau der Wälder beteiligt, nimmt Deutschland doch einen Sonderstatus ein, nämlich beim Papierverbrauch, der übrigens durch die Einführung des Computers keineswegs gesunken ist. Mit jährlich einer viertel Tonne (!) pro Kopf sind wir absolute Weltspitze, mit der Gesamtmenge belegen wir im globalen Vergleich einen bedenklichen vierten Platz. Wir verbrauchen so viel Papier wie Afrika und Südamerika zusammen – und 20 Prozent davon stammt aus Urwäldern. Immer mehr Hochglanzmagazine und vor allem Verpackungen, auch für die kleinsten Konsumartikel, füllen diesen Berg – und das, obwohl wir schon einmal viel besser waren: Allein bei den sogenannten Hygienepapieren ist der Altpapieranteil von drei Vierteln im Jahr 2000 auf weit unter die Hälfte im Jahr 2016 abgestürzt. Braucht man wirklich das feinste Papier für so profane Zwecke? Keine Kleinigkeit, wird doch weltweit fast jeder zweite Baum für die Papierproduktion gefällt. Allerdings nicht bei uns, denn wir importieren 80 Prozent unseres Zellstoffs. Wer genau ihn liefert, ist schwer nachzuzeichnen; ein großer Teil dürfte aus Brasilien, Indonesien, Kanada und Schweden stammen. Auch in Portugal spielt die Papierindustrie als drittgrößte des Landes eine bedeutende Rolle. Für sie wurden viele Wälder in lukrative Eukalyptusplantagen umgewandelt, die Monokulturen der stark ölhaltigen Bäume begünstigen aber die Ausbreitung heftiger Brände. Allein 2017 ist daher in Portugal über eine halbe Million Hektar (ehemals natürlicher) Wald verbrannt und über 100 Menschen mit ihm.

Der FSC und das Ende eines Traums

Vor 25 Jahren schien sich eine Lösung aufzutun, Ökologie und Ökonomie miteinander zu versöhnen. Der Forest Stewardship Council Deutschland (FSC) war angetreten, durch strenge Kontrollen entlang der gesamten Lieferkette und durch Zertifizierungen nachhaltige Waldwirtschaft von Raubbau zu trennen. Heute muss man konstatieren, dass dieses ambitionierte Unterfangen gerade in den Heimatländern der Regenwälder so weit unterminiert wurde, dass sich im Saldo kaum Nutzen erkennen lässt. Berichte in der Lieferkette werden gewohnheitsmäßig gefälscht, ehemalige Zertifizierer berichten von Korruption vor Ort. Die Environmental Investigation Agency (EIA) konnte in Peru mit staatlichen Zahlen nachweisen, dass die größten Exporteure auch durch die höchste Zahl an Fälschungen auffallen. So fanden sich bei Bozovic oder Inversiones La Oroza um die 20 Prozent gefälschte Zertifikate, was großen Mengen an nicht-nachhaltigem Holz auf dem Markt entspricht. Auch das vermeintlich schonende Entnehmen einzelner Bäume, das »selektive Fällen«, hat nicht funktioniert. Satellitenkarten der NASA zeigen im Norden des Kongo ein elaboriertes Straßensystem mitten im Primärwald – in kürzester Zeit eingerichtet für einen möglichst effizienten Abtransport großer Holzmengen. Typischerweise degradieren solche Gebiete dann weiter bis zu im Grunde artenfreien Plantagen, die, weil ordentlich bewirtschaftet, wiederum ein FSC-Siegel bekommen können, so geschehen in Brasilien. Erste Untersuchungen zur Langzeitwirkung zeigen im Anschluss an die Bewirtschaftung keine nennenswerten Unterschiede zwischen FSC-Flächen und solchen mit »ganz normalem« Kahlschlag.

Auch wenn der FSC tatsächlich das strengste Zertifizierungssystem bietet und für die deutsche Waldwirtschaft noch immer ein guter Partner sein dürfte, hat er den Schwund der Urwälder doch nicht beeinflussen können. Sogar Gründungsmitglieder wie Greenpeace oder Simon Counsell, Direktor der Rainforest Foundation UK, haben den FSC wieder verlassen. Auch ich bin heute nicht mehr überzeugt, dass man sich auf irgendein Zertifikat für Tropenholz wirklich verlassen kann. Die Kontrolle ist einfach zu schwierig und die Korruption zu stark. Insofern würde ich dazu raten, es konsequent zu meiden – sehen Sie es einfach als Ihr privates Einschlagmoratorium.

Was wir tun können

Bis es ein funktionierendes System für fairen Handel gibt, mit dem wir uns nicht die grüne Lunge amputieren, sollte alle Anstrengung dem Ziel gelten, die Urwälder am Leben zu erhalten. Eine sinnvolle Möglichkeit, Wald und Wirtschaft zu unterstützen, ist indes, Holz aus *unseren* Wäldern zu kaufen. Bauen Sie mit Holz! Es ist ein phantastischer Werkstoff, der obendrein noch CO_2 bindet. Ein Kubikmeter Holz hat der Atmosphäre etwa eine Tonne Kohlendioxid entzogen, wogegen die Zementindustrie zu den ganz großen CO_2-Schleudern gehört. Es gibt sogar etliche Fertighausangebote in Holzbauweise und der Brandschutz ist längst bestens geklärt.

Über unsere Fleischeslust werden wir später noch genauer nachdenken, aber für Fleisch aus Brasilien ist eine gesonderte Warnung auszusprechen. Denn wie aktuelle Recherchen erstmalig nachweisen können, ging von den über 40 000 Tonnen Rindfleisch, die deutsche Handels- und Steakhausketten binnen der letzten 5 Jahre importiert haben, viel auf illegale Brandrodung und Abholzung zurück. Dahinter stehen Lieferanten wie Minerva, Marfrig Global Foods und die JBS S.A. Letztere kauft auch beim Mastbetrieb Santa Barbara, über den brasilianische Behörden mehrfach Geldstrafen verhängten, weil er wiederholt unter Schutz gestellte Flächen für die Rindermast abholzte. Partner dieser Lieferanten auf deutscher Seite wären beispielsweise Block House, der Fleischkonzern Tönnies oder Frostmeat, der größte Importeur für Handel und Restaurants. Als deren Kunden sind wir für bis zu 8 Prozent der durch EU-Importe bedingten Abholzung mitverantwortlich. Da es keine Herkunftsnachweise gibt, erkennen Sie Fleisch aus Brasilien am ehesten am sehr günstigen Preis: Es kostet nur fast die Hälfte heimischer Angebote.

Über unseren Papierkonsum sprechen wir schon lange, doch wir kommen nicht davon runter. Die Lösungsansätze sind die gleichen wie eh und je – sparsamer Umgang, möglichst wenig ausdrucken, Sie kennen den Rest – werden aber offenbar nicht beherzigt. Hinzu gekommen sind in den letzten Jahren noch die enormen Verpackungsmengen für Onlinehandel und Retouren. Wählen Sie wo immer möglich Papier mit dem Blauen Engel. Er garantiert als einziges Label, dass Produkte vollständig aus Recycling gewonnen werden. Können Sie die Schule Ihrer Kinder oder die Elternschaft motivieren, genauso vorzugehen? Und die Beschaffungsabteilung an Ihrem Arbeitsplatz?

Um kein Palmöl zu verfahren, können Sie bis auf Weiteres Diesel nur meiden. Mit hoher Wahrscheinlichkeit ist ihm billiges, aber für das Klima in Summe desaströses Palmöl beigemischt. Alternativ kann er zwar heimisches Rapsöl enthalten, das dem Klima aber wegen der hohen Lachgasemissionen der Rapsfelder auch keine Hilfe ist. Die ganze Aktion »Pflanzenöl im Tank« hat ihr Ziel völlig verfehlt. Eine Umfrage des britischen Instituts Ipsos in neun europäischen Ländern hat ergeben, dass 82 Prozent der Bürger nicht einmal wissen, dass sie mit Diesel zugleich Palmöl tanken. Darüber aufgeklärt, forderten 69 Prozent dies zu ändern. Spenden Sie an oder engagieren Sie sich für Waldschutzprojekte, wie sie alle großen Umweltverbände koordinieren. Besonders wirksam scheint der Ansatz, Flächen zu kaufen und so vor Raubbau zu schützen – auch wenn es in manchen Ländern nicht unbedingt leicht ist, das Recht am Wald durchzusetzen. Ohnehin werden wir gerade armen Menschen, deren einziges Einkommen an der Zerstörung ihrer Wälder hängt, finanziell helfen müssen, damit sie es sich leisten können, die Bäume stehen zu lassen. Abholzen und später wieder anpflanzen ist keine Lösung. Tropische Regenwälder wachsen auf alten, verwitterten und daher nährstoffarmen Böden; einen Waldboden, wie wir ihn kennen, gibt es nicht. Alle Pflanzen ziehen ihre Nährstoffe also immer gleich aus der absterbenden Biomasse: Jedes Blatt, das zu Boden fällt, wird umgehend verwertet und geht direkt wieder ins Wachstum der lebenden Pflanzen. Diesen kurzgeschlossenen Kreislauf durch Kahlschlag zu unterbrechen, richtet irreversible Schäden an. Hier Wald wieder aufzuforsten ist schwierig, regenwaldähnliche Ökosysteme wiederherzustellen nahezu unmöglich. Wo Wald verschwunden ist, können Projekte der Farmer Managed Natural Regeneration (FMNR) helfen. Entwickelt hat sie der australische Agrarökonom Tony Rinaudo, der dafür 2018 mit dem Alternativen Nobelpreis ausgezeichnet worden war. Er hat diese Idee in mehreren afrikanischen Ländern in die Tat umgesetzt und so konnten Kleinbauern in rund 30 Jahren 60 000 Quadratkilometer ödes Land wieder bewalden. Wer hier spendet, bekommt ein Stück stabiles Klima zurück. Man sieht: Jeder kann Bäume pflanzen. Mit ein bisschen Platz auch hier bei uns.

Was wir noch brauchen

Eine der wichtigeren politischen Weichenstellungen für die Regenwälder dürfte die Ausgestaltung des Mercosur-Abkommens sein. Es soll zwischen der EU und den Mercosur-Staaten (Argentinien, Brasilien, Uruguay, Paraguay) die größte Freihandelszone der Welt schaffen, hauptsächlich, um für dortige Erzeuger den Agrarhandel auszuweiten, besonders für Rindfleisch, aber auch Soja. Für die EU geht es um Zollerleichterungen für Auto- und Maschinenbau sowie die chemische Industrie. Unterschrieben haben es die Partner im Juni 2019, ratifiziert ist es aber noch nicht. Dies soll voraussichtlich im Herbst 2020 geschehen, wenn das EU-Parlament darüber abstimmen will. Das Abkommen enthält zwar ein »Nachhaltigkeitskapitel«, jedoch außer der Anhörung eines Expertenkomitees keinerlei Sanktionen für Verstöße, die den Zielen des Pariser Abkommens entgegenlaufen. Drängen Sie bei Ihren Abgeordneten darauf, dass im Zuge der Beratungen verbindliche Klimastandards mit entsprechenden Sanktionsmechanismen in den Vertragstext kommen. Sie wären nicht allein: Luxemburg hat sich vom aktuellen Entwurf distanziert, ebenso Frankreich, Irland und Österreich. Nicht hingegen die Bundesregierung ...

Fordern Sie, auch von der Bundesregierung, dass die EU auf eine »entwaldungsfreie« Lieferkette besteht. Hierfür bräuchten wir selbst zunächst ein entsprechendes Gesetz, wonach Unternehmen Menschenrechte und Umweltstandards in der gesamten Kette einzuhalten hätten, Importeure aus Deutschland für entstehende Umweltschäden in den Herkunftsländern in Haftung zu nehmen wären und Geschädigte auch vor deutschen Gerichten klagen könnten. Hierfür könnten Sie sich zum Beispiel der »Initiative Lieferkettengesetz« anschließen.

Verlangen Sie einen schnellen Ausstieg aus dem »Biodiesel«. Zwar hat das EU-Parlament 2019 bei der Novellierung der Erneuerbare-Energien-Richtlinie entschieden, dass Palmöl nicht mehr als Maßnahme gilt, die Ziele für umweltschonende Kraftstoffe zu erreichen, allerdings soll der Anteil von Biodiesel bis 2030 schrittweise reduziert und erst dann vollständig abgeschafft werden. Vielleicht hatte der Druck der Hauptproduzenten Malaysia und

Indonesien die EU bewogen, neben der Frist von 10 Jahren noch Möglichkeiten für künftige Palmöllieferungen zu öffnen. Doch ohne schnellen, vollständigen Stopp des Biodiesel-Unsinns ist angesichts der Geschwindigkeit, mit der die Urwälder vergehen, 2030 nicht mehr viel von ihnen übrig. Und unsere Klimaziele könnten wir vergessen.

Um den Papierverbrauch außerhalb Ihrer vier Wände zu senken, könnten Sie Ihre Kommunalverwaltung ermuntern, sich ein Beispiel an der Stadt Erlangen zu nehmen. Sie schafft es, ihren Jahresbedarf von 16 Millionen Blatt zu bedienen, ohne dass auch nur ein einzelner Baum dafür gefällt werden müsste. Dafür gab es den Preis der »Initiative pro Recyclingpapier«. Auch die Einkaufsabteilungen in deutschen Unternehmen könnten so handeln! Geben Sie doch einmal in Ihrem Büro einen Denkanstoß ... damit wir beim Recycling wieder dahin kommen, wo wir schon einmal waren.

Die Meere als größte Kohlenstoffsenken

Meere und Ozeane sind unsere größte, mächtigste und – im Wesentlichen – noch am besten funktionierende Kohlenstoffsenke. Hier ist etwa 50-mal mehr Kohlenstoff gebunden als in der Atmosphäre und rund 20-mal mehr als an Land. Sie nehmen CO_2 an der Oberfläche auf und transportieren es über die physikalische Kohlenstoffpumpe in die Tiefe, wo es dann in Form von Carbonaten »weggesperrt« wird. Ein langsam laufender Prozess, der wesentlich von der Wassertemperatur abhängt: Kühlere Meere können mehr CO_2 aufnehmen, wärmere weniger. Daneben entfernt die organische oder biologische Kohlenstoffpumpe in Form der marinen Pflanzen und Tiere CO_2 aus dem Oberflächenwasser, indem sie es direkt oder als Hydrogenkarbonat aus dem Wasser holen, in ihren Stoffwechsel einbauen und schließlich bei ihrem Tod mit in die Tiefe nehmen. Sie verringern dadurch den Partialdruck von CO_2 in der oberen Wasserschicht, sodass sie wieder neues aus der Atmosphäre aufnehmen kann.

Über diese beiden Pfade haben die Weltmeere, wie aktuelle Studien zeigen, in den letzten Jahrzehnten rund 31 Prozent des von uns emittierten CO_2 geschluckt. Bislang ist dieser Puffer mit den Emissionen »mitgewachsen«. Das ist einerseits unser Glück, aber ob und wie lange dies noch so bleibt, ist unklar. Denn andererseits werden die Meere im Zug des Klimawandels immer wärmer und saurer. Sie haben mehr als 90 Prozent der zusätzlichen Wärme aus dem Klimasystem aufgenommen und ihre Temperatur steigt seit 1970 stetig. Die Geschwindigkeit der Erwärmung hat sich seit 1993 mehr als verdoppelt. So kommt es nun auch auf den Meeren zu Hitzewellen, wie wir sie an Land mittlerweile regelmäßig beobachten. Tendenz – und Intensität – steigend! Das ist fatal, denn wie bereits oben angesprochen spielt die Temperatur eine entscheidende Rolle für die Fähigkeit der Meere, CO_2 zu puffern: Je höher sie steigt, umso weniger CO_2 wird dauerhaft aus der Atmosphäre entfernt und umso mehr heizt es die Atmosphäre auf. Sie sehen das Problem? Es ist eine klassische positive Rückkopplung. 2019 haben die Ozeane eine neue Rekordtemperatur erreicht, und auch wenn der Anstieg von 0,075 Grad Celsius nach wenig klingt, bedeutet er doch aufgrund ihrer gewaltigen Masse, dass die Weltmeere die Energiemenge von 3,6 Milliarden (!) Atombomben des Hiroshima-Typs absorbiert haben. Die Überhitzung zeigt 2020 auch die Korallenbleiche am Great Barrier Reef in nie da gewesenem Ausmaß.

Dass die Meere immer saurer werden, liegt direkt am aufgenommenen CO_2. Jeder kennt das Prinzip von der Sprudelflasche: Die hineingepumpte Kohlensäure (H_2CO_3) zerfällt beim Öffnen in CO_2 – das sind die Gasperlen – und Wasser. Heißt umgekehrt: Wenn wir viel CO_2 in die Meere »pumpen«, entsteht dort Kohlensäure. Und mit Säure löst man Kalk. Damit liegt das Problem der weiterhin steigenden CO_2-Aufnahme für alle Meereslebewesen mit Kalkskelett klar auf der Hand: In sauren Meeren fällt es Korallen, Muscheln, Seesternen und Schnecken immer schwerer, ihre Skelette und Gehäuse aufzubauen. Die Versauerung reicht teils schon in über 3000 Meter Tiefe. Modellrechnungen zeigen, dass der pH-Wert (das Maß für den Säuregrad einer Lösung) der Ozeane bis zum Ende des Jahrhunderts von heute 8,2 auf 7,7 fallen könnte. Das scheint nicht viel, aber die Änderung verliefe damit mehr als 100-mal schneller als in der natürlichen Ozeanchemie der letzten Jahrhunderttausende. Ohne den Kohlenstofftransport der biologischen Pumpe erhöht sich der Partialdruck des oberflächennahen CO_2 und der physikalischen Pumpe »fehlt der Platz« für die Neuaufnahme. Nebenbei: Wärmeres Wasser nimmt auch weniger Sauerstoff auf. Messkampagnen zeigen vor allem im subtropischen und im subpolaren Gebiet eine entsprechend sinkende Sauerstoffkonzentration. Das ist nicht nur ein Problem für die Lebewesen der Deckschicht, sondern wegen der geringeren »Belüftung« auch für die in der Tiefsee.

Mit Temperatur und pH-Wert hätten wir zwei Faktoren für die Funktion unserer stärksten Kohlenstoffsenke beschrieben. Wie vital die marinen Ökosysteme sind, hängt drittens noch von den Nährstoffmengen ab. Ähnlich, wie Seen bei Überdüngung umkippen, leiden auch die Meere unter zu viel Stickstoff. Er stammt größtenteils aus der Gülle der Intensivlandwirtschaft und aus den Stickoxiden der Verkehrsabgase, eingeschwemmt mit dem Regen und den Zuflüssen. Man sieht hier ganz deutlich, wie sich die Themenkreise verschränken: Aus der Massentierhaltung allein in Deutschland fallen jährlich über 200 Millionen Kubikmeter Gülle an. Viel zu viel, als dass die Betriebe sie als Dünger aufbrauchen könnten. Dazu kommen die Stickoxide aus Verbrennungsmotoren, die nicht nur die Luft in Städten belasten. In Deutschland sind das jährlich rund 500 000 Tonnen, womit wir die in der EU maximal erlaubte Höchstgrenze klar überschreiten. Nicht umsonst hatte Brüssel Deutschland im Oktober 2016 wegen Verletzung der EU-Nitratrichtlinie verklagt. Mehr als die Hälfte dieser Abgase liefern Autos, etwa ein Viertel die Schifffahrt und 14 Prozent der Luftverkehr. Einen weiteren Teil zur Überdüngung der Meere tragen offene Aquakulturen für Fisch, Muscheln oder Krebse bei. Hier werden nicht nur Futtermittelreste und Exkremente ins Wasser entsorgt, sondern auch massenweise Antibiotika und Pestizide. Zudem werden für diese Kulturen auch weiträumig Mangrovenwälder vernichtet, deren Bestände mittlerweile weltweit um mehr als die Hälfte geschrumpft sind. Fatal, binden sie doch drei- bis fünfmal so viel CO_2 wie Wälder an Land. Der IPCC hielt im September 2019 fest: Wir haben im 20. Jahrhundert 50 Prozent der Küstenvegetation, Mangrovengürtel und Salzmarschen verloren und mit ihnen ihre natürliche Küstenschutzfunktion. Seegraswiesen und Algenwälder sind um über 40 Prozent zurückgegangen.

Bleibt ein physikalisch und chemisch »diffuses« Problem mit Breitbandwirkung, das Ihnen aus den Medien bereits bestens bekannt sein dürfte: die haltlose Vermüllung der Meere, größtenteils durch Plastik. Jahr um Jahr landen dort zwischen 8 und 12 Millionen Tonnen, und etwa 80 Millionen Tonnen dürften sich dort bereits abgelagert haben. Dies berührt wiederum die Funktion der biologischen Kohlenstoffpumpe in Form der belebten Meereswelten. Zu ihr gehören auch die höherrangigen, keineswegs verzichtbaren Glieder der Nahrungskette wie Wale oder Vögel, die massenweise am Müll im Meer verenden. Die Logik ist auch aus andern Ökosystemen gut verstanden: Fehlen die Spitzenprädatoren, geraten die tiefer gelegenen Glieder schnell aus der Balance und das gerade noch wie ein Uhrwerk funktionierende Ökosystem völlig aus den Fugen. Den größten Teil des Abfalls tragen Flüsse und Wind vom Land in die Meere. Auch wenn er, global betrachtet, überwiegend aus Südostasien stammt –

238   Der Wettlauf zum Klimaziel – was jetzt zu tun ist

mehr als die Hälfte aus fünf Ländern: China, Indonesien, den Philippinen, Thailand und Vietnam – haben auch wir unseren Anteil. Europa wirft tonnenweise Plastik nach einmaligem Gebrauch weg. Allein der Rhein spült jährlich geschätzt 380 Tonnen Kunststoff in die Nordsee – Schifffahrt, Fischerei und die Offshore-Industrien tun ihr Übriges. Am Grund der Nordsee dürften heute schon über 600 000 Kubikmeter Abfall lagern. Zu allem Überfluss verringert Plastik nicht nur die CO_2-Aufnahme der Meere, es setzt während seines Zerfalls auch noch zusätzliche Treibhausgase frei, vor allem Methan und Ethylen. Am schlimmsten ist dabei Polyethylen, der am weitesten verbreitete Kunststoff, so Ergebnisse der University of Hawaii.

Ohne Trendwende wird die Aufnahmekapazität der Ozeane für CO_2 in den kommenden Jahrzehnten weiter abnehmen – die Hälfte des seit 1994 zusätzlich absorbierten Kohlenstoffs findet sich noch in den oberen 400 Metern – und irgendwann gänzlich erschöpft sein. Bei zunehmender Wassertemperatur könnten die Weltmeere sogar von einer CO_2-Senke zu einer Quelle werden. Ebenfalls einer der Kipppunkte und weiterer Beschleunigungsfaktor der globalen Erwärmung, den es unbedingt zu umschiffen gilt.

Was wir tun können

Anders als bei den Wäldern fällt es uns bei den Ozeanen schwerer, einen direkten Zusammenhang zwischen deren Kohlenstoffkapazität und unserem Handeln herzustellen. Erstens verläuft die CO_2-Aufnahme in den Meeren ganz anders als in den Kohlenstoffsenken an Land, zweitens hat Deutschland selbst nur zwei überschaubare Küstenabschnitte und drittens gehört die Hochsee keiner Nation. Artikel 87 der Seerechtskonvention schreibt fest:»Die Hohe See steht allen Staaten, ob Küsten- oder Binnenstaaten, offen.«Sie ist staatsrechtlich Niemandsland, ausbeutungstechnisch indes Jedermannsland. Für Küstenstaaten erstreckt sich das Hoheitsgebiet über 12 Seemeilen, zuzüglich 200 Seemeilen als ausschließliche Wirtschaftszone.

Wo können wir also anpacken? Da die Stoffbalance der Ozeane und Meere von den primären Stressfaktoren des Klimawandels –

CO_2-Konzentration und zunehmende Temperaturen – direkt und am meisten beeinträchtigt wird, unterstützen wir diese Senke am ehesten, indem wir sie hier entlasten: Je mehr CO_2-Emissionen wir vermeiden, umso besser helfen uns die Meere, CO_2 aus der Luft zu entfernen. Wenn sich das wie ein Zirkelschluss anhört, liegen Sie nicht ganz falsch. Er bildet allerdings nichts anderes ab als die enge Wechselwirkung der physikalisch und chemisch gekoppelten Systeme von Meer und Atmosphäre.

Daneben müssen wir auch die anderen Störgrößen verringern, um den zweiten großen Mechanismus der Kohlenstoffbindung, die biologische Pumpe, intakt zu halten. Die Überdüngung könnten wir durch weniger Viehhaltung reduzieren, also durch weniger Fleischkonsum und mehr ökologische Landwirtschaft sowie durch weniger Autofahrten und, ja, auch weniger Schiffsreisen. Beide Themen werden wir noch in den Kapiteln »Um die Welt – um jeden Preis?« und »Aufgetischt! Unsere Ernährung« genauer verfolgen. Nur so viel: Knapp ein Drittel allen Mikroplastiks sind Reifenabrieb. Im Lauf seines Lebens von rund 40 000 Kilometern verliert so ein Pneu bis zu 1,5 Kilogramm Gummi inklusive aller giftigen Zusatzstoffe wie Zink oder Cadmium. Über Kanalisationen und Flüsse gehen auch sie in die Meere. Mit jedem Kilometer ohne Auto entlasten Sie diese also gleich mehrfach!

Die beliebten billigen Shrimps sind klassische Mangrovenkiller. Suchen Sie hier und beim Einkauf aller Produkte aus Aquakultur wenigstens nach Schutzsiegeln. Die höchsten Anforderungen stellen Naturland und Bioland, da sie auch garantieren, dass auf Fischmehl aus Wildfischen verzichtet wird. Daneben stehen das Bio-Siegel der EU und des Aquaculture Stewardship Council (ASC) für gewisse Umweltstandards, wenngleich die Ansprüche bei Besatzdichte und Medikamenteneinsatz niedriger liegen. Die Abholzung von Mangroven ist für 10 Prozent der Treibhausgasemissionen durch Entwaldung verantwortlich, 240 Millionen Tonnen CO_2 pro Jahr.

Direkt und positiv wirken können wir auch durch Müllvermeidung. So wie die Dinge aktuell laufen, ist es kein Wunder, dass wir mehr Tüten, Plastikflaschen und Zigarettenkippen finden, als Muscheln und Seesterne. Natürlich werfen nicht Sie eigenhändig den ganzen Mist dorthin, doch wir haben es zugelassen, dass die

Verpackungsberge stetig wachsen – mit mehr als 37 Kilogramm pro Kopf und Jahr liegt Deutschland sogar deutlich über dem EU-Schnitt – und schlaue »Dienstleister« in der Lage sind, völlig absurde Mülldeals um den halben Globus zu spannen, um sie uns aus den Augen zu schaffen. Gerade die Einwegverpackungen wie Coffee-to-go-Becher und Versandverpackungen haben enorm zugenommen und belegen die Entsorgungskapazitäten. Dabei recyceln wir gerade mal ein Viertel unseres Mülls, verbrennen viel und exportieren den Rest in Länder mit oftmals noch schlechteren Abfallmanagementsystemen wie die Türkei, Indonesien, Malaysia oder Vietnam. Ein bevorzugter ehemaliger Empfänger, China, hat 2018 einen Importstopp für Westmüll verhängt – man hat dort ja selbst genug – und die anderen Länder könnten bald folgen.

Füttern Sie dieses System nicht weiter, vermeiden Sie Plastik, wo immer es geht. Auch beim Einkleiden! Über ein Drittel des weltweit verstreuten Mikroplastiks stammt aus Kleidung, besonders viel natürlich aus rein synthetischer. Ungefähr 1,5 Millionen Tonnen davon geraten laut der International Union for Conservation of Nature (IUCN) jedes Jahr ins Meer. Etwa 42 Millionen Tonnen Kunstfasern verbraucht die Menschheit mittlerweile, die Menge hat sich seit Anfang der 1990er Jahre mehr als verdreifacht. Diesen Trend müssen wir umdrehen. Dennoch, wer schon Synthetik im Kleiderschrank hat, sollte die nun nicht schnell durch neue Wäsche aus Naturfasern ersetzen – unser Textildurchsatz ist dank »fast fashion« schon jetzt viel zu hoch –, sondern vor allem das Auswaschen von Teilchen vermindern. Unter anderem durch das passende Waschprogramm: Eine Untersuchung an der Universität Newcastle zeigt, dass ausgerechnet der Schonwaschgang das meiste Mikroplastik aus Polyesterkleidung auswäscht. Auch niedrige Waschtemperaturen unter 60 Grad Celsius helfen, den Abrieb zu vermindern, ebenso der Verzicht auf Weichspüler – beides ohnehin sinnvolle Maßnahmen. Sortieren Sie Kunststoff schrittweise aus Ihrer Mode aus, sogar für Funktionskleidung gibt es natürliche Alternativen. Und noch ein Punkt zum Thema »Schöner ohne Klimawandel«: 17 Prozent des Mikroplastiks lösen sich aus Kosmetika! Verwenden Sie möglichst solche ohne gezielt eingebaute Kunststoffe wie Peeling-Partikel oder den Haarschmeichler Polyquaternium. Die jeweiligen Inhaltsstoffe können Sie über die Liste der International Nomenclature of Cosmetic Ingredients (INCI) prüfen, zusätzlich helfen Apps wie Codecheck oder Toxfox. Daneben bietet der Bund für Umwelt und Naturschutz (BUND) online den regelmäßig aktualisierten Einkaufsratgeber »Mikroplastik und andere Kunststoffe in Kosmetika«, der plastikfreie Pflegeprodukte auflistet.

Die Meere sind verwundbar ... und riesig. Da ist es sinnvoll, Umweltorganisationen zu unterstützen, die sich bereits professionell auf internationaler Ebene für den Schutz der Ozeane einsetzen. So ist der WWF seit Mai 2019 Mitglied der »PREVENT Abfall-Allianz« (www.prevent-waste.net), in der Wirtschaft, Wissenschaft und das Bundesumweltministerium Projekte zur Lösung des Plastikmüllproblems entwickeln. Der NABU koordiniert jeden September den »International Coastal Cleanup Day«, an dem man beim Großreinemachen der Küsten mit anpacken kann. Außerdem vergibt er Meerespatenschaften für Ihre ganz individuelle Initiative.

Was wir noch brauchen

Sollen die Weltmeere weiter als mächtigste Kohlenstoffsenke des Planeten fungieren, müssen mindestens 30 Prozent unter effektiven Schutz gestellt werden. Dazu gehört, den Zustrom von überschüssigen Nähr- und gefährlichen Schadstoffen zu reduzieren, um Seegraswiesen und Großalgen als Sauerstofflieferanten und Kohlenstoffspeicher zu erhalten. Die EU plant, Aquakulturen stärker zu fördern, um die Überfischung der Meere zu stoppen und unabhängiger von asiatischen Importen zu werden. So gut dies gemeint sein mag, könnte es ebenso nach hinten losgehen wie die Idee des Palmöls im Diesel. Fordern Sie Ihre Europaabgeordneten daher auf, Fördermittel nur für geschlossene Aquakulturen mit eigenem Wasseraufbereitungskreislauf zu befürworten. Ebenso müssen sie Agrarsubventionen beenden, die am Ende – in der Regel, weil sie zu hohen Viehbesatz fördern – zur Überdüngung der Meere beitragen. Zudem wäre eine eigene Abgabe für nicht auf dem Hof zu verwendende Stickstoffüberschüsse nötig, die den Milch- und Fleischproduzenten eine dynamische marktwirtschaftliche Rückmeldung zu ihren externalisierten Kosten geben und den allfälligen Gülleschwall eindämmen würde.

Fordern Sie, wie auch das Umweltbundesamt (UBA), ein Verbot von Mikroplastik in Produkten wie Kosmetika. Das geht: Großbritannien, Italien und Schweden haben es bereits durchgesetzt. Nutzen Sie die App Replace Plastic: Mit ihrer Hilfe können Sie einem Hersteller sagen, dass es die Verbraucher eben nicht »so wollen« und er ein bestimmtes Produkt doch ohne Plastikverpackung liefern soll. Einfach Barcode scannen und Bescheid geben!

Rettet die Moore!

Mit den Mooren haben die Menschen über Jahrtausende Schlechtes verbunden: unheimlich und gefährlich, nicht zu besiedeln und nicht zu gebrauchen – außer, wenn man sie austrocknet und den Torf absticht. Der lässt sich verheizen und das neu gewonnene Land steht für Hof und Vieh zur Verfügung. So hielt man es durch die Zeiten und hat dadurch in Deutschland 97 Prozent aller Moore entweder beschädigt oder zerstört.

Dass Moore – sie gehören zu den seltensten Biotopen des Planeten – nicht nur eine enorme Artenvielfalt beherbergen, sondern auch eine wichtige Rolle für das Klima spielen, ist schon länger bekannt. Welch mächtiger Faktor sie im »make or break« unserer Klimaschutzbemühungen sind, zeichnet sich indes erst in jüngster Zeit ab. Obwohl sie nur knapp 3 Prozent der Landfläche ausmachen, stellen sie den weitaus größten Kohlenstoffspeicher aller Landbiotope dar. Sie haben richtig gehört: Moore speichern mehr Kohlenstoff als alle Pflanzen der Erde zusammen. Eine Veröffentlichung in der Fachzeitschrift *Nature Geoscience* zeigte im Sommer 2019, dass man ihre Kapazität bislang erheblich unterschätzt hatte. Tatsächlich dürften die Moore der Erde nahezu doppelt so viel Kohlenstoff enthalten wie angenommen – mehr als 1 000 Gigatonnen! Zum Vergleich: Für alle Pflanzen zusammen nimmt man 550 bis 610 Gigatonnen an. Solange sie gesund sind, halten Moore Kohlenstoff nicht nur zurück, sondern lagern auch immer weiteren ein. Stand heute entziehen sie der Atmosphäre pro Jahr etwa 0,4 Gigatonnen, immerhin 1 Prozent unserer globalen Emissionen. Doch entwässert und abgebaut geben sie allen Kohlenstoff wieder frei, sodass er sich mit Luftsauerstoff zu CO_2 verbindet. Degradierte Moore steuern jährlich 2 Gigatonnen CO_2 zu den weltweiten Emissionen bei. Zusätzlich wird Methan frei und es bildet sich das besonders klimaschädliche Lachgas (N_2O). Nach einer aktuellen Studie in *Nature* gehen auf entwässerte Moore sogar 72 Prozent der globalen Lachgasemissionen zurück. Nichts können wir jetzt weniger gebrauchen!

Behandeln wir die Moore gut, sind sie unsere besten Freunde im Bemühen, das Klima zu stabilisieren. Ökohydrologen an der

Universität Münster schätzen, dass es ohne sie heute bereits 1 bis 1,5 Grad wärmer wäre. Arbeiten wir die Moore jedoch immer weiter runter, schalten wir beim Aufheizen unseres Planeten noch einen Gang hoch. Oxidieren beschädigte Moore, ist es ist wie beim Verheizen von Öl, Gas und Kohle: Im Zeitraffer wird Kohlenstoff in die Atmosphäre geblasen, der zuvor über Jahrtausende gebunden und gespeichert worden war. Moore *sind* fossile Energiespeicher. Torf – also getrockneter Moorboden – hat bezogen auf den Energieinhalt sogar eine schlechtere Klimabilanz als Braunkohle. Das Greifswald Moor Centrum berechnet, dass fast 30 Prozent aller Emissionen Mecklenburg-Vorpommerns aus trockengelegten Mooren stammen. Damit überkompensieren sie die CO_2-Einsparungen, die mit den dortigen Windrädern erzielt werden! Und Deutschlands weitgehend degradierte Moore verursachen zusammen zweimal so viel Treibhausgase wie der gesamte Inlandflugverkehr. So kommt es, dass Deutschland bei den Emissionswerten aus Moorschäden mit jährlich 47 Millionen Tonnen CO_2 (5,4 Prozent der gesamten Emissionen) weltweit an neunter Stelle liegt, obwohl es bei den Moorvorkommen erst auf Platz 19 erscheint.

Dies sind nur die Werte des weitgehend »natürlichen Zerfalls«. Richtig prekär wird es, wenn Moore abbrennen, also in Höchstgeschwindigkeit oxidieren. Aufmerksam wurde die breitere Öffentlichkeit hierzulande darauf 2018, als Anfang September ein Raketentest der Bundeswehr das Moor bei Meppen im Emsland in Brand gesetzt hatte. Der Truppenübungsplatz im Schutzgebiet »Tinner Dose« brannte, trotz Einsatz von über 1 700 Feuerwehrleuten und THW-Mitarbeitern, 5 Wochen lang. Vermutlich sind dabei an die 900 000 Tonnen CO_2 entstanden. Wie unter dem Brennglas, um im Bild zu bleiben, finden sich in diesem Vorfall alle Aspekte zugrunde gehender Moore gebündelt: Die gigantischen Kohlenstoffspeicher leiden unter Übernutzung und Trockenlegung, inzwischen kommen immer neue Rekordsommer hinzu, Torf brennt wie Zunder und ist im Ernstfall kaum zu löschen. Nach Schätzungen des UBA ist Torfabbau für mindestens 6 bis 7 Prozent der weltweiten CO_2-Emissionen verantwortlich. Noch nicht abgeschlossene Untersuchungen, die auch Torfbrände berücksichtigen, lassen viel mehr vermuten.

Man versteht, dass Moorschutz schnell höchste Priorität bekommen muss. Zwar auch in Deutschland, doch die größten verbliebenen Feuchtgebiete finden sich in anderen Ländern. Mit den meisten davon sind wir über unseren Konsum verbunden. Aus Russland, Weißrussland und dem Baltikum beziehen wir Torf für den industriellen Gemüseanbau und unsere Gärten, aus Südostasien Palmöl, aus dem afrikanischen Regenwaldgürtel Hölzer. Überall dort verschwinden dafür große Moorflächen. Indonesien belegt daher den traurigen Spitzenplatz bei den Emissionen aus trockengefallenen Moorwäldern. Bislang. Denn 2017 wurde entdeckt, dass die vielleicht mächtigsten Torfmoore der Erde im Kongo liegen – über 145 000 Quadratkilometer, das ist größer als England, und bis in 5 Meter Tiefe. Sie speichern etwa 30 Milliarden Tonnen Kohlenstoff und sollten sie austrocknen, würden sie so viel CO_2 freisetzen wie die USA in 20 Jahren.

Die Umweltschutzorganisation Greenpeace engagiert sich dort rund um das Dorf Lokolama, um mit der einheimischen Bevölkerung Projekte der Subsistenzwirtschaft zu etablieren, die Wald und Moor im Bestand schützen. Doch auch im Kongo gibt es einige Wenige, vornehmlich im Militär, die gut daran verdienen, illegale Einschlaglizenzen zum Beispiel an chinesische Firmen auszustellen. So wird der Wald in der Nähe des Tumbasees im Nordwesten der Demokratischen Republik Kongo abgeholzt – entgegen dem seit 2002 geltenden Einschlagmoratorium, an dem unter anderem die Weltbank mitgearbeitet hatte. Nicht genug damit, spielen auch bei den Mooren die Kipppunkte eine entscheidende Rolle. Sollten nämlich die Moore in den sibirischen Permafrostböden auftauen, würden zusätzlich riesige Mengen an Treibhausgasen in die Atmosphäre strömen, um den Klimawandel weiter anzutreiben.

Halten wir fest: Der gewaltige Vorrat an Kohlenstoff in den Mooren muss auch weiterhin dort bleiben. Allein die bereits geschädigten Moore könnten, wenn wir ihren Zerfall jetzt nicht schleunigst stoppen, bis zu 40 Prozent unseres CO_2-Restbudgets, über das wir anfangs gesprochen hatten, »verbrauchen«. Das wäre an und für sich schon ein Debakel, aber zusätzlich weitere Moore zu degradieren wäre noch weitaus schlimmer. Oder wie es die Wissenschaftler auf der WETSCAPES-Konferenz ausdrückten: »Moor muss nass und zwar sofort!«

Was wir tun können

Die wenig beachteten Moore sind eine gewaltige Stellschraube, an der wir zum Wohl oder Wehe unseres Klimas drehen können. Da wird schon der Blumentopf zum Politikum. Und hier können Sie auch am einfachsten sofort etwas ändern: Verwenden Sie am besten keinen Torf bei Ihren diversen Pflanz- und Gartenarbeiten. Rund 11 Millionen Kubikmeter Torf verbrauchen wir allein in Deutschland jedes Jahr für den Gartenbau; zwei Drittel davon im Erwerbsgartenbau, der Rest in den Hobbygärten. Woher genau der Torf in der »gemeinen« Blumenerde stammt, ist für uns Verbraucher meist nicht zu erkennen. Typischerweise kommt er aus dem norddeutschen Tiefland und den letzten intakten Moorgebieten im Baltikum, Weißrussland oder Russland. Das resultierende Substrat ist sauer und in vielen Fällen ohnehin nicht optimal für Ihre Pflanzen. Es mag zwar die Durchlüftung des Bodens verbessern, die Bodenqualität aber wird es langfristig verschlechtern. Deutlich besser ist da Kompost aus eigener Herstellung, nicht pur – dafür ist er zu nährstoffreich – sondern entsprechend »verdünnt« mit Rindenmulch oder Holzfasern, mit Spelzen und Späne oder Tongranulat. Kokosfasern sind nur bedingt zu empfehlen, schließlich stammen auch sie wieder aus Sri Lanka oder Indonesien. Selbst stellen Sie das Ganze sehr einfach her: 55 Prozent Gartenerde, 35 Prozent Kompost, 10 Prozent Lehm – fertig. Für Zimmerpflanzen müssen dann noch Fasern untergemischt werden. Diese Eigenmischung ist auch günstiger als die abgepackte aus dem Handel. Eine gute Alternative dazu stellen Erden von regionalen Kompostwerken dar. Dort oder bei Baustoffhändlern erhalten Sie auch naturbelassenen Lehm. Einen Fachhändler in Ihrer Nähe finden Sie in der Firmenliste des Dachverbands Lehm (www.dachverband-lehm.de/firmen).

Auf der Website des BUND finden Sie den Einkaufsführer »Blumenerde ohne Torf«. Bei Herstellern, die nicht explizit dort aufgeführt sind, dürfen Sie davon ausgehen, dass deren Produkte (Hochmoor-)Torf enthalten – sogar bei »torfreduzierter«

oder »torfarmer« Erde bis zu 80 Prozent. Ähnlich verhält es sich mit dem Namenszusatz »Bio«: Dabei handelt es sich nicht um einen geschützten Begriff und deshalb sagt er in diesem Kontext genau nichts aus. Torffreie Erden tragen immer ein Label »torffrei« oder »ohne Torf«. Noch ist ihr Anteil im Handel mit 5 bis 7 Prozent gering, doch durch Ihre Nachfrage können Sie das ändern. Werben Sie auch in Ihrer Umgebung, vielleicht im Kleingartenverein, für torffreie Erde: Gewinnen Sie Verbündete für den Klimaschutz.

Auch wenn wir nicht gärtnern, sind wir mit den Mooren verbunden, denn wir haben sie in unserem Einkaufskorb. In Europa verschwinden sie vor allem im industriellen Gemüseanbau. Seien es spanische Gewächshaustomaten oder Salatköpfe aus der EU, sie wurden fast alle auf baltischem Torf gezogen. Leider gilt dies in großem Maß auch für Produkte aus ökologischem Landbau. Immerhin wird mit Ersatzstoffen experimentiert, aber Sie können den Wandel beschleunigen: Haken Sie nach.

Sehen Sie sich auch Projekte zur Renaturierung von Mooren an, die durch Wiedervernässen degradierter Gebiete das Entstehen von immer neuen Treibhausgasen stoppen und die Moore wieder in die Lage versetzen, effizient CO_2 zu binden. Hier arbeiten Spezialisten, die Sie finanziell unterstützen können, beispielsweise im Projekt »LIFE Peat Restore«, in dem der Naturschutzbund Deutschland (NABU) und seine Partner beweisen, dass es bis zu einem gewissen Grad möglich ist, sogar stark geschädigte Moore von Deutschland bis Estland zu renaturieren. Da sich die torfbildende Vegetation nicht selbstständig regeneriert, werden hierfür Torfmoose (Sphagnum) transplantiert und kultiviert. In Niedersachsen, Deutschlands moorreichstem Bundesland, hat Anfang 2019 der BUND das Förderprojekt »Moorland Klimaspende« gestartet. Es könnte sich zu einem Leuchtturm-Projekt für eine klimafreundliche Bewirtschaftung auf Moorgrünland entwickeln, Paludikultur genannt. Sie erlaubt, den Torf *und* die landwirtschaftliche Produktion zu erhalten. Die geerntete Biomasse kann fossile Roh- und Brennstoffe ersetzen – eine Winwin-Situation.

Über unsere Grenzen hinaus wirken Sie, wenn Sie die naturschonende Kleinstbewirtschaftung der indigenen Völker in den verbliebenen Moorgebieten unterstützen, kein Holz aus dem Kongo kaufen und Palmöl meiden.

Was wir noch brauchen

Wenn dieses Kapitel Sie für den Schutz der Moore interessieren konnte, ist schon einiges erreicht. Denn Sie können sich Gehör verschaffen. Auch hier gilt: Fordern Sie Verbesserungen, im Kleinen wie im Großen! Sie finden in Ihrem Baumarkt oder Gartencenter keine torffreien Produkte? Dann wünschen Sie sich deren Aufnahme in das Sortiment, denn alle namhaften Hersteller bieten komplett torffreie Produkte an. Verlangen Sie von der Verbraucherpolitik auch entsprechende Vorgaben für Gartenprodukte und eine Kontrolle des (Torf-)Handels inklusive Ein- und Ausfuhr.

Doch es geht um mehr: Jeder Hektar entwässertes Moor produziert, je nach Nutzung, jährlich 29 bis 37 Tonnen CO_2 – so viel wie ein Pkw auf rund 150 000 Kilometern. Die Klimafolgekosten der derzeitigen Bewirtschaftung von Moorböden belaufen sich damit auf jährlich 7 Milliarden Euro. Gleichzeitig fließen EU-Direktzahlungen von etwa 410 Millionen Euro in die landwirtschaftliche Moornutzung. Das ist auch Ihr Geld! Würden unsere Moore wieder »gewässert«, könnten die Emissionen der Landwirtschaft um 28 Millionen Tonnen CO_2, also über ein Viertel sinken. Sie sehen das enorme Potential trotz der vergleichsweise kleinen Flächen. Doch was geschieht? Die Fördermenge im Baltikum nimmt zu. Und wieder einmal ist der Grund das Geld: Torf ist billig, weil weder Klimaschäden noch Kosten für die Renaturierung der geschädigten Flächen eingepreist werden.

Auf den UN-Klimakonferenzen wird über den Umgang mit den natürlichen Kohlenstoffsenken verhandelt. Auch die Bundesregierung beschreibt sie im Dokument »Eckpunkte für das Klimaschutzprogramm 2030« vom September 2019, doch ohne konkrete Schritte zum Schutz der Moore. Fordern Sie von der Politik ein Ende der Ackernutzung auf Mooren, der auf Entwässerung ausgerichteten Landwirtschaft und der schädlichen Agrarsubventionen. Der Bund sollte mit seinen eigenen Flächen als Vorbild voran gehen. Fordern Sie, dass in Deutschland entwässerte Moore wiederhergestellt werden, jährlich 40 000 bis 50 000 Hektar, damit sie wieder CO_2 speichern, statt abzugeben. Und sprechen Sie auch Ihre Abgeordneten an, damit wir zügig einen Paradigmenwechsel in der Entwicklungszusammenarbeit erreichen: Die großen Moore in Afrika und die letzten in Südostasien dürfen nicht mangelnder oder fehlgeleiteter Förderung zum Opfer fallen. Immerhin gehört Deutschland zu den fünf größten Geberländern und dem Bundesministerium für wirtschaftliche Zusammenarbeit und Entwicklung (BMZ) ist die Bedeutung der Moore für unsere Zukunft wohlbekannt.

Energieverbrauch runter, Grünstrom rauf

Elektrischer Strom ist die Allround-Energie, mit der man einfach alles machen kann: Kühlen, Heizen, sich Fortbewegen, Fernsehen, mit der ganzen Welt kommunizieren – die Möglichkeiten sind grenzenlos, der Hunger nach Strom auch. In Deutschland verbrauchen wir 2020 etwa 560 Milliarden Kilowattstunden, 15 Prozent mehr als 1990. Weltweit stieg der Verbrauch sogar auf das Zweieinhalbfache. Immerhin stammt die Elektrizität im deutschen Netz inzwischen zu etwa 43 Prozent aus erneuerbaren Quellen. Heißt umgekehrt, dass der größere Teil noch immer aus klimaschädlichen Kraftwerken kommt. Am schlimmsten sind dabei die Braunkohlekraftwerke: Sie erzeugen für jede gelieferte Kilowattstunde über 1 Kilogramm (!) CO_2, bei Steinkohle sind es 814 Gramm. Im Strommix aus fossilen und erneuerbaren Quellen kommen wir aktuell auf rund 470 Gramm CO_2 pro Kilowattstunde – also ein Pfund für jede kleine der vielen Milliarden Kilowattstunden! Tatsächlich stehen vier der fünf »schmutzigsten« europäischen Kraftwerke in Deutschland. Deren CO_2-Ausstoß wird uns bei den Pro-Kopf-Emissionen angerechnet. Doch das ist zu einfach, denn Deutschland exportiert auch einen ordentlichen Schlag seiner Erzeugung ins Europäische Verbundsystem, zuletzt im Saldo etwa 7 Prozent der Bruttostromerzeugung. Dass wegen der Energiewende bei uns die Lichter ausgehen, stimmt angesichts solcher Überschüsse also nicht. Und ohne diese Exporte lägen die deutschen CO_2-Emissionen aus dem Stromsektor 23 Millionen Tonnen niedriger, die CO_2-Menge je Kilowattstunde könnte also um fast 10 Prozent sinken. Unsere wichtigsten Abnehmer sind die Niederlande, Österreich und die Schweiz. Die Frage lautet also: Wer importiert welchen Strom und wem rechnen wir letztlich die daran »klebenden« Treibhausgase zu?

Lange war die Fachwelt überzeugt, dass regelbare Gas- und Dampfkraftwerke die beste Brückentechnologie für den Ausstieg aus der Kohle darstellen, bedeutet eine Kilowattstunde aus Erdgas doch »nur« 374 Gramm CO_2. Nun zeichnet sich ab, dass wir die natürlichen Methanemissionen massiv überschätzt und die menschengemachten folglich unterschätzt haben. Alles deutet darauf hin, dass die Methanverluste bei der Förderung von Kohle und Gas weitaus höher sind als vermutet. Der Wechsel vom Kohle- zum Erdgaskraftwerk bringt kaum Vorteile und Fracking-Gas zeitigt entlang der Lieferkette Emissionen, die 40 Prozent über denen eines Kohlekraftwerks liegen können. Dabei verursacht eine Kilowattstunde Braunkohlestrom schon ohne diese zusätzlichen Methan-Effekte Umweltschäden von fast 21 Cent. Zum Vergleich: Eine Kilowattstunde Strom aus Windenergie belastet die Umweltausgleichskasse mit 0,28 (!) Cent. Die Braunkohleschäden beliefen sich 2016 auf über 31 Milliarden Euro. Hätten Sie die gerne mal auf Ihrer Stromrechnung stehen? Keine Sorge, wird nicht passieren – das zahlt freundlicherweise die Allgemeinheit. Ihr Versorger wird es hingegen nicht versäumt haben, seine Preisanhebungen mit dem Verweis auf die Energiewende zu entschuldigen.

Hatte der Stromsektor 1990 noch 366 Millionen Tonnen CO_2 ausgestoßen, sind es heute 220 Millionen Tonnen. Für das erste Drittel Reduktion Richtung »Null-Emission« haben wir also 30 Jahre gebraucht. So viel Zeit haben wir für die restlichen zwei Drittel nun nicht noch einmal. Daran erkennen wir sofort die zwei großen Hebel für eine effiziente Klimaentlastung: Wir müssen in Rekordzeit unseren Strombedarf aus erneuerbaren Quellen decken und damit wir dieses Ziel auch erreichen, müssen wir es uns heranholen, heißt: den Verbrauch spürbar senken. Also wieder ein typischer Fall für unser »und«: Grünstrom rauf *und* Stromverbrauch runter. EU-weit liegen wir heute übrigens bei 18 Prozent Erneuerbaren im Strommix, und das ohne nennenswerte Beiträge für Mobilität oder Wärme. Die wollen wir im Zug der grünen Energierevolution ja auch noch mit Strom bedienen. Wenn Europa der erste klimaneutrale Kontinent werden soll, gibt es noch viel zu tun. Wir alle müssen anpacken.

Das Woher und Wohin des Stroms

Wer schluckt denn nun diese Milliarden an Kilowattstunden? Für rund die Hälfte ist unsere brummende, aber nicht sehr sparsame Industrie verantwortlich, der man immerhin einigen Erfolg beim Sparen bescheinigen muss. Mit rund einem Viertel folgen dann schon die Haushalte – damit geht ein Viertel der strombezogenen Emissionen auf unser aller Kappe. Und sind wir ehrlich: Die Industrie stellt natürlich Produkte her, die wir kaufen wie nie zuvor. Erinnern Sie sich an unseren Einstiegssatz: »Es gibt keine energiefreien Waren oder Dienstleistungen.«

Wie sieht es mit dem Stromverbrauch im Haushalt aus? Früher war das einfach: Der Anteil der Verbraucher im Haushalt war ziemlich gleich verteilt mit im Schnitt je 10 Prozent des Bedarfs, manche etwas mehr, manche etwas weniger. Die immer wieder vergessene Umwälzpumpe der Heizanlage holte sich 6 Prozent, für Gefrieren und Kühlen gingen gut 14 Prozent weg. Das war einmal. Inzwischen geht der größte Stromanteil mit 27 Prozent ins Entertainment. Das liegt an etlichen kleinen Entwicklungen, die in die falsche Richtung laufen – kabellose programmierbare Aktivboxen, die folglich Akkus brauchen und immer in Standby bleiben als »Fortschritt« gegenüber herkömmlichen Lautsprechern am Audiokabel, riesige Bildschirme, Spielekonsolen, immer mehr Gadgets … die Liste ließe sich fortführen. Und wer ist wieder schuld? Der Rebound-Effekt: Jedes dieser Geräte ist ja schon so sparsam, dass es wohl kaum noch etwas ausmacht, ein weiteres anzuschaffen. Und so schaufeln wir uns immer mehr ins Haus, insbesondere vernetzte, sodass beim Strom am Ende genau gar nichts eingespart wird. Wofür braucht der Wasserkocher noch mal rund um die Uhr WLAN-Zugang?

Doch auch hier: Billiges Abschieben der Schuld allein auf die Verbraucher müssen wir bei aller Verantwortung ebenso in Frage stellen. Denn, siehe oben, beim Strom geht es um Verbrauch *und* Herkunft. Und da hat es die Politik – nach einem guten Start mit der Initiative der Energiewende – durch Angst, schlechtes Handwerk und lange Unentschlossenheit geschafft, dass ausgerechnet die Kohlekraftwerke vom Energiemarktdesign profitierten, die erneuerbaren Energien in die Knie gingen und die Strompreise für Verbraucher stiegen, obwohl für die Händler die Beschaffungskosten gerade wegen des vielen grünen Stroms im Netz sanken. An vielen Enden tut ehrliche Reform also not, nur eines – das muss allen klar sein – wird es nicht geben: beliebig viel Strom rund um die Uhr für null Euro.

Was wir tun können

Wo sitzen also die Anpackpunkte? Versuchen wir es mal so: Wir betrachten Strom als normale Ware, die wir nachfragen, kaufen, verbrauchen und – das ist neu – sogar selbst herstellen können. Fangen wir mit der Nachfrage an. Hier gibt es nicht viel zu drehen: Mehr ist mehr und weniger ist weniger. Dabei sollten wir stets im Kopf behalten, dass unser allgemein hoher Konsum immer auch zu einem hohen Strombedarf führt – worüber sich alle Stromlieferanten prinzipiell erst mal freuen.

Also Schritt zwei. Wo kaufen Sie Ihren Strom? Wie oben gesagt, muss unser Strom CO_2-frei werden. Konsequenz: Kaufen Sie keine fossilen Kilowattstunden mehr! Es ist wirklich leicht, den Anbieter zu wechseln. Sie rufen bei einem Ökostrom-Anbieter an oder füllen dessen Online-Formular aus, der erfragt Ihren bisherigen Stromlieferanten und Ihre Zählernummer. Den Rest übernimmt komplett Ihr neuer, grüner Versorger. Aber halt, wer gehört da denn dazu? Scheinbar gibt es Hunderte; derzeit existieren über 10 000 verschiedene »Ökostromtarife«! Doch das ist eben nur der Schein. Denn dieser Strom entspricht oft einfach dem momentanen Strommix – der enthält, wie gesagt, ohnehin gut 40 Prozent Strom aus erneuerbaren Energien – oder stammt aus alten abgeschriebenen Wasserkraftwerken im europäischen Ausland, wo er nicht unbedingt als Ökostrom gelten muss. Die Lieferanten dort dürfen im Rahmen des Renewable Energy Certificate Systems (RECS) Grünstrom-Zertifikate verkaufen, die dann ein Unternehmen erwerben kann, das selbst nur 100 Prozent Kohlestrom herstellt. So kann ein rein fossiler Stromlieferant gegen einen Aufschlag von nicht einmal einem Zehntel Cent je Kilowattstunde »Ökostrom« anbieten. Die Verbraucherzentralen beklagen diesen Handel mittels Herkunftsnachweisen ohne Zusatznutzen für die Energiewende, und dass die meisten Ökostromlabel dieses Modell akzeptieren. Verlassen können Sie sich dagegen beispielsweise auf ok-power und Grüner Strom Label e.V. – Wo Sie diese Siegel sehen, bekommen Sie Strom von Lieferanten, die keine fossilen Beteiligungen halten, aber in den Ausbau grüner Kraftwerke investieren. Eine Aufstellung vertrauenswürdiger Anbieter finden Sie im Netz (www.ecotopten.de). Deren Tarife liegen typischerweise sogar unter den Grundversorgungstarifen der herkömmlichen Anbieter.

Nun ist der Strom bei Ihnen zu Hause angekommen. Im Internetzeitalter scheint es wenig sinnvoll, hier alle online verfügbaren Ratgeber zum Thema »Stromsparen daheim« noch einmal abzudrucken, ich will daher diesen Part recht kurz halten. Sehr zu empfehlen ist hier die Seite www.co2online.de, und um Ihr persönliches Sparpotenzial zu ermitteln, nutzen Sie zum Beispiel auf www.stromspiegel.de den interaktiven Online-Rechner. Er liefert Vergleichswerte für den Stromverbrauch auf Basis von rund 226 000 Verbrauchsdaten realer Haushalte. Bewaffnet mit einem Strommessgerät, das Sie bei den Stadtwerken oder Verbraucherzentralen leihen können, finden Sie heraus, wie viel Ihre elektrischen Geräte wirklich verbrauchen und wo sie im Vergleich zu den sparsamsten Alternativen liegen. Falls Ihnen das Prozedere rätselhaft scheint, nehmen Sie die Hilfe professioneller Energieberater in Anspruch. Viele Städte beziehungsweise Stadtwerke bieten eine meist kostenlose Energieberatung an. Wichtig ist, dass Sie Ihrer Stromrechnung den Bruttopreis (!) für eine Kilowattstunde entnehmen. Ob sich ein Austausch lohnt, lässt sich dann leicht aus Anschaffungspreis für ein Neugerät und vermiedenen Kosten berechnen (hierbei hilft auch www. stromverbrauchinfo.de). Bei Neuanschaffungen elektrischer Geräte sollten Sie deren jährlichen Stromverbrauch überschlagen, das kann überraschende Ergebnisse liefern: In einer aktuellen Auswahl von Gefrierschränken verbraucht der sparsamste fast nur ein Viertel des anspruchsvollsten! Aber auch hier gilt: nachmessen, denn nicht immer nehmen es die Hersteller mit der Verbrauchsangabe allzu genau ... Bei der Suche nach den sparsamsten Produkten helfen www.spargeraete.de und www.ecotopten. de, die Anschaffungspreis sowie Verbrauch beziffern. Bitte beachten: Ab März 2021 gelten neue EU-Energielabel. Effizienzsteigerungen hatten dazu geführt, dass nahezu alle Produkte in die Gruppe »A« fallen und die sparsamsten mittlerweile A+++ heißen, was natürlich irgendwann sinnfrei wird. In der neuen Logik werden diese dann bestenfalls noch Klasse B erreichen. Ein Wort zu den Durchlauferhitzern: Die kosten richtig Geld und erhöhen den Stromverbrauch pro Kopf um fast 25 Prozent. Sollten Sie die

Möglichkeit haben, Ihr Wasser anders als mit Strom aus dem Netz zu erwärmen – nutzen Sie die! Ziehen wir bei unserem privaten Stromverbrauch an einem Strang, können wir einiges erreichen: Hochrechnungen zeigen, dass die deutschen Haushalte jedes Jahr Strom für 9 Milliarden Euro verschwenden und 18 Millionen Tonnen CO_2 raushauen. Wenn wir nur das in den Griff bekämen, wäre das so gut wie das Braunkohlekraftwerk Weisweiler abzuschalten – eines der »Dirty Five« in Europa!

War bis hierher noch alles wirkungsvoll und einfach, steigen wir jetzt in die Königsklasse auf, nämlich den Strom selbst herzustellen. Dank Photovoltaik kann im Grunde jeder schon mit ein bisschen Platz »Prosumer« – also Produzent und Konsument in einem – werden und eigener Solarstrom ist der billigste, den Sie bekommen können. Die Gestehungskosten liegen tendenziell unter 10 Cent pro Kilowattstunde, ein Drittel dessen, was Sie für Strom aus dem Netz ausgeben. Die kleine Lösung sind Plug-in-oder »Balkonmodule«, deren Leistung direkt ins Hausnetz geht. Dafür muss nur eine Standard-Steckdose gegen eine spezielle Energiesteckdose getauscht werden, die den Strom aus der Mini-PV-Anlage sicher aufnehmen kann. So eine Anlage darf bis zu 600 Watt Leistung haben. Auch wenn es manche Netzbetreiber noch nicht wahrhaben wollen: Mit der Neufassung der relevanten technischen Normen sind Mini-Solarkraftwerke grundsätzlich genehmigt. Binnen Kürze hat der Fachhandel das Potenzial erkannt und bietet Plug-and-Play-Lösungen für den Selbsteinbau an. Weil aber auch bei 600 Watt schon »richtig Musik« im System sein kann, sollten Sie sich Rat bei einem Elektroinstallateur holen, bevor Sie loslegen. Auch solche Kleinanlagen fallen unter das EEG, sodass Sie diese bei der Bundesnetzagentur sowie Ihrem zuständigen Netzbetreiber anmelden müssen. In Mietwohnungen müssen die Vermieter zustimmen.

Bekannt und bewährt ist die nächstgrößere Dimension, Photovoltaik vom Dach. Sie haben ein unverschattetes Dach, das sich nach Süden, Westen oder Osten neigt? Beste Voraussetzungen, dass Sie Solarkraftwerkbetreiber werden. Wie groß Ihre PV-Anlage ausfallen und wie viel Leistung sie haben soll, hängt neben der verfügbaren Fläche von einer Vielzahl von Faktoren ab – Finanzierung und Vergütung der Anlage, Personen im Haushalt,

Stromverbrauch und Zeiten des Strombedarfs – sodass Sie sich unbedingt beraten lassen sollten. In jedem Fall werden Sie dann versuchen, möglichst viel Ihres eigenen Stroms auch selbst zu verbrauchen, um so an jeder Kilowattstunde 20 Cent zu sparen. Da kann es interessant sein, die Anlage mit einer Batterie zur Speicherung des Solarstroms zu kombinieren, da die Kosten solcher Speicher kontinuierlich gesunken und ihre Lebensdauer gestiegen sind. Vergleichen Sie die Angebote mehrerer Installateure, denn die Preise bezogen auf das fertig installierte Kilowatt PV-Leistung streuen immer noch recht breit. Informieren Sie sich auch über Zuschüsse ihrer Stadt oder ihres Bundeslandes, die hinzukommen können. Thüringen zum Beispiel schießt seit 2020 bis zu 9000 Euro für eine PV-Anlage zu. Beim Schreiben dieser Zeilen befand sich die Neuregelung des EEG noch in der Beratung. Über die aktuell gültigen Rahmenbedingungen wird Sie Ihr Energieberater oder Fachinstallateur informieren.

Sollten Sie keine eigene Fläche haben, gibt es dennoch zwei Möglichkeiten, sich an der Stromproduktion zu beteiligen: Das Mieterstrommodell und die Bürgerenergie-Genossenschaften. Ersteres ermöglicht, wie der Name schon sagt, zum Beispiel auf dem Dach eines Mehrparteienmietshauses eine PV-Anlage zu installieren und von dort aus die Mieter direkt mit Strom zu beliefern. Der Anbieter bekommt einen Aufschlag von rund 8 Cent pro Kilowattstunde für seinen zusätzlichen Aufwand als Stromlieferant, der Preis für die Mieter ist bei maximal 90 Prozent des Netzstrompreises gedeckt. Der Bundesverband Solarwirtschaft (BSW) hat für diese Modelle einen Leitfaden samt Mustervertrag vorbereitet. Obwohl das Mieterstrommodell im Prinzip eine phantastische Idee ist, scheint es dennoch Konsens, dass die Umsetzung noch mit bürokratischen Schwierigkeiten zu kämpfen hat. Hier gilt also: selbst prüfen, ob das etwas für Sie sein könnte.

Sehr leicht hingegen ist die Beteiligung an einer Bürgerenergie-Genossenschaft. Im Deutschen Genossenschafts- und Raiffeisenverband e.V. sind rund 870 Energiegenossenschaften organisiert, deren 183000 Mitglieder insgesamt 2,7 Milliarden Euro in erneuerbare Energien investiert haben. Auch hier ist, aufgrund der überschaubaren Baukosten, die Photovoltaik mit 78 Prozent die Energiequelle der Wahl. Diese engagierten Bürger vermeiden gemeinsam 3,5 Millionen Tonnen CO_2, doch nicht um Gotteslohn: Die Dividende lag durchschnittlich bei knapp 4 Prozent. »Ihre« Genossenschaft finden Sie entweder über die Bundesgeschäftsstelle Energiegenossenschaften oder über die Verbände in den Bundesländern. Neben Tat und Rendite verschaffen Sie sich über die Genossenschaften auch eine Stimme in der bundespolitischen Debatte um die Energiewende.

Die Preise verschleiern die Kosten

Wenn die Energiewende so zahlreiche Vorteile birgt, warum geht es dann langsam voran, warum machen wir sogar Rückschritte? Zum Teil sicherlich wegen der Kostendebatten, die seit Jahren regelmäßig gegen einen rascheren Ausbau der erneuerbaren Energien angezettelt werden. Das verunsichert. Ein möglicher Ansatz für mehr Klarheit: Alle, wirklich alle Kosten kommen auf unsere Stromrechnung! Neben der Förderung für den Umbau unseres Energiesystems also auch die Folgeschäden des CO_2-Ausstoßes, der Polizeieinsatz für Castortransporte, die Langzeitkosten für – nach 60 Jahren immer noch nicht gefundene – Endlager. Das würde bestimmt einige Dynamik in die Meinungsbildung der Menschen bringen. Die Politik hat dies stets konsequent abgelehnt. Und so kommen die Kosten für die Förderung erneuerbarer Energien und zur Finanzierung des Stromnetzes auf Ihre Rechnung, die externen Kosten der fossilen Energieträger aber nicht. Die zahlen Sie halt »hintenrum«. Obwohl Studien der EU zeigen, dass der Umstieg auf ein erneuerbares Energiesystem billiger wäre, als mit dem alten weiterzumachen. Eine Vollkostenrechnung der Energiesysteme und Kostenwahrheit wäre also eine der wichtigsten Forderungen an die Politik. Doch da ist noch etwas anderes. Wurde Ihnen auch wieder eine Preiserhöhung angekündigt? Dann dürfte Sie interessieren, dass die Großhandelspreise für Strom zwischen Januar und Dezember 2019 um rund 32 Prozent gefallen (!) waren. Und doch ist Haushaltsstrom in keinem europäischen Land so teuer wie bei uns, sagt das Statistische Bundesamt. Die Bundesregierung will die Bürger als Ausgleich für steigende CO_2-Preise ab 2021 beim Strompreis entlasten und die EEG-Umlage zur Förderung des Ökostroms senken. Den Absahnern mal auf die Finger zu schauen, wäre aber auch nicht schlecht. Dann wäre Geld für den Umbau des Systems nicht das Thema.

Was wir noch brauchen

Die großen Stellschrauben bei der Stromerzeugung sind: Verbrauch reduzieren, Ausstieg aus den fossilen und Ausbau der erneuerbaren Energien. Stromsparen hat, wie überhaupt jegliche Idee des »weniger Verbrauchens«, in unserem Wirtschaftssystem keine Lobby. Tatsächlich hatte erst die Ökodesign-Richtlinie der EU im Jahr 2010 dem Dauerärgernis Leerlauf- oder Standby-Verluste Grenzen gesetzt. Sie verlangt, dass Geräte im Ruhezustand maximal 1 Watt Leistung aufnehmen dürfen. Doch auch hier drücken sich etliche Hersteller immer noch mit phantasievollen Begriffen wie »Deep Standby« um die Umsetzung herum. So sitzen wir weiter auf 14 Milliarden Kilowattstunden oder fast 3 Prozent des gesamten Stromverbrauchs als Standby-Verschwendung. Verlangen Sie Geräte, die sich wirklich abschalten lassen! Und lassen Sie sich doch beim Einkauf im Fachhandel vorrechnen, welche Stromkosten ein bestimmtes Gerät im Jahr verursacht. Wenn dann vom freundlichen Personal nichts kommt ... sagt das ja auch etwas.

Toaster und Kühlschränke aller Länder vernetzt euch? Erteilen Sie den Phantastereien von der totalen Digitalisierung eine Absage. Wer von immer noch mehr Vernetzung und digitaler Kontrolle sämtlicher noch so kleiner Lebensbereiche fabuliert, hat keine Ahnung – ich wiederhole: nicht die geringste Vorstellung – davon, wie die hierfür benötigten Strommengen klimaverträglich bereitgestellt werden sollen.

Alle Berechnungen zu den Klimaeffekten belegen: Wir brauchen einen schnelleren Kohleausstieg. Noch wird um die Details gefeilscht, doch der bislang vereinbarte Ablauf lautet, die Leistung der Kohlekraftwerke stetig zu reduzieren, bis 2038 alle stillgelegt sind. Die Wissenschaft aber fordert ein ambitionierteres Vorgehen für unser Klimaziel: Der Kohleausstieg müsste spätestens 2030 kommen. Es ist sinnfrei, sich Ziele zu setzen und dann Maßnahmen zu beschließen, die diese Ziele klar verfehlen. Bis

Mitte 2020, ein halbes Jahr später als angepeilt, soll nun eine Lösung für das Abschalten der Braunkohle gefunden sein – wenn nicht im Konsens dann über das Ordnungsrecht, so die Bundesregierung. Nützen Sie die Zeit und fordern Sie mehr Tempo. Mischen Sie sich in die Diskussion um die »Entschädigungszahlungen« ein – teils für Kraftwerke, deren Stilllegung schon beschlossene Sache war.

Parallel dazu brauchen wir einen deutlich stärkeren Zubau bei den Erneuerbaren – nicht den aktuellen Regelungsstau bei der Photovoltaik und nicht den Einbruch beim Zubau der Windkraft. Ermutigen Sie Ihre Kommune, ein Modell wie Wien zu entwickeln, das künftig für Neubauten die Integration von Solarenergien verbindlich vorsieht. Verlangen Sie, vielleicht gemeinsam mit Ihrer Wohnungsbaugenossenschaft, unbürokratische Regelungen für den Mieterstrom. Fordern Sie bei der Planung von Windparks, dass die Bevölkerung vor Ort am Gewinn beteiligt wird, anstatt durch jahrelange Klageverfahren die Energiewende lahmzulegen. Ein Vergleich zum Streitthema »Landschaftsverschandlung durch Windräder«: Bereits 2013 waren über 2 400 Quadratkilometer Landschaft samt Siedlungen für den Braunkohletagebau verschwunden – einfach weg! Das ist schon fast die Fläche des für solche Vergleiche stets herangezogenen Saarlandes. Gerade beim Thema Energie könnte man sich auch durch Geld motivieren lassen: Von 1990 bis 2015 haben wir 1,17 Billionen Euro für den Import von Erdöl, Erdgas und Kohle »verheizt«. Allein Erdgas und Rohöl kosteten uns 2018 über 65 Milliarden Euro. Die fortwährende Abhängigkeit von fossilen Energieträgern bedeutet milliardenschweren Kapitalexport ... jedes Jahr. Das ist Ihr Geld!

Stromfresser Internet

Sie machen keinen Lärm wie der Verkehr, strahlen uns nicht an wie die allnächtliche Stadtbeleuchtung und werden nicht heiß wie unsere Heizkörper – geschmeidig eingebettet in unseren Alltag erzeugen Digitaltechnologien den Eindruck der völligen Unangestrengtheit – »Smoothness«! Wie aus dem Nichts waren sie selbstverständlich geworden. Und sind unter der schillernden Oberfläche, ehe wir noch begonnen hatten, darüber nachzudenken, zu großen Energiefressern mutiert. Man könnte das Internet, da rund die halbe Menschheit online lebt, als das größte Land der Erde bezeichnen – allerdings eines, das sich nie Ziele oder Regeln zum Umgang mit Ressourcen gesetzt hat. Dieses »Land« belegt direkt nach den USA und China Platz 3 im Stromverbrauch und liegt mit 800 Millionen Tonnen CO_2 wie Deutschland auf Platz 6 bei den Emissionen. Mit 3,7 Prozent der weltweiten Treibhausgasemissionen hat es den zurecht thematisierten Flugverkehr längst hinter sich gelassen. Auf den Punkt brachte es Martin Wimmer, Chief Digital Officer im Bundesumweltministerium: »Die Schlote der Digitalisierung rauchen genauso wie früher die in Gelsenkirchen.« Während wir in anderen Bereichen engagiert Wege diskutieren, um den Stromverbrauch zu senken, wächst der Verbrauch der Digitaltechnologien still um jährlich 9 Prozent.

Freilich verantworten dies nicht die immerzu flackernden Bildschirmchen der mobilen Endgeräte, sondern die gewaltige Infrastruktur im Hintergrund: An die 20 Prozent des Energiebedarfs im IT-Sektor entfallen auf die Massenspeicher, hinzu kommt der Betrieb der Netze und der Transport der Daten. Wir bemerken nichts davon, dass jedes Like, jedes Abspeichern in einer Cloud, jedes Bild in den sozialen Medien zwingend CO_2-Emissionen verursacht. Der weltweite Strombedarf für Server und Rechenzentren hat sich von 2010 bis 2015 um etwa 30 Prozent auf 287 Terawattstunden gesteigert. Nur 2 Jahre später waren es mit 350 nochmals 20 Prozent mehr. Eine Studie von Huawei kalkuliert im Worst-Case-Szenario, dass allein die Rechenzentren bis 2030 rund 8 Prozent des weltweiten Stromverbrauchs ausmachen. Heute haben die USA den höchsten Energiebedarf für die

Speicherung von Daten, doch zu den Top 5 gehört neben Japan, Großbritannien und Frankreich auch Deutschland. Hier verbraucht die gesamte Netzinfrastruktur 55 Terawattstunden Strom im Jahr, die Rechenzentren nach Studien des Berliner Borderstep Instituts mehr als 13. Das bedeutet für Frankfurt, einem weltweit wichtigen Knotenpunkt des Internets, dass rund ein Fünftel des städtischen Energiebedarfs in die Serverfarmen fließen – mehr als in den Frankfurter Flughafen. Sie geben so viel Wärme ab, dass sie bereits das Mikroklima im Westen der Stadt beeinflussen. In Summe verursacht die deutsche Internetnutzung samt angeschlossener Geräte jährlich 33 Millionen Tonnen CO_2 (Stand 2018).

»Tja, so ist das Internet, da kann man nichts machen«, mögen manche sagen. Doch tatsächlich geht ein Großteil der Datenströme noch immer auf die private Internetnutzung zurück. Einige Beispiele: Eine Suchanfrage erzeugt bei Google selbst einen Strombedarf von etwa 0,3 Wattstunden. Diese Angabe hat das Unternehmen zwar schon vor einigen Jahren gemacht, neuere konkrete Aussagen bis dato aber leider weder zum spezifischen Strombedarf der einzelnen Dienste noch zur Zahl der Anfragen publiziert. Rechnet man auf dieser Grundlage, könnten Sie mit 200 Anfragen ein Hemd bügeln. Und jede Minute gehen, so schätzte das Portal Statista, über 4 Millionen Anfragen ein. Schon 2015 verbrauchte Google 5,7 Terawattstunden Strom, ungefähr so viel wie die Stadt San Francisco. Oder das Gezwitscher im Datenwald: Ein Tweet kann in Summe einen höheren Strombedarf als eine Suchanfrage auslösen, denn er generiert weiteren bei den Empfängern und nochmals beim Retweet.

Keine 10 Prozent der Europäer nutzen Bitcoin, daher nur ein paar Worte zur Kryptowährung: Das Centre for Alternative Finance an der Cambridge University erstellt den »Cambridge Bitcoin Electricity Consumption Index« (CBECI), wonach eine einzige Bitcoin-Transaktion 2018 rund 819 Kilowattstunden verbrauchte und das gesamte System 22 Millionen Tonnen CO_2 verursachte. Da »reichten« pro Jahr noch 45,8 Terawattstunden Strom, im Juni 2019 waren es schon rund 60 – etwas mehr als der Verbrauch in der Schweiz oder doppelt so viel wie der von Irland – und Anfang 2020 waren es schon etwa 69 Terawattstunden. Die Server hierfür stehen größtenteils in Regionen Chinas, in denen der Kohlestrom regiert. Blockchains und Distributed Ledger Technologies (DLTs) sind Gift fürs Klima, dienen oft aber nur der Finanzspekulation.

Doch auch hier will ich, entsprechend unserem Leitgedanken »gezielter Einsatz, maximale Wirkung«, über die wirklich großen Räder sprechen und das größte Rad im Internet ist das Streamen von Audio- und vor allem Videodateien. Wie stark die Klimawirkung unseres Musikkonsums gewachsen ist, zeigt eine Untersuchung des US-amerikanischen Markts der Universitäten Oslo und Glasgow von 2019, für die sämtliche Energie- und Ressourcenbedarfe der jeweiligen Tonträger in CO_2-Äquivalente umgerechnet wurden: 1977, zum Höhepunkt des Vinylzeitalters, verursachte Musikkonsum 140 000 Tonnen CO_2e; 1988, als CDs die Musikwelt eroberten, waren es 136 000 Tonnen und auch im Jahr 2000 per Download »nur« 157 000 Tonnen. Dann tauchten die Musikstreamingdienste auf, und die Treibhausgasemissionen sprangen auf gut 300 000 Tonnen im Jahr 2016. Seither haben sie zweifellos weiter zugenommen. Damit richten Streamingdienste durch ihre hohen assoziierten CO_2-Emissionen mehr Klimaschäden an, als die Produktion und Entsorgung von CDs oder Vinylschallplatten. Wieder einmal treibt Preisverfall den Konsum an: Vor gut 40 Jahren gaben Musikfans in den USA noch knapp 5 Prozent ihres Wochenlohns für die neueste heiße Scheibe aus, heute steht Streamern für weniger als 1 Prozent ihres verfügbaren Budgets der unbegrenzte Zugang zu aller Musik offen, die jemals aufgenommen wurde. Gestreamt braucht ein Song zwar vergleichsweise wenig Energie, der Konsum hat sich gegenüber 2000 aber etwa verdoppelt. Es grüßt der Rebound-Effekt.

Jetzt kommt es dick: Modellhafte Berechnungen der Energiebedarfe des Video-Streamings und der damit verbundenen Emissionen zeigen, dass sich inzwischen das Streaming von Filmdateien zum mit Abstand größten digitalen Stromschlucker und gewichtigen Klimafaktor entwickelt hat. Eigentlich wenig überraschend, müssen hierfür ja Bild- *und* Toninformationen in hoher Dichte verarbeitet, gespeichert und millionenfach zu den Endgeräten transportiert werden. Freilich sind nicht diese die größten Stromfresser, sondern die Serverfarmen und die Netze. Der Anteil am Datenverkehr ist enorm: Videodateien machen 80 Prozent aller übertragenen Informationen aus! Drei Viertel davon entfallen auf vier große Formate: Video-on-Demand, Pornografie, »Tubes« und soziale Netzwerke. Dafür gehen nach einer Kalkulation der Universität Bristol im Jahr über 50 Millionen Tonnen CO_2 in die Luft. Die konservativ rechnende Internationale Energieagentur (IEA) kommt auf eine Viertel Kilowattstunde Strom für eine Stunde Netflixkonsum. Anhand des Strommixes im Land des Nutzers kann man dies in Treibhausgase umrechnen. Bei uns wären es etwa 115 Gramm.

Der Energiebedarf, der durch den Gebrauch der Geräte entsteht, hat den für ihre Herstellung bei Weitem überschritten und macht heute 55 Prozent des gesamten Stromverbrauchs aus. So wichtig also eine effiziente, vor allem ressourcenschonende Produktion der Hardware ist, müssen wir für maximale Einsparung des Stromverbrauchs an der Verwendung ansetzen. Vor allem mit Blick in die Zukunft: Video-Streaming über Mobilfunknetze wächst nach Aussagen des Technologiekonzerns Cisco Systems jährlich um 55 Prozent. Effizienzsteigerungen werden hiermit nicht schritthalten, befürchtet die IEA. Der Stromversorger E.ON schätzt, dass Video-Streaming, sei es über Plattformen oder für Videokonferenzen, weltweit bereits 200 Milliarden Kilowattstunden Strom pro Jahr schluckt.

Ein Motor dieser Entwicklung sind Bildschirme mit immer höherer Auflösung wie 4K, auch Ultra HD genannt. Sie brauchen nach Erhebungen des Natural Resources Defense Council rund 30 Prozent mehr Strom als ihre Vorgänger, die »nur« HD-Qualität boten. Und die ersten 8K-Monitore positionieren sich schon am Markt. Damit der Stream auf diesen Schirmen nicht ruckelt, wird die Serverleistung allerorten vorsorglich überdimensioniert – und seitens der Hersteller beschwichtigt, dass die jeweils jüngste Computergeneration noch effizienter arbeite. Sie sehen: Auch hier läuft das dadurch generierte Wachstum an Datenvolumen den Effizienzsteigerungen davon – nur ein weiterer Fall von Rebound-Effekt. So verstärken sich Machbarkeit, Angebot und Anspruch gegenseitig in Richtung immer höheren Verbrauchs.

E.ON ließ im Dezember 2019 verlauten: Mit 5G wird der Bedarf der Rechenzentren bis 2025 um bis zu 3,8 Terawattstunden wachsen. Genug, um Köln, Düsseldorf und Dortmund ein Jahr lang zu versorgen – und das nur »on top«. Bereits heute verwandeln deutsche Rechenzentren 13 Milliarden Kilowattstunden Strom in Wärme, die in der Regel ungenutzt in die Umgebung geblasen wird. Nur 19 Prozent dieser Rechenzentren nutzen wenigstens einen Teil ihrer Abwärme, meist in den eigenen Gebäuden. Eine gute Sache, doch machen wir uns nichts vor – Strom wird, auch wenn er wie bei Apple und einigen Vorreitern mehr oder weniger aus erneuerbaren Quellen stammt (Apple hat knapp 400 Megawatt an Photovoltaik-Leistung installiert), in Rechenzentren in erster Linie verheizt. Und dafür haben wir definitiv nicht genug davon.

Die Digitalisierung ist weder gut noch böse, es kommt darauf an, was wir daraus machen. So kann auch die Energiewende nur *mit* Digitaltechnologien gelingen, da nur sie effizient das Angebot aus vielen dezentralen erneuerbaren Quellen mit dem jeweils momentanen Bedarf koordinieren können. Ob wir sie angesichts knapper Ressourcen hierfür einsetzen oder um Katzenvideos zu versenden und mit Fremden in Streit zu geraten – dies zu entscheiden obliegt nun uns.

Was wir tun können

Es ist zu befürchten, dass der Digital-Anteil an den weltweiten Emissionen bis 2025 auf mehr als 8 Prozent steigen könnte. Damit würde er sogar den aktuellen Ausstoß von Autos und Motorrädern übertreffen. Am einfachsten wirken Sie dieser Entwicklung entgegen, indem Sie Ihr digitales Konsumverhalten ändern. Die größte Klimawirkung hat es, Filme in 4K über eine mobile Datenverbindung auf ein Smartphone zu streamen … das diese Auflösung gar nicht wiedergeben kann. Weniger Strom ist nötig, wenn Sie stattdessen Videos in niedrigerer Auflösung über WLAN oder Datenkabel schauen. Bei Amazon Prime verursacht die Auflösung »Optimal« den 13-fachen Datenstrom der Einstellung »Data Saver«. Für Video-Dateien, bei denen Sie nur der Audiokanal interessiert, beispielsweise abgefilmte Vorträge, wählen Sie doch die niedrigste Auflösung, etwa 144p. Wo möglich, laden Sie interessante Dateien einmal auf Ihr Gerät, anstatt Sie viele Male zu streamen.

Schalten Sie die Autoplay-Funktion ab und versuchen Sie – ja, es ist schwierig – sich von Ihrem Interesse und nicht von Weiterverlinkungen steuern zu lassen. The Shift Project, ein französischer Think Tank, verbucht diese Funktionen unter »addictive design« – also gestalterisch darauf ausgelegt, süchtig zu machen. Es handelt sich um eine »Dienstleistung«, die nicht Ihr genuines Bedürfnis erfüllen, sondern Sie so lange als irgend möglich auf einer Plattform halten soll. »Traffic is money« – eine Konsequenz dieses »kostenlosen« Angebots, das durch Werbeeinnahmen und Datenverkauf querfinanziert wird.

Wenn Sie einen »Filmabend aus dem Netz« in großer Runde veranstalten, wird weniger gestreamt, als wenn alle allein vor ihrem Monitor sitzen. Und natürlich ist es sparsamer, Fernsehangebote über Antenne zu empfangen als sie aus der Mediathek zu ziehen. Halten Sie die Idee, terrestrischen Funk und Fernsehen abzuschalten, für sinnvoll? Bei den eigenen Videos, beispielsweise für die sozialen Netzwerke, gilt all das Gesagte ebenso wie die Frage: »Was ist Ihnen wirklich wichtig?«

Ein weiterer großer Stromsauger ist das Cloud-Computing. Allein auf Dropbox werden jede Minute über 800000 Dateien geladen. Ist es nötig, dutzende Bilder desselben Motivs in eine Cloud zu stellen, nur weil es geht? Jede (!) Datei wird dort aus Sicherheitsgründen immer wieder neu abgelegt, verschwendet also bei Nichtnutzung permanent Strom. So verbrauchen Clouds weltweit mehr Strom als ganz Deutschland. Die Alternative? Nicht jeden Schnappschuss »an alle« zu verteilen, auch in der Cloud regelmäßig aufzuräumen und Unnützes zu löschen. Außerdem: USB-Sticks, DVDs oder externe Festplatten waren und sind gute stromsparende Speicheralternativen – und zudem vor Fremdeingriffen sicher.

E-Mails sind das klassische Kleinvieh, das jede Menge Mist erzeugt. Wie groß genau der Klimabeitrag ist, hängt von zahlreichen Umständen ab – Länge, Anhänge, Zahl der involvierten Server – und schwankt zwischen knapp 1 und 30 Gramm CO_2. Versenden Sie also wirklich nur das Nötigste (müssen in der Antwort-Mail die Bilddateien des Senders nochmals angehängt sein?) und löschen Sie nicht mehr benötigte E-Mails direkt – also nicht nur in den Papierkorb verschieben. Je größer die angehängten Dateien, umso mehr Energie frisst ihre Speicherung beim Provider. Und vergessen Sie dabei nicht Ihren Spam-Ordner. Newsletter, die Sie nicht mehr interessieren, sollten Sie abbestellen. Benachrichtigungen von sozialen Netzwerken per E-Mail können

Sie deaktivieren, wenn Sie diese ohnehin direkt über die Website oder App des Netzwerks erhalten. Vielleicht ist für Sie ein E-Mail-Dienst interessant, der grünen Strom bezieht, wie zum Beispiel Biomail, Greensta, Mailbox, Ownbay oder Posteo. Die Betreiber der Suchmaschine Ecosia investieren Einnahmen von Werbekunden in Baumpflanzaktionen in Südamerika, Afrika und Südost-Asien. So sind nach Angaben von Ecosia binnen 10 Jahren seit Gründung 70 Millionen neue Bäume aufgezogen worden, die Rate heute soll ein Baum pro Sekunde betragen. Ecosia bezieht seinen Strom aus Photovoltaikanlagen. Klicken, um die Welt zu retten? Ist einen Versuch wert.

Ab 2020 vergibt das Umweltbundesamt einen Blauen Engel für Software, die den Energiebedarf in Grenzen hält. Eine Arbeitsgruppe der Universität Trier hat dafür Methoden entwickelt, um den Stromverbrauch von Software zu ermitteln. Mit bemerkenswerten Ergebnissen: So streute der Strombedarf von Textverarbeitungsprogrammen bei genau gleicher Anwendung und Funktion um den Faktor 7. Bei Internet-Browsern benötigte der eine bereits im Leerlauf 12 Prozent der Hauptprozessorleistung, ein anderer nur 1 Prozent. In einem Content-Management-System fehlte die nötige Datenkomprimierung, was zu sechsfach höherem Datenverkehr und entsprechendem Stromverbrauch führte. Ausgezeichnete Software muss einen Katalog mit mehr als 20 Anforderungen erfüllen: Unter anderem muss sie auch auf 5 Jahre alter Hardware noch laufen und den Energiesparmodus des Rechners unterstützen, Updates dürfen nicht mehr Strom verbrauchen als die Vorgängerversionen, und natürlich sollten Programme mit Blauem Engel nicht zu »Obsoleszenz durch Software« führen, also ältere Hardware unbrauchbar machen, weil sie die neue Software nicht integrieren kann.

Noch ein Abstecher zum Thema Hardware: Unser Elektrogerätekonsum führt zum am schnellsten wachsenden Teil des weltweiten Müllbergs. Laut BMZ sind im Jahr 2018 weltweit 50 Millionen Tonnen Elektronikschrott angefallen, davon 1,7 Millionen Tonnen aus Deutschland – Tendenz steigend. An diesem Durchsatz in immer kürzerer Zeit hängen enorme Mengen von Rohstoffen wie Kobalt, Neodym, Tantal, Silber und Gold, die oft unter untragbaren Bedingungen gewonnen oder verarbeitet wurden.

Daneben hat der hohe Konsum freilich auch einen direkten Klimaeinfluss, bedeutet der Betrieb eines Laptops doch rund 25 Kilogramm CO_2 pro Jahr, seine Produktion aber das zehnfache. Vor diesem Hintergrund sind eine längere Ausnutzung der Geräte und vollständige Wiederverwertung dringend erforderlich.

Gerne beruhigen wir uns mit den vielen Einspareffekten, welche die Digitalisierung mit sich bringen wird. Der Beweis für diese pauschale Behauptung steht indes noch aus. Einige Untersuchungen lassen eher auf ein Nullsummenspiel schließen, wie zum Beispiel bei Smarthomes. In einer konkreten Langzeitbeobachtung war zwar ein Rückgang des Heizverbrauchs um 30 Prozent zu erkennen, aber eine Zunahme des Stromverbrauchs um 33 Prozent. Auch wenn eine namhafte Partei im letzten Bundestagswahlkampf mit einem gegenteiligen Slogan für sich geworben hatte, dürfte gelten: Zuerst denken, dann digitalisieren.

Wenn Sie die Auswirkungen Ihrer eigenen Internet-Nutzung verstehen wollen, zeigt Ihnen die Browsererweiterung Carbonalyser die CO_2-Emissionen an und rechnet sie beispielsweise in Autokilometer um.

Was wir noch brauchen

Fordern Sie von Ihren Providern eine Versorgung mit grünem Strom, sei es durch Einkauf oder aus eigenen Anlagen. Da wäre sehr viel zu machen. Zum Vergleich: Das Leibniz-Rechenzentrum in München-Garching braucht etwa 4 Megawatt Leistung – ein ganzes Kraftwerk, und das obwohl der SuperMUC-NG als einer der energieeffizientesten Supercomputer der Welt gilt. Im November 2019 hatten Angestellte von Google von ihrer Konzernführung verlangt, bis 2030 die Treibhausgasemissionen des Unternehmens auf null zu senken. Der Konzern bezieht trotz gegenläufiger Eigendarstellung zwischen 5 und 15 Prozent seines Stroms aus fossilen Quellen, leistet dafür aber immerhin Ausgleichszahlungen. Auch bei Amazon und Microsoft hatten Mitarbeiter Maßnahmen gegen den Klimawandel gefordert.

Bei der Kühlung der Serverfarmen wird Wärme in die Luft geblasen, obwohl ein Rechenzentrum etwa 10 000 Wohnungen heizen könnte. Die Frankfurter Zentren wären allein in der Lage, fast die gesamte Stadt zu versorgen. Durch Umstellung auf Wasserkühlung ließe sich diese Abwärme nutzen, wie dies in Schweden geschieht, wo man entsprechende Fernwärmenetze aufgebaut hat. Fordern Sie in Ihren Kommunen, diesbezüglich mit den Betreibern von Rechenzentren und Internetdiensten zusammenzuarbeiten. Bis 2025 werden bis zu 8 Terawattstunden Abwärme zur Verfügung stehen.

Fordern Sie Regeln für die Digitalisierung. Erfolgsgeschichten aus der EU wie die Vorgabe zum Stand-by-Modus zeigen, dass Politik durchaus Macht entfalten kann. Ohne diese Regelung wäre nichts passiert. Nun geht es um eine »grüne« IT-Strategie. Der wachsende Druck veranlasste das Bundesumweltministerium, im März 2020 eine umweltpolitische Digitalagenda mit über 70 Maßnahmen vorzulegen, um den wachsenden Energie- und Ressourcenbedarf der Digitalisierung in den Griff zu bekommen.

In Deutschland wird Elektronikschrott zu 40 Prozent wiederverwertet, international sind es rund 30 Prozent. In Europa wird noch nicht einmal ein Drittel des eingesetzten Goldes wiedergewonnen. Die EU-Richtlinie über Elektro- und Elektronik-Altgeräte und unser dazugehöriges Gesetz greifen also nicht tief genug. Fordern Sie Vorgaben der Politik, die langlebige, reparable Geräte, einen Stopp des Elektronikschrottexports und ein vollständiges Recycling forcieren. Im Rahmen des »Green Deals« entwirft die EU-Kommission eine neue Kreislaufwirtschaftsstrategie und will Verbrauchern tatsächlich mehr Rechte gegenüber Industrie und Handel eröffnen, unter anderem ein Recht auf Reparatur von Elektronikartikeln wie Handys oder Tablets. Dazu gehören grundsätzlich Geräte mit wechselbaren, statt fest verklebten Akkus. Verlangen Sie eine starke Umsetzung dieser Ideen und machen Sie dann von diesen Rechten regen Gebrauch. Denn noch ist die Realität eine andere: In den meisten Zielländern unseres E-Mülls gibt es weder Sammelsysteme noch rechtliche Regelungen für Recycling und Entsorgung. An Orten wie der berüchtigten »Toxic City«, der Halde nahe der ghanaischen Hauptstadt Accra, zerlegen und schmelzen oft Kinder den Elektroschrott von Hand. Solange Herstellern und Handel das Recycling nicht lohnend erscheint, weil Nachschub aus klimaschädlichen und menschenunwürdigen Minen billiger kommt, ist politische Aktion nötig.

Um die Welt – um jeden Preis?

Wie findet man den Einstieg in ein Reizthema? Vielleicht ganz neutral, mit dem zentralen Faktum: Ein Kilogramm Kohlenstoff verbrennt zu 3,7 Kilogramm CO_2. Immer. Dagegen kann man auch nichts erfinden, das ist Chemie. Und momentan bewegen sich fast sämtliche Fahrzeuge dank fossiler Treibstoffe, also durch Verbrennung von Kohlenstoff. Die Lieblingseinheit der Ölindustrie ist das Barrel, ein Ölfass von 159 Litern. Davon verbraucht die Welt 100 Millionen, also 159 Milliarden Liter – jeden Tag! Über die Hälfte davon verbrennen wir in Motoren von Autos, Lastkraftwagen, Schiffen und Flugzeugen. »Nur« 10 Prozent werden zur Stromherstellung verbraucht, 5 Prozent in den Heizungskellern der Welt. Damit sollten Bedeutung und Ausmaß der für die Klimaziele nötigen Verkehrswende klar sein.

In Deutschland steht der Verkehr mit 165 Millionen Tonnen pro Jahr an dritter Stelle der größten CO_2-Quellen, hinter Energiewirtschaft und Industrie. Dies geht zum überwiegenden Teil auf das Konto des »motorisierten Individualverkehrs auf den Straßen«, also – sagen wir es deutlich – des Autofahrens. Der nächstgrößere Posten sind die Lastkraftwagen, gefolgt vom Flugverkehr. Betrachtet man nur die 2 Millionen Tonnen der Inlandsflüge, mag das zunächst recht gering erscheinen, allerdings werden dabei die 29 Millionen Tonnen übersehen, die internationale Flüge verursachen. Mit gut 13 Prozent ist auch die Schifffahrt nicht zu verachten, zumal sie beständig wächst.

Angesichts dieser Zahlen ist es umso problematischer, dass der Verkehr der einzige Sektor ist, in dem wir seit 1990 nichts erreicht haben – die Emissionen sind sogar um knapp 2 Prozent gestiegen. Wir wollen uns in diesem Kapitel daher all die Maschinen ansehen, die »Bewegung in die Sache bringen«, unabhängig davon, wer oder was bewegt wird – Menschen zum Vergnügen oder Waren auf den Weltmarkt. Es geht also um Mobilität und Transport zu Lande, zu Wasser und in der Luft. Welche Ansätze könnten sich eignen, wenigstens das deutsche Klimaziel einer Reduktion von etwa 40 Prozent bis 2030 gegenüber 1990 zu erreichen? Derzeit schaffen wir laut Projektionsbericht der Bundesregierung bis dahin nämlich bestenfalls 25 Prozent.

Die Eroberung der Straßen

Die deutschen Pkw und Lkw legen in einem Jahr 736 Milliarden Kilometer zurück. Wir fahren immer längere Strecken mit immer mehr Autos, die immer schwerer werden, und transportieren immer mehr Waren in Lkw statt mit der Bahn. In Summe frisst das spielend sämtliche Verbesserungen durch effizientere Motoren der letzten Jahrzehnte auf. Ein erheblicher Anteil der phantastischen Wegstrecke entfällt aufs Pendeln zur Arbeit. Beispiel München: An die 400 000 Menschen pendeln täglich in die Stadt, die meisten mit dem Auto. Ihre Zahl ist seit dem Jahr 2000 um ein Drittel gestiegen.

Es wird vielen nicht gefallen – wahrscheinlich einem Drittel aller, die kürzlich einen Neuwagen gekauft haben – doch mit Blick auf unser CO_2-Budget muss es besprochen werden: SUVs und andere überdimensionierte Karossen sind ein Problem. Schlicht, weil sie in Sachen Verbrauch der völlig falsche Weg sind. Wer argumentiert »Sie verbrauchen doch gar nicht *so* viel mehr«, hat den Ernst der Lage noch nicht erfasst. Wir suchen auf allen Ebenen Lösungen, um *weniger* CO_2 zu produzieren! Und außerdem hat er auch noch unrecht: Diese schweren Fahrzeuge mit hohem Strömungswiderstand schlucken je nach Modell 10 bis 20 Prozent mehr, Ausreißer nach oben nicht gerechnet. Berücksichtigt man zudem, dass ihr Verkauf 2019 nochmals um etwa 20 Prozent zugelegt hat, während der Pkw-Markt insgesamt »nur« 5 Prozent gewachsen ist, sorgen SUVs für einen satten Aufschlag im nationalen CO_2-Ausstoß. Vergleicht man den durchschnittlichen Ausstoß aller Pkw, die 2018 in Europa neu zugelassen wurden, gingen die klimaschädlichsten in Deutschland an den Start.

Seit Anfang 2020 gilt der verschärfte EU-Zielwert für den CO_2-Ausstoß. Ministerrat und Kommission hatten gegen den Widerstand Deutschlands durchgesetzt, dass bis 2021 alle neu zugelassenen Pkw einen Flottendurchschnitt von 95 statt bisher 130 Gramm CO_2 pro Kilometer schaffen müssen. Das entspricht bei einem Benziner einem Verbrauch von 4 Litern auf 100 Kilometer. Bis 2030 sollen die CO_2-Emissionen von Neuwagen dann um weitere 37,5 Prozent sinken, für Lkw um 30 Prozent. Im Zuge der Coronakrise schreiben die Lobbyverbände der Automobilindustrie an die EU-Kommission, dass man das »Timing« der Reduktionsziele diskutieren müsse. Der Verband der Automobilindustrie (VDA) wünscht sich überdies noch Milliarden vom Staat, um den Kauf von Autos – mit Verbrennungsmotoren – wieder anzukurbeln.

Dabei liegt der Charme der EU-Vorgabe im Wort »Flottendurchschnitt«: Elektroautos werden blauäugig als Null-Emissions-Fahrzeug betrachtet, die in den ersten Jahren zudem mehrfach angerechnet werden können. So kompensieren Hersteller die überdurchschnittlichen Verbräuche ihrer SUVs, die ihnen höhere Gewinnmargen einspielen als sparsame Kleinwagen. Das UBA hat daher vorgeschlagen, die Kfz-Steuer für SUVs zu erhöhen und Käufern von Autos mit niedrigem Verbrauch einen Bonus auszuzahlen. Der Verkehrsclub Deutschland (VCD) fordert schon lange, die Kfz-Steuer entsprechend der CO_2-Menge stärker zu spreizen. Wir sind erneut bei der Notwendigkeit einer wirksamen CO_2-Bepreisung, die in diesem Fall direkt beim Tanken greift. Da ein Großteil der Neuwagen von Unternehmen zugelassen wird, muss auch hier eine gestaffelte CO_2-Komponente angesetzt werden – bei der Besteuerung der Dienstwagen, aber auch bei der steuerlichen Abschreibung der Unternehmen für ihre Flotten.

Gleichwohl wird dies nur ein Instrument von mehreren sein, da Automobilität eine hohe Preiselastizität zeigt: »Doppelter Preis« heißt nicht »Hälfte der Kilometer«, weil keine ebenso befriedigenden Alternativen existieren. Am Auto wird auch unter »höheren Schmerzen« festgehalten. Wie groß die wirklich sind, blenden die meisten Halter aus, berichtet das Wissenschaftsmagazin *Nature* im April 2020: Autobesitzer unterschätzen die Gesamtkosten ihres Pkw systematisch um bis zu 50 Prozent. Würden sie sich die Kosten bewusst machen, folgert die Studie dreier internationaler Forschungseinrichtungen, würden viele sparsamere Verkehrsmittel wählen, sodass 37 Millionen Tonnen CO_2 pro Jahr weniger entstünden.

Und während man vor den Vollkosten des Vehikels die Augen verschließt, klagt man über die drohende Belastung durch einen

CO_2-Preis. Doch rechnet man nach, was 2025 eine CO_2-Abgabe von 35 Euro je Tonne oder 9 Cent pro Liter bedeuten würde, wenn die Inflation die Energiesteuer frisst und die Entfernungspauschale bei Überschreitung der 21 Kilometer einfacher Fahrt auf 35 Cent pro Kilometer erhöht wird, dann macht der durchschnittliche Pendler bei einer einfachen Entfernung von 50 Kilometern ein Plus (!) von 93 Euro.

Reizthema Tempolimit: Neue Berechnungen des UBA zeigen, dass eine generelle Höchstgeschwindigkeit von 130 Kilometern pro Stunde jährlich etwa 2 Millionen Tonnen CO_2 einsparen würden, etwa 5 Prozent der Emissionen von Pkw und leichten Nutzfahrzeugen. Sogar der ADAC hat seine Verweigerungshaltung aufgegeben. Der Einwand anderer, dass man hier ja auch wieder nur ein paar Prozent erzielt, ist banal und müßig: Das gilt für alle möglichen Maßnahmen. Diese hier hat aber zwei Vorteile: Sie kostet nichts und mindert den Fahrspaß für alle, die gern »draufdrücken«. Das allein könnte schon eine zusätzliche Entlastung bringen, weil es die Nachfrage nach leistungsstarken Großwagen dämpft.

Ein Blick auf die Zweitplatzierten im Emissionsspiel: die Lastkraftwagen. Sie stoßen über 50 Millionen Tonnen CO_2 aus, gut 30 Prozent aller Treibhausgasemissionen des Verkehrs und fast 50 Prozent mehr als 1990, vor allem wegen des Transitverkehrs. Der Grund ist einfach: Ihre Folgekosten werden nicht an der Quelle eingepreist, sondern auf uns alle umgelegt, während die Vorzüge des rollenden Warenlagers und der Just-in-Time-Lieferung den Auftraggebern zugutekommen. Zu sagen, dass der Warentransport zu billig ist, wäre eine Untertreibung. Er kostet so gut wie nichts!

Allheilmittel E-Mobilität?

Für den motorisierten Pkw-Verkehr existieren zwei Alternativen: CO_2-freie Treibstoffe und Elektrizität. BMW hatte bereits 1979 seinen ersten Vierzylindermotor auf Wasserstoffbasis vorgestellt, Experimente anderer Hersteller folgten. Doch bis 2010 war die Begeisterung für H_2-Motoren verflogen. Die hohe Flüchtigkeit des Wasserstoffs macht die Speicherung schwierig und bei gleichem Hubraum erzielen herkömmliche Motoren eine bessere Leistung.

Inzwischen werden aber neue Anläufe unternommen, zumindest den Lastverkehr auf Wasserstoff umzustellen.

Hinsichtlich des Energieeinsatzes startet unsere zweite Alternative – der Elektromotor – gegenüber dem Verbrenner mit einigen Vorteilen: Er ist hocheffizient und kommt bei gleichem Energie-Input viel weiter, zudem benötigt er weniger Teile und kaum Wartung. Allerdings haben Zulieferindustrien und Gewerkschaften genau davor Angst – wenig Teile, wenig Arbeit.

Während der sparsame E-Motor also den fast doppelten Energieaufwand bei der Herstellung über die Lebenszeit ausgleichen kann, schneidet er beim kumulierten Rohstoffaufwand schlecht ab. Die nötigen Komponenten, vor allem die Batterie, sind äußerst ressourcenintensiv. Taugt alternativ die Brennstoffzelle als Stromquelle? Hier zeichnet sich aktuell kein Trend ab. Das liegt auch daran, dass in der Prozesskette ein großer Teil der zu Anfang eingesetzten Energie verloren geht. Selbiges gilt übrigens für synthetische Kraftstoffe – häufig E-Fuels, Power-to-Liquid oder Power-to-Gas genannt – die mit Strom aus Wasser und CO_2 hergestellt werden. Außerdem bräuchten diese wieder einen Verbrennungsmotor. Wie man es auch dreht: Mit diesen Substituten benötigt man pro Kilometer Fahrt zwei- bis siebenmal mehr Energie als mit einer Batterie. Zudem bietet sie zumindest theoretisch die Chance, die Flotte der E-Autos als Schwarmspeicher für regenerativ erzeugten Strom zu nutzen. Demgegenüber steht der ökologische und soziale »Rucksack« der derzeitigen definitiv nicht-nachhaltigen Gewinnung von Lithium und Kobalt in Amerika und Afrika.

Wie hoch der Mehrgewinn fürs Klima durch E-Autos unterm Strich ist – dazu tobt eine Schlacht der Studien, eine Unzahl von Randbedingungen lassen sich so oder anders annehmen. Fest steht wohl, dass unter Klima- und Ressourcenaspekten das Ziel nicht Reichweiten von 400 Kilometern pro Batterieladung in großen Wagen sein kann – auch wenn wir uns an solche Dimensionen gewöhnt haben. Sinnvoll ist eher, mit möglichst kleinen Batterien an die 200 Kilometer Reichweite zu erzielen und sie viel zu nutzen. Das zeigt ein Vergleich des VCD, der wissen wollte, wann aktuelle Stromer mit Verbrennern pari sind. Ohne auf alle Rahmenbedingungen des Tests einzugehen: Hier kommen beachtliche Strecken heraus. Selbst im Stadtverkehr, wo E-Autos alle ihre

Vorteile ausspielen können, sind es 40 000 Kilometer, bis sie gegenüber einem Benziner einen Klimanutzen herausfahren. Auf der Autobahn steigert sich die Fahrleistung auf beachtliche 140 000 Kilometer, bis ein E-Auto den Diesel schlägt. Die Rechnung geht vom erwartbaren Strommix bis 2050 aus, Luftschadstoffe nicht berücksichtigt. Verbessern kann man die Bilanz der E-Mobile, wenn man sie mit reinem Solarstrom direkt aus einer Photovoltaik-Anlage betankt. Abseits von Lieferdiensten oder Taxis rechnet sich das E-Auto vor allem für Pendler mit täglichen Strecken zwischen 50 und 70 Kilometern.

Es ist hier nicht der Ort, zum x-ten Mal alle negativen Auswirkungen des Autoverkehrs aufzulisten – unser Thema ist das Klima. Aber lassen Sie es mich so sagen: Man könnte es als Erfolg der Automobilindustrie bezeichnen, uns weiszumachen, der Antriebsmodus sei das einzige Problem des Individualverkehrs. Vieles behandeln wir hier gar nicht: Flächen- und Ressourcenverbrauch, Versiegelung, verstopfte Städte – all dies wird auch durch E-Mobile nicht gelöst. Ich sehe trotz aller Begeisterung für die E-Autos also Gründe, warum die Antwort auf unsere Mobilitätsfragen so einfach nicht sein wird. Der wichtigste dürfte der hohe Zeitdruck sein: Wie viele Jahre muss ein E-Auto fahren, um ein konventionelles in der CO_2-Bilanz zu unterbieten? Wie lange würde es dauern, 47 Millionen Verbrenner in Deutschland durch E-Autos zu ersetzen (was ohnehin kein nachhaltiges Verkehrskonzept wäre)? Und: Wie lange würden wir brauchen, um den zusätzlichen Strom klimaneutral bereitzustellen? Machen wir uns nichts vor: Solange wir noch nicht einmal den klassischen Stromsektor mit erneuerbaren Energien versorgt haben, muss jede zusätzliche Kilowattstunde für die E-Mobilität aus Kohle oder Gas erzeugt werden. E-Autos können und müssen langfristig ein Teil der Lösung sein. Das Allheilmittel, unsere notwendigen Ziele in der gebotenen Eile zu erreichen, sind sie nicht.

Das Automobil und die Zukunft

Eine Befragung durch das Leibniz-Institut für Wirtschaftsforschung (RWI) und das Wissenschaftszentrum Berlin für Sozialforschung (WZB) hat ein gespaltenes Bild abgegeben: Die Wissenschaftler resümierten, dass sich die Deutschen »grundsätzlich eine andere Verkehrspolitik und eine Förderung alternativer Verkehrsformen wünschen«, sich für »gravierendere Einschränkungen des Autoverkehrs [...] aber derzeit keine Mehrheit« findet. Wenn ich hier Argumente für eine Verkehrswende aufzähle, weiß ich natürlich, dass das wohl sachlich korrekt sein mag, aber nicht unbedingt den Kern des tatsächlichen Geschehens trifft. Denn unser Verhalten – nicht nur, aber eben ganz besonders beim Auto – wird lediglich zu einem kleinen Teil von Logik geleitet. Ich zitiere aus einem Psychologie-Lexikon: »Unter Rationalisierung versteht man einen kognitiven Prozess, bei dem Erfahrungen, Erlebnissen oder Beobachtungen nachträglich eine rationale Grundlage zugeschrieben wird. Es handelt sich um eine Form von Abwehrmechanismus. Bei der Rationalisierung werden Wünsche und Bedürfnisse sowie unangepasste Verhaltensweisen mit ›vernünftigen‹ Gründen gerechtfertigt, um die Gründe, die man nicht wahrhaben kann oder will, zu vertuschen.«

Wir haben uns in einen Fetisch verliebt und können einfach nicht glauben, dass es ein »Weiter so mit kleinen Modifikationen« nicht gibt. Die Verkehrswende schaffen wir nur, wenn effizientere *und* weniger Autos ohne Verbrennungsmotor auf die Straßen kommen. Den reduzierten Individualverkehr muss dann ein ÖPNV auffangen, der auf die tatsächlichen Bedürfnisse zugeschnitten und gut finanzierbar ist.

Schiff ahoi!

Ein Kapitel über unsere Mobilität, das wussten Sie schon, würde wenig spaßig werden – insbesondere, wenn es um Mobilität zum Spaß geht. Gehen wir an Bord für die nächste Station. Die weltweite Schifffahrt verbucht mit etwa 3 Prozent aller CO_2-Emissionen einen Wert vergleichbar mit dem des Flugverkehrs. Schwerer wiegen indes die Schwefelemissionen der gigantischen Dieselmotoren und deren Folgen für die Versauerung der Meere – Sie erinnern sich. Nun macht freilich der Warentransport den wesentlichen Teil des marinen Verkehrs aus und wie viel davon unerlässlich ist, darf hinterfragt werden. Doch das Phänomen Kreuzfahrt führt uns unverblümt vor Augen, welche

Klimaschäden wir für unser Vergnügen in Kauf nehmen. Und bedenkt man, welche Infrastruktur auf einem Partyschiff Standard ist, überrascht es nicht, dass dessen Emissionen die eines vergleichbaren Containerschiffes übertreffen. Für eine Woche »Cruisen« gehen pro Gast je nach Schiffs- und Kabinengröße 1,5 bis 3 Tonnen CO_2 in die Luft. Die Zuwachsrate an Passagieren ist enorm. Haben sich im Jahre 1990 noch etwa 4 Millionen Menschen dazu entschieden, in hotelgleichen Bettenburgen über die Weltmeere zu schippern, so sind es heute rund 30 Millionen pro Jahr. Der Boom erwuchs aus einem traumhaften Preis-Leistungs-Verhältnis, berechnet nach der Zahl von Menschen pro Schiff und dem geringen Preis des Schweröls, das zumeist auf so einem Kahn verfeuert wird. Dabei handelt es sich um klumpiges Rückstandsöl – minderwertiger Kraftstoff mit hoher Viskosität, der vorgewärmt werden muss, damit ihn die Schiffsmotoren schlucken. Dafür pusten sie dann hässliche Dinge wie Alkane, Alkene, aromatische Kohlenwasserstoffe, Nickel, Vanadium, Feinstaub, Ruß, Stickoxide und vor allem Schwefelverbindungen in die Luft. Der Schwefelgehalt des Schweröls kann bis zu 4,5 Prozent betragen, das Tausendfache von schwefelarmem Heizöl. So emittiert die Schifffahrt 13 Prozent allen Schwefeldioxids und dazu 15 Prozent der globalen Stickoxide. Kommt Schwefeldioxid mit Wasser in Berührung, entsteht Schwefelsäure – der Beitrag zur Versauerung der Ozeane. Etwa 4500 Tonnen Schweröl hat ein Mega-Liner im Bauch, die Motoren laufen rund um die Uhr, um Strom zu liefern. Der Treibstoff dient nur zur Hälfte dem Antrieb, der Rest ist fürs »Entertainment«. In den Häfen wäre sauberer Strom von Land zu bekommen, aber natürlich teurer. Wie so oft: Im Preiskampf der Unternehmen geht die Einsparung zulasten der Natur. Dass sich ein Schiff mit Baukosten von rund 800 Millionen Euro binnen 4 Jahren amortisiert, spricht Bände.

Abhilfe wäre möglich: So, wie man nach den Erkenntnissen zum sauren Regen Entschwefelungsvorrichtungen in Industrieanlagen installiert hat, könnte das nun auch bei den Kreuzfahrtschiffen ablaufen. Damals hatte man die Industrie nicht gebeten, diese Anlagen einzubauen, sondern stattdessen strengere Umweltgesetze erlassen. Es galten gleiche Regeln für alle und wer zuerst handelte, hatte einen Vorteil. Nun müssen die Kreuzfahrtgesellschaften verpflichtet werden, einen Teil ihrer Einnahmen in verbesserte Umweltstandards zu stecken. Dafür braucht es aber eine international funktionierende Politik. Mit 2020 ändern sich immerhin die Vorschriften seitens der internationalen Schifffahrtsorganisation, sodass in Kraftstoffen nur noch 0,5 Prozent Schwefel erlaubt ist. Nutzt man – besser noch – schwefelarmes Dieselöl und fährt nicht mit »voller Kraft«, dann reduziert das den Schwefeldioxid- und Feinstaubausstoß um 90, den von Rußpartikeln um 40 Prozent. Umweltschonender ist die Nutzung von Windkraft, Wasserstoff- und Brennstoffzellen oder synthetischen Kraftstoffen. Flüssigerdgas, das oft als Alternative genannt wird, ist wegen des Methanschlupfs hingegen kritischer zu sehen, anders als das Pyrolyseöl: Es wird aus Holzabfällen und Stroh hergestellt und konkurriert damit als »Biokraftstoff« nicht mit der Nahrungsmittelproduktion. Mit ihm lässt sich der CO_2-Ausstoß netto um rund 85 Prozent reduzieren, und 90 Prozent der verbleibenden Asche und Mineralien können recycelt werden.

Die Welt vergeht im Flug

Ab in den Flieger, ab in den Urlaub. Oder zum wichtigen Meeting und abends gleich zurück? Wie gut, dass kein Cent Steuern auf Kerosin erhoben wird, und für internationale Flüge auch noch die Mehrwertsteuer entfällt. Die Politik macht uns mit mehr als 10 Milliarden Euro Subventionen das Fliegen künstlich günstig, und wir bedanken uns mit reichlich Meilen. Ein Flug »München – New York – München« ergibt an die 3 Tonnen Treibhausgase, ein Flug nach Teneriffa schädigt das Klima so sehr wie ein Jahr Autofahren, die Reise nach Australien entspricht dem derzeitigen deutschen Pro-Kopf-Ausstoß eines ganzen Jahres. In Summe hat der weltweite Luftverkehr schon 2018 ganz Deutschland bei den Emissionen übertrumpft. Er wuchs 2019 wieder um 6 Prozent, und mit 1,1 Milliarden starteten so viele Passagiere wie nie zuvor. Auch die Emissionen des Flugverkehrs sind angestiegen, im Vergleich zu 1990 auf mehr als das Dreifache – obwohl technologische Fortschritte den Treibstoffbedarf der Flugzeuge um 44 Prozent verringern konnten. Deutschland kommt in der Rangfolge

des höchsten CO_2-Ausstoßes durch Passagierflugzeuge auf Platz 5, die EU auf Platz 2, hinter den USA.
Fliegen *ist* unsere klimaschädlichste Form der Fortbewegung. Ein Personenkilometer im Flugzeug verursacht 230 Gramm CO_2, in der Bahn sind es 32 Gramm. Damit nicht genug, befeuern CO_2, Schwefel- und Stickoxide sowie Partikel auf Flughöhe den Treibhausgaseffekt zwei- bis fünfmal so stark wie am Boden. Zu den sogenannten Nicht-CO_2-Effekten gehören auch Kondensstreifen, die ähnlich wirken wie die Schleierwolken oder Cirren. Diese dünnen, hohen Wolken lassen das kurzwellige Sonnenlicht relativ ungehindert passieren, die langwellige Rückstrahlung vom Boden aber kaum. Gleichzeitig ist ihre eigene langwellige Abstrahlung recht gering, da sie sich in großer Höhe und damit Kälte befinden.

Auch wenn die »Billigflieger« erst richtig Schwung in die Misere gebracht haben, ist Fliegen global betrachtet ein Sport der Reichen. Weniger als 5 Prozent der Weltbevölkerung fliegen regelmäßig. Das ganze »gerecht« nach oben zu skalieren, ist wegen der Klimafolgen undenkbar. Wo also liegt die Lösung? Die Internationale Zivilluftfahrtorganisation (ICAO), eine Einrichtung der Vereinten Nationen, bringt 2020 nach ewigem Ringen als Antwort CORSIA (Carbon Offsetting and Reduction Scheme for International Aviation) an den Start. Im Grunde ein Kompensationsmechanismus, wie wir ihn von privaten Flugreisen kennen: Fliegen und dafür freiwillig eine zusätzliche Abgabe entrichten. Man muss anerkennen, dass es sich dabei um den ersten weltweiten Klimaschutzmechanismus einer Industrie handelt. Nur ist schon der Name irreführend, denn von Reduktion ist nicht die Rede. Vielmehr geht es den bislang 68 teilnehmenden Staaten um »klimaneutrales Wachstum« ... und zwar oberhalb der CO_2-Mengen des Referenzjahres 2019. Wir blieben also für immer auf diesem Emissionssockel sitzen. Nicht-CO_2-Effekte erfasst die Regelung überhaupt nicht und Ziele zur Emissionsminderung oder verpflichtende Maßnahmen der Fluggesellschaften fehlen gänzlich. Zudem liefe das wenig ambitionierte CORSIA Gefahr, mit dem Emissionshandel für die innereuropäischen Flüge zu kollidieren.

Könnten dann neue Technologien zur Kohlenstoffneutralität des Flugverkehrs bis 2050 beitragen? Batteriebetrieb scheidet aus

Gewichtsgründen aus. Im regionalen Verkehr könnten aber hybrid-elektrische Lösungen allmählich – das heißt: innerhalb der nächsten 10 Jahre – zur Reife kommen. Die Hoffnungen für die Langstrecke ruhen auf der Entwicklung synthetischer Kraftstoffe. Power-to-Liquid (PTL) gilt als mittelfristige Kerosin-Alternative, ist zurzeit aber weder in den nötigen Mengen noch zu einem abbildbaren Preis verfügbar: Für Linienflugzeuge kosten sie 4-mal so viel wie Kerosin. Ein erster Schritt könnte eine Quotenregelung für die Beimischung von PTL sein. Auch dies dürfte noch 10 Jahre dauern.

Die Branche windet sich und wir Vielflieger decken sie. Unsere Begründungen für die »Notwendigkeit« einer Reise stehen aber in keinerlei Zusammenhang mit ihren Auswirkungen. Bildungsreise oder Flucht vor dem Finanzamt, Fliegen mit oder ohne Scham – im November 2019 bekannten fast drei Viertel der Flugreisenden ein mehr oder weniger schlechtes Gewissen – einerlei, denn eine Tonne CO_2 bedeutet für die Atmosphäre immer dasselbe.

Reise reise

Alle unsere Fortbewegungsmittel wirken zusammen, wenn wir in Urlaub fahren. Und die Deutschen machen gerne Urlaub, mit 71 Millionen Reisen von 5 oder mehr Tagen und 92 Millionen Kurztrips jedes Jahr. Die wesentlichen Umweltschäden resultieren dabei immer aus dem Transport der Menschen. Die kumulierte Entfernung aller Reisen wächst jedes Jahr, weil immer mehr Flüge gebucht werden. Ein Forscherteam der Universität Sydney hat vorgerechnet, dass dieser Trend weltweit für rund 5 Gigatonnen, also über 8 Prozent aller Treibhausgasemissionen, sorgt. Von 189 untersuchten Ländern liegt Deutschland auf Platz 3 der touristischen Klimaauswirkungen, übertroffen nur durch die USA und China.

Zwar finden 38 Prozent der Reisewilligen ökologisch und sozial verträglichen Urlaub gut, so das Kieler Institut für Tourismusforschung, doch wenn es konkret wird, sagen fast drei Viertel, dass das Thema Nachhaltigkeit bei der nächsten Buchung keine Rolle spielt. Nur 4 Prozent handeln so, wie sie es auch für richtig halten. Zu einem ähnlichen Ergebnis kommt der Lufthansa Innovation Hub, der das Verhalten von über 10 000 Flugreisenden analysiert hat: 78 Prozent aller Flugreisenden wünschen sich klimafreundlicheres Fliegen, 73 Prozent wären bereit, dafür zu zahlen und am Ende entscheidet sich für ein Kompensationsangebot ... gerade einmal 1 Prozent.

Reisen im Postmaterialismus wird als ein sanfter, moderner Weg des Konsums beworben: Wir geben Geld nicht für Dinge aus, sondern für Erlebnisse. Leider ist das Unsinn, denn: Es gibt keine Dienstleistungen ohne Verbrauch von Energie und Ressourcen.

Was wir tun können

Darf man das Banale immerzu wiederholen? Oder muss man? Natürlich ist jeder Meter, den Sie zu Fuß oder auf dem Rad tun, ein Gewinn für die Atmosphäre. Gerade in Städten ist das leicht möglich, hier sind knapp die Hälfte der Autofahrten kürzer als 5 Kilometer, und 40 Millionen tägliche Fahrtwege sogar unter 2 Kilometern. Dabei handelt es sich ziemlich genau um die Distanzen, auf denen das Rad erwiesenermaßen schneller ist als alle anderen Verkehrsmittel. Natürlich bereitet Radeln nicht überall Vergnügen, doch in fahrradfreundlichen Städten wie Kopenhagen, Amsterdam, Groningen oder auch Münster hat der Radverkehr den motorisierten in der Anzahl der Wege schon überholt. Hierin liegt das große Potenzial für Verkehrswende und Klimaschutz, denn, so rechnet das UBA vor, Radpendler entlasten auf der Fünf-Kilometer-Distanz die Atmosphäre leicht um 300 Kilogramm CO_2 pro Jahr. Wie unsere Städte dadurch aussehen könnten, davon bekommen wir während der Coronakrise unfreiwillig einen Eindruck. Immerhin will laut einer Umfrage des ADAC auch künftig ein Viertel der Menschen häufiger zu Fuß gehen, ein Fünftel mehr Rad fahren.

Sie brauchen noch ein Auto? Aber welches? Schon 2017 hatte es das UBA als erforderlich angesehen, ab 2030 Autos mit Verbrennungsmotoren keine Zulassung mehr zu erteilen, um die mittelfristigen Klimaziele zu erreichen. Und stieß freilich auf Ablehnung. Etliche andere Länder, darunter Frankreich, Großbritannien, Schweden und Spanien, haben in nationalen Plänen ebenfalls ein Zulassungsende bis 2030 oder 2040 angedacht.

Kann man da noch zum Kauf eines »herkömmlichen« Autos raten, wie sparsam es auch sein mag, das noch rund 15 Jahre in Betrieb sein wird? Der VCD behandelt in seiner Auto-Umweltliste nur noch E-Mobile, inklusive einer ehrlichen Betrachtung, wann ein Stromer einen Benziner oder Diesel in der Klimabilanz überholt (siehe oben). Die jeweils aktuelle Liste der sparsamsten Autos erhalten Sie unter www.vcd.org. In jedem Fall sollten Sie auch einen Blick auf das Pkw-Label werfen, das über Verbrauch und CO_2-Ausstoß informiert. Das dafür gültige Testprozedere basiert ab Ende 2020 auf dem neuen Fahrzyklus WLTP (Worldwide Harmonized Light Duty Test Procedure), der hoffentlich mehr taugt als der NEFZ (Neuer Europäischer Fahrzyklus): Dieser war im Zuge des Diesel-Skandals unrühmlich bekannt geworden.

Das perfekte Verkehrskonzept für unsere Ballungsräume kennen wir nicht und wahrscheinlich gibt es auch nicht die eine Lösung für alle Fälle. Wir müssen anfangen, Konzepte auszuprobieren, von denen wir eine Verbesserung immerhin erwarten dürfen, dann die Ergebnisse auswerten und entsprechend nachjustieren. Weder die Haltung »Wir fangen nicht an, bevor wir die sichere Antwort haben« noch die Haltung »Bringt eh alles nichts, lassen wir's« werden uns irgendwo hinführen und – wie schon mehrmals gesagt – die Zeit drängt. Einige Beispiele:

Die 50 000-Einwohner-Stadt Houten in den Niederlanden hat schon vor Jahren den Autoverkehr aus der Innenstadt verbannt, und auch die Verbindung zu den Nachbargemeinden wurde auf die große Umgehungsstraße gelegt. Heute gilt Houten international als Modell eines zukunftsfähigen Verkehrskonzepts. Wie das? Dass das Fahrrad in jeder Hinsicht Vorrang bekommen sollte, war einfach eine Entscheidung, die während der Wachstumsphase der Stadt getroffen wurde. So wie bei uns früher die autogerechte Stadt Leitbild der Planung war. Diese Grundhaltung, aus der sich alle Mobilitätsentscheidungen ableiten, macht dort das Radfahren so leicht und bei uns so mühselig. Das fahrradfreundliche Konzept vom Reißbrett war schon früh gewollter Teil der Stadtplanung Houtens und musste nicht erst nachträglich in die bestehenden Verhältnisse gepresst werden.

Städte wie Wien oder Würzburg haben hingegen nach der Formel »ein Tag, ein Euro« die Jahreskarte für öffentliche Verkehrsmittel billiger gemacht. Wien bietet für 365 Euro eines der dichtesten öffentlichen Verkehrsnetze weltweit und konnte damit 39 Prozent aller Alltagswege auf den ÖPNV verlagern. Einen Schritt weiter ist Augsburg gegangen, wo man rund um das Stadtzentrum Bus und Straßenbahn kostenlos anbietet. Für den restlichen Mix aus Bus, Straßenbahn, Carsharing und Leihrad hat die Stadt die erste Mobil-Flatrate Deutschlands eingeführt. Noch mehr Aufsehen erregte Luxemburg, das seit März 2020 alle öffentlichen Verkehrsmittel kostenfrei anbietet. Das Herzogtum gehört zu den vier Ländern mit der höchsten Zahl an Automobilen pro Bevölkerung weltweit und hat bei 600 000 Einwohnern täglich über 200 000 Pendler aus den Nachbarländern zu bewältigen. Nun hilft unter anderem eine App, in Echtzeit die schnellsten und bequemsten Alternativen der Fortbewegung zu finden. Dieses gesamte Paket lässt sich Luxemburg jährlich 41 Millionen Euro kosten, allein in die Züge werden 600 Euro pro Einwohner und Jahr investiert – doppelt so viel wie in der vorbildlichen Schweiz und achtmal so viel wie in Deutschland. Hier entsteht ein Laboratorium der Verkehrswende.

Doch im Moment zeigen noch alle Daten, dass der ÖPNV weniger gewählt wird, solange das Auto eine attraktive Option bleibt. In Richtung öffentlicher Verkehr bekommt man die Großzahl der Autonutzer mithilfe eines ungeliebten, aber hochwirksamen Instruments: der City-Maut. Wo sie erhoben wird, hat sie mehr städtischen Autoverkehr reduziert als jede andere Maßnahme. Werden die Einnahmen zweckgebunden eingesetzt, entsteht eine sich positiv verstärkende Bewegung: Stockholm und London nutzen die Gebühren, um den öffentlichen Verkehr weiter auszugestalten. In dieser Kombination scheint ein wirksamer Ansatz zu liegen.

Der Einkauf via Internet hat zu einer bombastischen Zunahme des Lieferverkehrs geführt. Ärgerlich ist vor allem die Masse der Rücksendungen, die auch die prinzipiellen Klimavorteile des Onlinehandels zunichtemacht. Jede sechste Sendung ging 2019 retour, in Summe sind das 286 Millionen Pakete. DHL gibt an, dass ein Paket über das Zustellsystem der Deutschen Post 500 Gramm CO_2 bedeutet – macht 143 000 Tonnen im Jahr allein für Retouren. Eine Modellierung an der Universität Bamberg hat ergeben, dass eine Mindestgebühr von 3 Euro die Zahl der Retouren schon um 16 Prozent senken würde. Noch besser ist es freilich, einmal kurz nachzudenken, bevor man auf den Bestell-Button drückt.

Es gibt verschiedene Wege, die CO_2-Emissionen eines Flugs, auch einer Kreuzfahrt zu »kompensieren«. Aber ist das überhaupt eine gute Idee? Die Anführungszeichen stehen nämlich deswegen, weil die Klimawirkung der Tour mit einer zusätzlichen Abgabe nicht aufgehoben oder rückgängig gemacht, sondern lediglich durch querfinanzierte Klimaschutzprojekte gemindert wird. Typische Anbieter solcher Ausgleichsmaßnahmen sind atmosfair oder myclimate. Der größte Pferdefuß an diesem Modell: Es ist überaus schwierig, seine tatsächliche Wirkung zu gewährleisten und realistisch zu erfassen. Dessen sind sich die Kompensationsanbieter auch bewusst und gehen offen damit um. Gleichwohl ist es bei Fernflügen das Zweitbeste, was man tun kann ... außer sie ganz bleiben zu lassen. Bei Kreuzfahrten können Sie darauf achten, dass Sie einen möglichst umweltschonenden Anbieter wählen. So ist etwa der Einsatz von Flüssigerdgas ein Vorteil gegenüber Schweröl, allerdings vorwiegend in Sachen Schadstoffen.

Was wir noch brauchen

Fragt man sich, was wir von der Politik fordern müssten, um eine klimaverträgliche, bezahlbare und zuverlässige Mobilität für alle zu entwickeln, weiß man fast nicht, wo man anfangen soll – es hängt so vieles schief: Subventionen für Diesel und Kerosin, die Pendlerpauschale, ein nicht spürbarer CO_2-Preis oder das völlige Fehlen einer übergeordneten Strategie jenseits der »innovativen Idee«, Straßen und Flughäfen immer weiter auszubauen.

Im Einzelnen: Wir brauchen eine progressiv anziehende Bepreisung klimaschädlicher Mobilität. Die zusätzlichen Einnahmen müssen zu einem Teil direkt an klimafreundliche Nutzer zurückgegeben werden, etwa in Form eines persönlichen Klimabonus nach Schweizer Modell. Für eine Radverkehrsoffensive müssen wir die Hemmnisse aus der Straßenverkehrsordnung tilgen, um einen gleichberechtigten Verkehrsmix aller Fortbewegungsmittel zu erzielen. Rund 69 Prozent der Teilnehmer einer Befragung in den Jahren 2018 und 2019 befürworteten mehr gesonderte Fahrstreifen für Busse und Bahnen, und die Hälfte ist dafür, Fahrradwege zulasten von Parkplätzen auszubauen.

Gehen wir auf die Autobahn: Verlangen Sie, wie übrigens die Mehrheit der Deutschen, ein Tempolimit von 130 Kilometern pro Stunde – sogar, wenn Sie es selbst etwas einschränken sollte. Sehen Sie es wie der niederländische Ministerpräsident Mark Rutte, der sogar Tempo 100 durchsetzte und es in seiner typisch kernigen Art auf den Punkt brachte: »Es ist zwar eine beschissene Maßnahme, aber sie ist unumgänglich.« Man kann das Richtige tun, auch wenn es einem emotional nicht behagt.

Ob Benzin oder Strom – die Physik lässt sich nicht betrügen. Also brauchen wir auch für E-Autos Gewichtsbeschränkungen, damit kostbarer grüner Strom nicht sinnlos in Protzmobilen verheizt wird. Die Förderung für die ohnehin kaum klimawirksamen E-Mobile muss nach Verbrauch gestaffelt werden: Schwere SUVs mit riesigen Batterien genauso zu fördern wie effiziente Kleinwagen, ist einfach Unsinn. Ebenso wie die Prämie für Plug-in-Hybride, welche die Autoindustrie durchsetzen konnte: Mobilitätsexperte Axel Friedrich nennt sie »zwei Fehler in einem Auto«, da sie mit ihrem doppelt angelegten Antriebssystem plus Batterie schwerer werden, was den Spritverbrauch nach oben treibt. Mehr große E-Mobile sollten wir an anderer Stelle verlangen, nämlich bei den Stadtbussen. Hier ergibt die Kombination aus Reichweite und Platzzahl optimal Sinn. Und damit E-Mobilität überhaupt gelingen kann, brauchen wir den steilen Ausbau der erneuerbaren Energien. Für welche Technologie Sie sich bei Ihrem Fahrzeug auch entscheiden mögen: Verlangen Sie ehrliche Verbrauchsangaben. Das Auslesen des Bord-Computers kann dafür nicht reichen, Wert haben nur Messungen unter realistischen Bedingungen.

An Ihrer Arbeitsstelle könnten Sie die Möglichkeit ansprechen, häufiger aus dem Homeoffice zu arbeiten – Corona hat gezeigt, dass es geht! Nur ein Tag in der Woche reduziert die Pendler-Emissionen um 20 Prozent.

Ware muss wieder zurück auf die Schiene. Dafür brauchen wir progressiv gestaffelte Lkw-Mautsätze: Bei Fahrten über mehr als 300 Kilometer würden sie verdoppelt, ab 600 Kilometer verdreifacht werden. Warum sollte der Platz auf der Straße, für die alle zahlen, billiger sein als in einer privaten Lagerhalle?

Gehen wir in die Luft: Fordern Sie eine entschlossenere Haltung der Politik gegen überflüssigen Flugverkehr. Damit sind Sie nicht allein: Eine Umfrage der Europäischen Investitionsbank vom Herbst 2019 ergab, dass sich 67 Prozent der Deutschen für ein Verbot von Kurzstreckenflügen aussprechen. Das sind 5 Prozentpunkte über dem EU-Schnitt. Eine CO_2-Steuer auf Flüge befürworteten sogar 71 Prozent. Spitze ist China mit 93 Prozent, und selbst in den USA sind es immerhin 60. Im Klartext: Überall finden sich Mehrheiten gegen die Bevorzugung der überproportional schädlichen und leicht zu vermeidenden Kurzstreckenfliegerei. Da Dienstreisen einen Großteil inländischer Flüge ausmachen, können Sie in Ihrem Unternehmen einen Vorrang von Zugverbindungen vor Flügen anregen. Allerdings bräuchten wir eine Änderung des Reisekostenrechts, das derzeit die günstigste Verbindung verlangt. Das ist nämlich dank wettbewerbsverzerrender Subventionen häufig der Flug. Insofern wäre es Zeit, dass sich die Bundesregierung gemeinsam mit unseren Nachbarländern für eine Kerosinbesteuerung einsetzt. Und die Bahn könnte sich attraktiver aufstellen, hätte sie wieder Nachtzüge im Fahrplan. Fragen Sie am Schalter nach, wann sie wiederkommen. Derzeit stammen alle Angebote von der Österreichischen Bundesbahn ÖBB, die in diesem Segment 2019 die Fahrgastzahlen immerhin um 10 Prozent steigern und sogar ein leichtes Plus erwirtschaften konnte. Ihre Nachtzüge sind eine erholsame Alternative zu innereuropäischen Flugverbindungen.

Was steht am Ende dieses Kapitels? Unsere Mobilität fußt auf einer klimazerstörenden Selbstverständlichkeit im Umgang mit Ressourcen. Es gibt Möglichkeiten, sie durch alternative Antriebsarten, erneuerbare Energien, synthetische Kraftstoffe oder Filteranlagen schonender zu gestalten. Deshalb sind »ehrliche Preise« ein wichtiger Teil der Lösung. Wir müssen bereit sein, die Kosten dafür zu tragen und brauchen politische Regeln, um die Kosten klimaschädigenden Verhaltens spürbar zu erhöhen. Wenn wir ganz ehrlich sind, müssten wir dabei festschreiben, dass der Preis nicht wieder zu beschaffender Güter wie einer intakten Atmosphäre nur unendlich sein kann.

Richtig einheizen und mit dem Klima warm werden

Wir kommen zu Platz 4 unserer großen CO_2-Quellen, dem trauten Heim. Insgesamt wird in Deutschland rund die Hälfte der Endenergie in Gebäuden verbraucht, hier wiederum zu fast 70 Prozent für Heizung und Warmwasser. Aus den Schornsteinen der knapp 20 Millionen deutschen Wohngebäude kommen stramme 120 Millionen Tonnen CO_2 und das ist nicht verwunderlich: Zwar hat der Wärmeverbrauch pro Quadratmeter in den vergangenen Jahrzehnten kontinuierlich abgenommen, dafür bewohnen – und beheizen – wir als Zeichen unseres Wohlstands immer mehr Fläche pro Kopf. Und gravierender noch: Unser Gebäudebestand ist überaltert – an die zwei Drittel hat gut 40 Jahre im Gemäuer stecken, ein Viertel ist sogar über 60 Jahre alt – und dementsprechend schlecht gedämmt. Der überwiegende Teil wird immer noch mit Öl und Gas beheizt, teils durch ineffiziente Heizanlagen, die ausgetauscht werden müssten. Denn so eine Anlage erreicht nach circa 15 Jahren ihr Lebensende oder ist zumindest technisch überholt.

Tatsächlich ist aber mindestens jede zweite Heizung älter als 20 Jahre oder nicht auf dem Stand der Technik. Da wäre also Einiges für den Klimaschutz zu holen. Doch die Sanierungsquote im Wohnungsbestand dümpelt jahrein, jahraus um 1 Prozent herum. Mindestens das Doppelte wäre nötig, um bis 2050 den Bestand energetisch annähernd auf das nötige Niveau zu bringen. Und die erneuerbaren Energien sind gerade erst zu 15 Prozent in Häusern und Wohnungen angekommen. Ihr Einzug, also der Prozess, den wir Wärmewende nennen, vollzieht sich im Vergleich zum Stromsektor äußerst schleppend. Auf den ersten Blick unverständlich, wird hier doch Energie und damit Geld – und ja leider auch CO_2 – direkt in die Luft gepustet. Dabei investieren Eigentümer durchaus viel Geld in ihre Immobilien (an die 120 Milliarden Euro waren es 2019), nur leider kaum in die energetische Sanierung. Vorrang haben Verschönerungsmaßnahmen, ums Energiesparen ging es nur bei jeder fünften Modernisierung.

Warum ist das so? Eine große Rolle dürfte spielen, dass derzeit das Verhältnis von Energiepreisen zu Investitionskosten für Eigenheimbesitzer eine relativ lange Amortisationszeit mit sich bringt. Bei Mietwohnungen dürfte sich das schwache Interesse an Sanierungen ebenfalls in der Refinanzierung begründen: In Städten mit überhitztem Wohnungsmarkt zahlen die Mieter zähneknirschend auch hohe Nebenkosten und in weniger gefragten Regionen weichen sie in billigere, weil unsanierte Wohnungen aus. Eine niedrigere Miete macht eben mehr Eindruck als ein niedrigerer Heizenergieverbrauch – selbst wenn sich das am Jahresende bitter rächen kann. Und dann hat der Brennstoffmarkt zuletzt auch noch die falschen Signale gesendet: Die Endenergiepreise waren in den Jahren 2015, 2016 und 2017 durchgehend gesunken. Was übrigens gleich wieder zu höherem Gas- und Ölverbrauch geführt hat, nach einer Untersuchung des Messdienstleisters Techem witterungsbereinigt um bis zu 9 Prozent. Damit sind die Klimaschutzziele der Bundesregierung, den Wärmebedarf zwischen 2008 und 2020 um 20 Prozent zu senken, im Grunde nicht mehr zu erreichen. Einerseits logisch, andererseits fatal, zeigt es doch, dass wir freiwillig ein klimaschonendes Verhalten mit der Summe der Einzelentscheidungen nicht hinbekommen.

Immer, wenn es mit gutem Willen allein nicht geht, wird der Druck erhöht. So schreibt die Energieeinsparverordnung schon seit 2014 eine Austauschpflicht für Öl- und Gasheizungen fest, die älter als 30 Jahre sind. Für die Standardölheizungen im Stand-Alone-Modus, die ja am meisten CO_2 emittieren, ist 2026 dann infolge des Klimapakets und des neuen Gebäudeenergiegesetzes endgültig Schluss. Genehmigt werden sie nur noch als Hybridlösung, also in Kombination mit erneuerbaren Quellen. Noch wird der Wechsel hin zu den Erneuerbaren im Wärmesektor eher mit Anreizen versehen als gewaltsam durchgedrückt. Jetzt ist also die beste Zeit, umzusteigen. Bleibt die Frage, ob man noch einmal auf »Brückentechnologien« setzen soll oder, sofern möglich, gleich den großen Sprung macht. Denn selbst effiziente Gasbrennwertheizungen sind nur das Auslaufmodell von morgen, Holz als Brennstoff ist eigentlich nur dann zum Verheizen nicht zu schade, wenn es sich um Reste aus der Holzverarbeitung handelt, und selbst die sicherlich gute Idee der Solarthermie kann das Heizproblem nicht allein lösen. Größeres Potenzial liegt da noch im Biogas. Mit Sicherheit dürfen wir aber davon ausgehen, dass großenteils Strom die Zukunft unserer Haustemperierung sein wird – aber eben Strom aus erneuerbaren Quellen. Ein grundlegender Paradigmenwechsel, galt Strom doch lange zurecht als teuerste und schmutzigste Methode zu heizen. Wir erinnern uns an die Nachtspeicheröfen, deren vorrangige Existenzberechtigung darin lag, dass die immerfort durchlaufenden Kohlekraftwerke ihren Strom auch nachts wegdrücken konnten. Das neue umwelt- und klimafreundliche Heizsystem wird dagegen grünen Strom in Wärme verwandeln – direkt, in Speichermedien gesammelt oder auf Umwegen wie elektrolytisch erzeugtem Gas.

Richtig bleiben wird aber die Erkenntnis: Die Heizung kann nur »so gut sein« wie die Gebäudehülle. Heißt: Will man »die Treppe von oben kehren«, müsste erst die Bausubstanz optimal auf geringen Wärmebedarf getrimmt sein, bevor man ein passendes Heizsystem installiert. Das heißt Wände, Dachflächen und Geschossdecken sind wärmegedämmt, Fenster und Außentüren sind dicht und lassen wenig Wärme durch. Optimal sind von vorneherein durchgeplante Passivhäuser, die, perfekt isoliert, ihre großen Fenster nach Süden ausrichten. Typischerweise ist in solchen Ansätzen eine intelligent gesteuerte Lüftungstechnik integriert.

Noch sind wir weit davon entfernt, dass solche Bauten den Standard stellen. Doch der Druck wächst kontinuierlich, aus fossilen Brennstoffen auszusteigen und auf klimaverträgliche Lösungen umzuschwenken. Wo die Entwicklung hingehen kann, zeigt Hamburg. Hier plant der Senat nicht nur eine Pflicht zum Einbau von Photovoltaik, sondern fordert auch für die Gebäudeheizung mehr erneuerbare Energien. Ab Juli 2021 müssen Eigentümer mindestens 15 Prozent ihres Wärmebedarfs mit Erneuerbaren decken, wenn sie in einem Haus mit Baujahr vor 2009 ihre Heizung renovieren.

Was wir tun können

In diesem Kapitel, wie in eigentlich keinem anderen, teilt sich die Welt in die »haves« und »have nots«, sprich die Eigentümer und die Mieter. Diese Teilung macht einen entscheidenden Unterschied bezüglich der Möglichkeiten, unseren Klimafußabdruck zu verkleinern. Die meisten von uns wohnen zur Miete und haben somit kaum Einfluss auf das Gebäude und die Heizanlage. Gleichwohl lohnt es sich unbedingt, auch die kleinen Zugriffsmöglichkeiten zu nutzen: Dichtungen in Fenster- und Türrahmen zu setzen, Isolierfolie für Fenster und Heizkörper zu verwenden und den Rollladenkasten zu dämmen. Auch der richtige Umgang mit dem Heizungsventil (die Stufe 3 entspricht in der Regel 20 Grad), kann schon viel bewirken: Die Raumtemperatur um nur 1 Grad zu senken, bringt Ihnen 4 bis 8 Prozent Energieeinsparung. Sie finden zahllose Tipps und Anleitungen im Internet und, sofern da bislang noch nichts geschehen ist, lohnen sie sich wirklich. Und natürlich stehen auch Mietern die Verbraucherzentralen oder Energie- und Klimaschutzagenturen mit kostenlosen Beratungen zur Verfügung, per Telefon oder online.

Vielerorts ist der Wohnungsmarkt angespannt, keine Frage. Aber wenn irgend möglich, wäre es das Beste, gleich in eine energiesparende Wohnung zu ziehen. Überschlagen Sie, ob sich eine höhere Grundmiete nicht doch rentiert, wenn ein höherer Baustandard die Schreckensrechnung zum Jahreswechsel verhindert. Schauen Sie sich also den Energieausweis zur Wohnung genau an. Der muss nämlich bei der Besichtigung vorliegen und nach dem Einzug ausgehändigt werden. Stehen absehbare Sanierungsarbeiten an, klären Sie mit dem Vermieter, wie er es mit der Modernisierungsumlage hält, also Ihrer Beteiligung an den Kosten durch eine höhere Miete, und überlegen Sie mit Blick auf Ihre geplante Mietdauer, welche Strategie sich für Sie rechnet.

Eigentümer können schon viel profunder an das Thema herangehen. Am einfachsten, indem sie zunächst das bestehende System optimieren. Die Heizung funktioniert nur optimal als Gesamtsystem, alle Komponenten müssen aufeinander abgestimmt sein: Wärmeerzeuger, Heizflächen, Thermostatventile, Pumpen- und Reglereinstellungen. Kontrollieren Sie regelmäßig den Verbrauch, um bei auffälligen Abweichungen schnell einzugreifen. Läuft das System aus dem Ruder, kommt der Schock mit der Abrechnung. Hilfe finden Sie im kostenlosen Energiesparkonto (www.energiesparkonto.de). Neben dem hydraulischen Abgleich, der ein gleichmäßiges Durchströmen aller Heizkörper mit Wärme gewährleistet, und dem Einstellen der Heizkurve, die definiert, wie die Heizung auf die Außentemperatur reagiert, sollten Sie sich auch die Heizungspumpe vornehmen: Sie muss gerade richtig dimensioniert sein und nur so viel laufen, dass die Heizkörper angemessen schnell warm werden. Im Sommer sollte sie natürlich ausgeschaltet sein. Weil sie oft vergessen werden, machen Heizungs- und Warmwasserpumpen etwa 2 Prozent des gesamten deutschen Stromverbrauchs aus!

Über die Raumtemperatur entscheiden zuletzt die Thermostatventile. Je genauer sie arbeiten, umso niedriger fällt der Wärmebedarf aus. Moderne Ventile können gegenüber alten bis zu 8 Prozent Heizenergie einsparen. Smarte, programmierbare Thermostate stellen die Temperatur nach vorgegebenen Zeiten automatisch ein. Sie lohnen sich aber eher in älteren Gebäuden mit einer flink reagierenden Heizung und können laut Stiftung Warentest 60 Euro im Jahr sparen helfen. In modernen, gut gedämmten Wohnungen bringen sie weniger, da diese nicht so schnell auskühlen. Auch eine träge reagierende Heizung, zum Beispiel eine Fußbodenheizung, schmälert den Vorteil solcher Thermostate. Die Nachtabsenkung wird in jedem Fall aber direkt an der Bedienung des Heizkessels eingestellt. Für den gibt es seit 2016 übrigens auch eine Energieverbrauchskennzeichnung: Die guten Modelle schaffen die Energieeffizienzklasse A+ bis A+++, Heizkessel der Klasse C oder darunter sind Energieverschwender.

Eine Möglichkeit, sich den Ärger und gegebenenfalls Streit um Investition und Nutzen einer neuen Heizanlage vom Hals zu halten, könnte darin liegen, das Thema auszulagern: Wenn Sie eine Heizung nach dem Contracting-Modell mieten, übernimmt ein Dienstleister Einbau, Wartung und Abrechnung der Anlage. Die Verträge laufen über 10 bis 15 Jahre. Danach folgt ein neuer Vertrag oder der Kauf der Heizung zum Sachwert. Dieser Komfort hat natürlich seinen Preis: In der Summe kommt die Miete teurer als der eigene Neukauf und Betrieb.

Doch blicken wir nach vorne, nämlich zum Heizen mit Energie aus erneuerbaren Quellen! Als aktueller Goldstandard hat sich hier eine Kombination aus grünem Strom – vielleicht sogar von der gebäude-eigenen Photovoltaikanlage – und einer Erdwärmepumpe herausgemendelt. Letztere schneidet in der Regel besser ab als Luftwärmepumpen, die im Winter freilich wenig Wärme aus der Umgebung saugen können. Doch damit nicht genug: Bereits jetzt bieten einige Hersteller Systeme an, mit denen sich Hausbesitzer oder Genossenschaften ein eigenes Kombikraftwerk aufbauen können. Hier werden PV-Anlage, Elektrolyseur, Brennstoffzelle, Batterie und Lüftungsgerät integriert und erlauben, mit Solarstrom Wasserstoff zu produzieren, diesen zu speichern und in einer Brennstoffzelle wieder zu verstromen. Übriger Strom wird in Batterien für den Abend bereitgehalten, Abwärme geht in die Wasserbereitung oder die Raumheizung. Als solarstrombetriebene »Heizkörper« bieten sich für solche Systeme unter Umständen Infrarotheizungen an, die direkt über Strahlungswärme, also nicht auf dem Umweg über die Raumluft heizen. Dies erklärt wiederum, warum sie sich eher in gut gedämmten Niedrigenergie- oder Passivhäusern eignen.

Wie bereits erwähnt, ist der wichtigste, aber eben auch aufwendigste Angriffspunkt für mehr Klimaschutz im Gebäude die Bausubstanz. Wer ohnehin neu baut, dem stehen alle Optionen offen, auf minimalen Energiebedarf hin zu planen. Vielleicht aber noch eine Anmerkung: Überlegen Sie, ob Sie ohne Beton auskommen können. Die Zementindustrie gehört zu den größten CO_2-Schleudern – weltweit stößt sie mehr aus als der gesamte Flugverkehr. Zement und Beton sind somit Baustoffe mit bedrückender Klimabilanz.

Nun aber ans Sanieren im Bestand. Das bringt langfristig Ersparnisse, kostet aber zunächst einmal Geld. Deshalb sollten Sie die Maßnahmen genau planen und auf die angebotenen Förderungen der Kreditanstalt für Wiederaufbau (KfW) und des Bundesamts für Wirtschaft und Ausfuhrkontrolle (BAFA) abstimmen. Dabei hilft Ihnen ein Energiesparberater, ein unabhängiger Bauingenieur, dessen Aufwand bis zu 80 Prozent bezuschusst wird. Am Ende Ihrer gemeinsamen Analyse steht dann ein förderfähiges Sanierungskonzept für einen großen Rundumschlag oder ein schrittweise zu erledigender individueller Sanierungsfahrplan. Maßnahmen wie das Dämmen der Außenwände, des Dachbodens und der Kellerdecke rechnen sich schnell, da sie die Heizkosten – je nach Ausgangslage – um 50 bis 80 Prozent senken können. Die richtige Auswahl ist entscheidend, denn man findet auf dem Markt auch überflüssige und sinnlose Angebote.

Geld vom Staat gibt es dann zum Beispiel in Form der seit 2020 aufgelegten Austauschprämie für Ölheizungen des BAFA, um die »alten Öfen« aus den Kellern zu fegen, oder der Fördermittel für Renewable-Ready-Anlagen. Solche herkömmlichen Anlagen im Bestand, die um erneuerbare Quellen ergänzt werden, erhalten Zuschüsse im Wert von 20 Prozent der Kosten. Bei Austausch einer Ölheizung und Wechsel zu einem System mit erneuerbaren Energien werden sogar 45 Prozent der förderfähigen Kosten übernommen. Ein Sonderfall sind die »Erneuerbare Energien Hybridheizungen« (EE-Hybrid), Kombinationen verschiedener Heizsysteme auf erneuerbarer Basis (Biomasse-, Wärmepumpen- und/oder solarthermische Anlage). Das Programm »Energieeffizient Sanieren« und das »Marktanreizprogramm Wärme aus erneuerbaren Energien« bieten weitere Fördermöglichkeiten. Darüber hinaus existieren regionale Fördertöpfe. Welche Programme für Sie in Frage kommen, finden Sie mithilfe einiger Online-Ratgeber heraus, unter anderem auf der Website des Bundesministeriums für Wirtschaft und Energie (www.deutschland-machts-effizient.de) oder über ein Portal der Agentur für Erneuerbare Energien (www.waermewende.de). Der Wärmecheck und der Heizcheck unter https://ratgeber.co2online.de zeigen, ob und wie Sie staatliche Fördermittel erhalten können. Mit dem ebenfalls verlinkten Modernisierungs-Check ermitteln Sie die Wirtschaftlichkeit der Heizungserneuerung.

Was wir noch brauchen

Zwar existieren viele gute Ansätze, die Wärmewende in Gang zu bringen, aber der Zeitpfeil stimmt noch nicht. Heizungen auf Basis fossiler Energien müssten schneller aus dem Spiel genommen werden, gerade Neubauten müssten schon auf das Klimaziel 2050 ausgelegt werden. Für alte Technologien dürfte hier kein Platz mehr sein. Insofern sind auch die oben genannten Fördermöglichkeiten, die immer noch Öl und Erdgas berücksichtigen, besser als nichts, aber noch nicht auf der Zielgeraden.

Auch bei den Mietverhältnissen passt der rechtliche Rahmen nicht. So kann sich der Eigentümer einer Mietwohnung die Sanierung über die Modernisierungsumlage von den Mietern (mit)finanzieren lassen. Darüber entsteht aber oft beidseitig Ärger, nicht selten sieht man sich vor Gericht. In Städten, in denen der Wohnraum knapp ist, gehört diese Umlage zu den großen Preistreibern bei den Kaltmieten. Die niederländische Variante der Kostenbeteiligung durch die Mieter enthält dagegen ein Punktesystem, nach dem die Maßnahmen bewertet werden. Für reine Zierde gibt es wenig Punkte, für dichte Fenster viele. Der Punktestand bestimmt dann, wie stark die Miete steigen darf. Solch ein Modell müsste unter Klimaaspekten weiterentwickelt und in Deutschland umgesetzt werden. Dann könnten Mieter und Vermieter gleichermaßen von energetischer Sanierung profitieren.

Denkt man über den Tellerrand hinaus, wird klar, dass wir eine Wärmewende für ganze Stadtteile oder Gemeinden brauchen. Das ist effizienter als das Klein-Klein von Einzelmaßnahmen der Hauseigentümer. Wichtiger Bestandteil wären Wärmenetze, über die Gebäude, die einen Wärmeüberschuss haben, mit solchen verbunden werden, die ihn brauchen können. Erinnern Sie sich an die Rechenzentren und ihre Abwärme, oder denken Sie an die verarbeitenden Industrien. Anstatt die anfallende Wärme in die Umgebung zu pusten, sollte sie weitergereicht werden: Die Kühlung der einen ist die Heizung der anderen – doppelter Nutzen. Natürlich müsste auch diese Überschusswärme bald vollständig aus erneuerbaren Quellen »geboren« werden. Regen Sie doch in Ihrer Gemeinde einen kommunalen Wärmeplan an, der die Bausteine der Wärmewende sinnvoll zusammenfügt. Erst wenn wir alle Technologien im Sinn der Sektorkopplung und alle Netze für Strom, Gas und Wärme sowie die nötigen Speicher intelligent kombinieren, werden wir die nötige Effizienz erzielen. Hier spielt dann auch die Digitalisierung eine Schlüsselrolle für die optimale Steuerung aller Komponenten dieses übergreifenden Systems.

Aufgetischt! Unsere Ernährung

Im Grunde – das ist Ihnen sicher längst klar geworden – dreht sich beim Klima fast alles um Energie. So verwundert es nicht, dass, physikalisch betrachtet, auch die Ernährung eine Frage des Energietransfers ist, da wir letztlich nur biologische Maschinen sind, die Treibstoff brauchen. Damit ist sofort klar, dass wir auch bei unserer Nahrung und ihrer Beschaffung die Effizienz steigern, die Verluste mindern, die Aufnahme sinnvoll halten und Begleiteffekte minimieren müssen.

Auf den ersten Blick könnte man sagen, die deutsche Landwirtschaft ist nur für 9 Millionen Tonnen CO_2-Ausstoß im Jahr verantwortlich. Doch dann sieht man eben nur die Fahrzeuge, Maschinen und Gebäude. Das beweist: CO_2 ist nicht alles! Eine viel größere Rolle spielen in diesem Sektor nämlich die hochpotenten Treibhausgase Methan (CH_4) und Lachgas (N_2O), die aus der Produktion und Landnutzung stammen. Untersucht man das Gesamtaufkommen dieser Stoffe, so stellt man schnell fest, dass 60 Prozent des ersteren und 80 Prozent des letzteren aus der Landwirtschaft stammen. Hier wird für eine sinnvolle Einordnung also wieder die Umrechnung in CO_2-Äquivalente nötig. Dann ergibt sich nämlich ein viel gravierenderer Beitrag des Agrarsektors von 64 Millionen Tonnen CO_2e oder gut 7,3 Prozent unserer Treibhausgasemissionen.

Die Landwirtschaft steuert weltweit mindestens 10 Prozent der Treibhausgase bei, doch wird darüber gestritten, wie weit man ihre Kollateralschäden, wie die Entwaldung, den Umbruch von Grünland oder das Trockenlegen von Mooren und Feuchtgebieten in Rechnung stellen muss. Denn all dies führt wiederum zu weiteren Emissionen, sodass andere Interpretationen auf bis zu 30 Prozent der globalen Treibhausgasemissionen kommen, die für unsere Ernährung entstehen.

Das Themengebiet der Nahrungsmittelproduktion ist schier endlos – mit Herstellung, Verarbeitung, Transport, Preisbildung oder Subventionspolitik längst nicht gefasst – und voll von ineinandergreifenden Details, sodass ich mich hier auf die wichtigsten Aspekte beschränken muss, um wenigstens einen Eindruck seiner Bedeutung für unser Klima zu geben.

Methan und Lachgas

Beginnen wir mit Methan. Das liefern alle Wiederkäuer bei der Verdauung und der größte Teil kommt natürlich aus der Rinderhaltung. Eine einzelne Kuh produziert 190 Kilogramm pro Jahr. Die Gesamtklimawirkung ist mit der eines Mittelklassewagens nach 18 000 Kilometern Fahrleistung zu vergleichen. Doch bitte: Der Streit, ob Kühe oder Autos schlimmer sind, bringt uns überhaupt nicht weiter. Es dürfte inzwischen klar sein, dass wir die Emissionen *aller* Klimaschädlinge drastisch senken müssen. Viel zu tun angesichts der Milliarde (!) Rinder auf dem Globus, von denen 12 Millionen in Deutschland gehalten werden. In Brasilien leben gar mehr Rinder als Menschen. Doch noch wachsen weltweit die Tierbestände und bis 2050 könnten sie eine Methanmenge produzieren, die 4,7 Gigatonnen CO_2 entspräche – ein Anstieg um über 70 Prozent.

Lachgas trägt aktuell geschätzt mit 6 bis 9 Prozent zum Treibhauseffekt bei und schädigt zudem die Ozonschicht. In der Landwirtschaft kommt es im Wesentlichen aus der Stickstoffdüngung, besonders wenn zu viel oder zum falschen Zeitpunkt gedüngt wird. Die Lachgasemissionen sind seit 2009 rasant gestiegen, vor allem aus überdüngten Flächen. Über 40 Prozent des Stickstoffs werden gar nicht von den Pflanzen aufgenommen und gehen direkt verloren. Der Emissionsfaktor – der Teil, der von der ausgebrachten Menge wieder in die Atmosphäre entweicht – dürfte deutlich größer sein, als vom IPCC angenommen, berichtet *Nature Climate Change*. Die industrielle Düngerproduktion hat noch eine weitere Klimawirkung: Sie beginnt mit der Synthese von Ammoniak (NH_3), die 1 bis 3 Prozent des weltweiten Energiebedarfs ausmacht und – ohne auf die genaue Chemie dahinter einzugehen – massiv CO_2 freisetzt: 2 Tonnen pro produzierter Tonne NH_3, um genau zu sein. Und rund 80 Prozent des hergestellten NH_3 gehen in Düngemittel. Die EU hat zwar 1991 eine Nitratrichtlinie erlassen, doch in Deutschland hat man die Umsetzung, auch auf Druck einer kurzsichtigen Agrarlobby, 29 Jahre lang verschleppt. Noch immer werden jedes Jahr über 200 Millionen Kubikmeter natürlicher Dünger, also Gülle, ausgebracht, und der Rechtsstreit mit der EU ist mittlerweile eskaliert.

Wir sehen: Ein großer Teil der landwirtschaftlichen Klimawirkung dreht sich um die Viehhaltung für Milch und Fleisch – zwei Nutzungen, die sich übrigens gar nicht voneinander trennen lassen, wie fälschlicherweise oft vermutet wird. Der weltweite Fleischkonsum hat sich von 180 Millionen Tonnen im Jahr 1990 bis heute fast verdoppelt, in Deutschland liegt er hingegen recht stabil bei 60 Kilogramm pro Kopf und Jahr. Das Problem ist neben den entsprechenden Emissionen auch die schlechte Effizienz einer fleischlastigen Ernährung: Wir verfüttern heute die Hälfte aller auf Ackerland angebauten Proteine an Tiere, um erst diese dann zu essen. Dazwischen liegen Umwandlungsverluste von 70 bis 90 Prozent. An genau jenem Gefälle hängt einer der größten Folgeschäden unserer Fleischeslust, denn Tierhaltung und Fleischkonsum dürften die weltweit stärksten Triebfedern für die Abholzung der (Ur-)Wälder sein. Billiges Soja macht Massentierhaltung und Schnitzel zum Kampfpreis erst möglich. Doch mit jedem Kilogramm Soja von den 1,6 Millionen Hektar Anbaufläche in Südamerika, das bei uns im Futtertrog landet, verschlechtert sich die Klimabilanz dramatisch.

Kann das der Biolandbau retten? – Jein. Schweinefleisch aus ökologischer Landwirtschaft schneidet gut ein Drittel besser ab, vor allem, weil weniger Stickstoffdünger für den Futteranbau eingesetzt wird. Doch beim Rind sieht es genau andersherum aus. Die Tiere dürfen auf einem Biohof langsamer wachsen und länger leben. Das heißt: Sie haben mehr Zeit, die Atmosphäre mit ihrer Verdauung zu belasten und verursachen entsprechend 50 Prozent mehr Treibhausgase als ihre weniger glücklichen Artgenossen. Es führt kein Weg daran vorbei: Das Rind ist der SUV unter den Nahrungslieferanten.

Der Regenwald auf dem Teller

Nachdem wir das Thema schon im Kontext der Wälder angeschnitten hatten, müssen wir hier noch einmal auf das leidige Palmöl zurückkommen. Einfach, weil es in der Hälfte aller abgepackten Lebensmittel steckt, wahrscheinlich sogar in der Hälfte aller Produkte im Supermarkt überhaupt. Erst seit 2014 muss es auf Lebensmitteln explizit angegeben werden, in Kosmetika allerdings immer noch nicht. Die Palmöl-Plantagen sind das Symbol einer gigantischen Urwaldvernichtung, und die Schäden geschehen nicht beim Anbau, so ganz beiläufig, sondern werden mit brachialer Gewalt angerichtet: Die Katastrophe im indonesischen Regenwald 2019 war die Folge bewusster Brandstiftung durch Plantagenbetreiber. Große Kunden wie Nestlé, Unilever oder Procter & Gamble kaufen bei Lieferanten, gegen die wegen der Feuer ermittelt wird und gegen die Gerichte wegen der Brände zwischen 2015 und 2018 Strafen verhängt hatten.

Palmöl durch Raps- oder Sonnenblumenöl zu ersetzen, würde zu einem höheren Flächenverbrauch führen, da Ölpalmen deutlich ertragreicher sind, und ein Umstieg auf Sojaöl würde das Problem lediglich nach Brasilien und Argentinien verlagern. Der Roundtable on Sustainable Palm Oil (RSPO) ist ein internationaler Zusammenschluss von Produzenten, Handel, Banken und Umweltverbänden, der für bessere Konditionen der Palmölwirtschaft sorgen soll. Da die Industrie das Übergewicht im RSPO hat, sind die Kriterien eher zahm – und selbst gegen diese verstoßen RSPO-Mitglieder regelmäßig. Palmöl ist ein Beispiel für ein perfektes Dilemma: Wahrscheinlich kommen wir nur schrittweise wieder heraus, durch bessere Ersatzstoffe aus verträglicher Bewirtschaftung und Ersatzlösungen für die Menschen, die von Palmöl leben. Und wieder drängt die Zeit.

Eingeholt vom Klimawandel

Der »Klimaschutzplan 2050« der Bundesregierung hat der Landwirtschaft das Ziel gesetzt, ihre Treibhausgasemissionen bis 2030 um rund ein Drittel gegenüber 1990 zu reduzieren. Der Widerstand der Betroffenen ist teils aber noch beträchtlich. Schade eigentlich, denn nach nun 3 Jahren Dürre in Deutschland wird doch offenbar, dass die Landwirtschaft Verursacher und Opfer des Klimawandels zu gleichen Teilen ist: Im Sommer 2018 war die Getreideernte gegenüber dem Vorjahr um fast ein Viertel eingebrochen, die Wintergerste schon im Juni erntereif. In Sachsen-Anhalt mussten Landwirte die Rapsflächen zusammenstreichen, weil der Boden zum Aussähen zu trocken war – im Juli 2019 fielen dort nur 30 Liter Regen, zwei Drittel weniger als normalerweise. Und in Nordrhein-Westfalen hat sich die Grundwasserneu-bildung in den letzten 20 Jahren halbiert. Weltweit gehen laut dem Ökonomen Volkert Engelsman durch die Intensivlandwirt-schaft pro Jahr 12 Millionen Hektar fruchtbarer Boden verloren.

Was wir tun können

Ein Modell zur Frage, ob und wie die Erde knapp 10 Milliarden Menschen ernähren kann, lieferte 2020 drei unabdingbare Vor-aussetzungen: Wir müssen unsere Energieaufnahme auf 2 350 Ki-lokalorien pro Tag begrenzen, den Fleischkonsum reduzieren und dürfen keine Lebensmittel mehr verschwenden. Der letzte Punkt sollte doch das einfachste sein, was wir tun können. In Deutschland werden allein in Privathaushalten jährlich 7,4 Milli-onen Tonnen Nahrungsmittel weggeworfen, wovon sich nach Schätzungen etwa 5 Millionen Tonnen vermeiden ließen. Auch für diesen Abfall wurden Ressourcen und Energie aufgebracht. Könnten wir ihn unterlassen, bräuchten wir rund 1,5 Millionen Hektar weniger Fläche für unsere Ernährung.

Labore auf der ganzen Welt suchen nach Lösungsansätzen für die enorme Klimawirkung unserer Viehhaltung. So könnten Mi-kroben statt Futterpflanzen die nötigen Proteine synthetisieren und so Flächen schonen, Diallyldisulfid die Methanbildung im Rindermagen um 15 Prozent mindern, ebenso die Fütterung mit bestimmten Arten von Seegras oder 3-Nitrooxypropanol (3-NOP) das Enzym für die Methanbildung gleich ganz blockieren. Doch an einem geringeren Fleischanteil unserer Ernährung führt kein Weg vorbei, sind sich das Potsdam-Institut für Klimafolgenfor-schung und das UBA einig. Allein mit technischen Maßnahmen werden sich die Klimaziele nicht erreichen lassen. Wer noch nicht vom Fleisch loskommt, kann durch die Auswahl etwas tun: Pro Ki-logramm Rindfleisch werden 13,3 Kilogramm CO_2e frei, fast vier-mal so viel wie für Geflügel (3,5 Kilogramm) oder Schweinefleisch (3,3 Kilogramm). Tatsache ist aber, dass Veganer für ihre Ernäh-rung auf 1 Tonne CO_2e im Jahr kommen, die »Normalesser« auf 1,8 Tonnen. Studien zeigen, dass die landwirtschaftlichen Emissi-onen in der EU um etwa 40 Prozent sinken könnten, wenn wir un-seren Konsum von Fleisch, Milch und Eiern halbieren.

Wahr bleibt aber auch, dass Sie mit Produkten aus der Region oder aus dem Biolandbau das Klima schonen. Da hilft zum Beispiel, dass die Futtermittel im eigenen Betrieb produziert werden, das Vieh großzügig verteilt auf der Weide steht und sich reichlich Boden neu bildet, der wiederum CO_2 speichert. Vielfältige Fruchtfolgen mit stickstoffbindenden Zwischensaaten wie Klee halten die Vorstufen des Lachgas im Boden. Die TU München ermittelte schon vor einigen Jahren, dass Biohöfe bezogen auf die Fläche nur etwa die Hälfte der Energie konventioneller Betriebe benötigen. Der Vorteil bleibt auch umgerechnet auf den geringeren Ertrag bestehen. Auch der Verzicht auf zusätzliche Düngung ist ein großes Plus, und laut dem Karlsruher Institut für Technologie (KIT) ein »absolutes Muss«, um die Klimaerwärmung zu stoppen. In einer Allensbach-Umfrage antworteten zwei Drittel der Befragten, sie würden für hohe Lebensmittelqualität auch mehr ausgeben. Ein Drittel will aber eben genau das nicht. Wo wir es uns leisten können, sollten wir der Nahrung wieder einen höheren Stellenwert einräumen, die Lebensmittelpreise in Deutschland sind schon die niedrigsten in Europa.

Völlig auf Produkte mit Palmöl zu verzichten, ist im derzeitigen System schier nicht zu schaffen. Doch Sie können Firmen anschreiben und nachfragen, was sie unternehmen, um Palmöl aus Regenwaldzerstörung aus ihren Lieferketten zu streichen und klimaverträglichen Ersatz zu finden.

Was wir noch brauchen

Ein zentrales Problem unserer Landwirtschaftspolitik besteht darin, dass sie sich trotz anderslautender Lippenbekenntnisse hauptsächlich an den Großbetrieben orientiert, die wiederum in ein System von Beratern und Banken eingebettet sind, welche die Strukturen der industriellen Intensivlandwirtschaft perpetuieren. Noch immer machen die Agrarausgaben den größten Teil im EU-Haushalt aus: Knapp 59 Milliarden Euro oder 40 Prozent gehen in die Landwirtschaft, etwa 6,5 Milliarden an Deutschland. Doch die Direktzahlungen an die Betriebe werden schlicht nach der bewirtschafteten Fläche bemessen. So ist es für Landwirte ökonomisch, Anbauflächen immer weiter auszudehnen und möglichst hohe Erträge zu erzielen. Im Ergebnis führt die Gießkannenförderung zu einer weiteren Intensivierung der Landwirtschaft. Es bestehen zwar Programme mit effektiven Agrarumwelt- und Klimamaßnahmen, sie sind finanziell aber vergleichsweise uninteressant und werden nur wenig abgerufen. In Niedersachsen sind es unter 5 Prozent der Subventionen, die für diese Maßnahmen ausgegeben werden. Verlangen Sie von Ihren EU-Abgeordneten endlich ein Umsteuern in der Agrarfinanzierung. Auch ein Ökopunktesystem, das Landwirte für bestimmte Leistungen belohnt, wie es Experten der Universität Kiel vorschlagen, wäre ein Schritt in die richtige Richtung.

Umgekehrt müssen wir den Druck auf klimaschädliche Produktionsweisen und Produkte erhöhen. Das wird ohne ordnungsrechtliche Vorgaben wohl nur über den Preis gehen. Im Agrarministerium wurde schon über eine Fleischabgabe diskutiert. Auch eine höhere Mehrwertsteuer von 19 Prozent für Fleisch- und Milchprodukte ist im Gespräch. Beides ist natürlich unattraktiv, völlig schmerzlos werden wir aber nicht ans Ziel kommen. Üben daher auch Sie Druck auf den Handel aus, der sich seit Jahren kartellartig gegen eine faire Entlohnung seiner Lieferanten sperrt.

Verlangen Sie auch eindeutige Informationen. So könnte für Lebensmittel angegeben werden, wie viel CO_2e durch ihre Herstellung entstanden sind. Eine Umfrage von 2019 hatte ergeben, dass 85 Prozent der deutschen Verbraucher diesbezüglich Informationen wünschen, sich aber nur 9 Prozent über die unterschiedlichen Klimakosten von Lebensmitteln informiert fühlen. Ebenso brauchen wir mehr Transparenz in den Lieferketten, zum Beispiel bei den Sojaimporten. Wo sie nötig scheinen, müssten sie zumindest über ein Zertifikat ihre Herkunft und die zugrunde liegenden Produktionsstandards nachweisen.

Doch schon vor unserer Haustür mangelt es an Klarheit: Untersuchungen ergeben, dass Verbraucher Produkte aus der Region gut annehmen, und allein schon der Hinweis »regional« stärker als das Biosiegel wirkt. Nur ist der Begriff gesetzlich überhaupt nicht definiert. Test der Verbraucherzentralen zeigen, dass die »regionalen« Lebensmittel bis zu 200 Kilometer auf dem Buckel haben. Fordern Sie hier Eindeutigkeit: Wir möchten wissen, woher unsere Nahrung wirklich kommt!

Klima und Gesundheit – ein Gastbeitrag von Eckart von Hirschhausen

Liebe Leserinnen und Leser,

jetzt spreche ich Sie mal direkt an. Ich weiß, dass das in einem *Sach*buch unüblich ist. Aber genau das könnte Teil des Problems sein: Dass wir die Phänomene der Klimakrise viel zu »sachlich« behandeln und dabei das Offensichtlichste übersehen. Beim Klima geht es nicht *nur* um Eisbären, Meeresspiegel und CO_2-Anteile – sondern um jeden von uns ganz persönlich. Ich freue mich über die Gelegenheit, Ihnen als Arzt etwas darüber sagen zu dürfen, wie unmittelbar die Veränderungen des Klimas unseren Körper, unser Hirn und unser Miteinander betreffen. Und als Mitmensch und Freund unserer Demokratie möchte ich auch etwas darüber sagen, was jeder von uns zu einem »Klimawechsel« beitragen kann. Weil ich davon überzeugt bin, dass Fakten allein nicht genügen, um zu überzeugen, erzähle ich Ihnen auch, warum das Thema Klimakrise und Gesundheit seit zwei Jahren mein Herzensanliegen geworden ist. Es hat mit einer Frau zu tun – aber eins nach dem anderen.

Sven Plöger kenne und schätze ich schon lange. Wer ihn für einen leichtfüßigen »Wetterfrosch« hält, unterschätzt ihn gewaltig. In Deutschland glaubt man ja, dass alles, was mit einem ernsten Gesichtsausdruck gesagt wird, rein deshalb schon vernünftig ist. Und im Umkehrschluss gelten Menschen mit guter Laune grundsätzlich als naiv, weil sie den Ernst der Sache nicht verstanden hätten. Sven ist Fachmann und Entertainer, ein grandioser Wissenschaftskommunikator – wie Sie bei der Lektüre des Buches gemerkt haben – und ein gern gesehener Gast in meiner Sendung »Hirschhausens Quiz des Menschen«. Aber im Unterschied zu vielen anderen hat er auch ein »Sendungsbewusstsein« – ein Gefühl für die Verantwortung, die jeder trägt, der gesehen und gehört wird. Und so erlebte ich ihn in voller Fahrt auf der Messe Didacta, bei der wir hintereinander auftraten, um das Thema ins Bildungssystem zu bringen. Seitdem sind wir befreundet. Sven hat den Ernst der Lage voll drauf. Und ist dabei gut drauf. Voll in der Tradition von Karl Valentin: »Wenn es regnet, freue ich mich, denn wenn ich mich nicht freue, regnet es auch.«

Heute hat es geregnet. Endlich! Die Natur atmet auf. Wochenlang hat es in der Coronazeit kaum Wolken gegeben. Dass das nichts damit zu tun hat, dass so wenige Flugzeuge und Kondensstreifen am Himmel waren, sondern mit einem Hoch, das nicht weiterziehen wollte – so etwas weiß Sven besser. Was ich aber weiß: Der Mensch besteht zu 70 Prozent aus Wasser. Und wenn der Wasserkreislauf zwischen Himmel und Erde nicht funktioniert, bricht auch unser Kreislauf zwischen Herz und Körper zusammen. So einfach ist das. In einem bekannten Kinderlied heißt es: »Es regnet, es regnet, die Erde wird nass. Wir sitzen im Trocknen, was schadet uns das?« *Auf* dem Trocknen zu sitzen, schadet hingegen massiv.

Ich werde nie vergessen, wie ich das erste Mal in meinem Leben einen Wasserhahn aufgedreht habe und nichts herauskam. Das war in Brasilien, ist 25 Jahre her, und hat sich mir eingebrannt. Ich war als Medizinstudent unterwegs und erlebte mit, wie eine Stadt notdürftig mit Tankwagen aus der Ferne versorgt wurde, weil die Flüsse ausgetrocknet waren. Deutschland ist ein wasserreiches Land. Dennoch kam es im letzten Jahr zu Engpässen und diese Tendenz wird sich in den Jahren, die vor uns liegen, mit hoher Wahrscheinlichkeit verstärken. Die Grundlage von Gesundheit ist es, etwas zum Trinken, zum Essen und zum Atmen zu haben. Wir können mit Medikamenten und Hochleistungsmedizin Fieber und Blutdruck senken – aber keine Außentemperaturen.

Wenn man den Eindruck hat, die Klimaforscher nehmen es übergenau, ob sich die Erde jetzt um 1,5 oder 2 Grad erwärmt, erinnere ich gerne an die Grundlage der menschlichen Physiologie. Nach erhöhter Körpertemperatur kommt Fieber, dann Koma, dann Tod. Wir sind nur bis 41 Grad belastbar. Jede Körpertemperatur darüber ist auf Dauer nicht mit dem Leben vereinbar. Menschen in Ländern, in denen es schon länger heiß ist, haben ihren

Arbeitsrhythmus angepasst und gehen mittags aus der Sonne. Aber was, wenn es im Schatten auch nicht viel kühler ist? Was, wenn die Arbeit in der Landwirtschaft im globalen Süden draußen passieren muss oder es nichts zu essen gibt?

Hitze lähmt und mobilisiert zugleich. In den nächsten 20 Jahren werden Millionen Menschen dort, wo sie im Moment noch wohnen, nicht mehr leben können, und sich auf den Weg machen müssen, nach Norden, nach Europa, dorthin, wo es noch Wasser und Schatten gibt. Hunger, gewaltsame Auseinandersetzungen um knappe Ressourcen und die Traumata der Migration sind die Konsequenzen des Klimawandels – und beeinträchtigen die Gesundheit elementar.

Gegen Hitze gibt es keine Impfung – und es wird nie eine »Herdenimmunität« geben. Das ist der Unterschied zur aktuellen Pandemie. Wir sind und bleiben als Menschen verletzlich. Und die besonders vulnerablen Gruppen sind wie so oft Menschen mit Vorerkrankungen, insbesondere die Älteren, Lungenpatienten, Herzpatienten, Diabetiker und Übergewichtige. 2003 gab es schon einmal einen extrem heißen Sommer, der geschätzt 70 000 Menschen in Europa das Leben gekostet hat. Gab es damals einen Aufschrei, endlich Emissionen zu senken? Nicht, dass ich wüsste. Auch nicht, nachdem es 2006, 2015 und 2018 wieder in Deutschland zu einer hohen Zahl von hitzebedingten Todesfällen kam. Wenn Politiker neuerdings auf Virologen hören können, warum dann nicht auch auf Klimaforscher und Umweltmediziner?

Als Arzt sucht man nach den Ursachen für eine Erkrankung. Und im besten Fall vermeidet man Risiken schon vorher. Globale Epidemien werden häufiger, so gesehen war es für die Fachleute keine Frage von »ob«, sondern eher »wann« nach Ebola, SARS, MERS und HIV neue Viren von Tieren auf Menschen überspringen. Wie der Chef des Berliner Naturkundemuseums, Johannes Vogel, es noch deutlicher formuliert: »Dieses Virus ist auch der Preis unserer Ausbeutung der Natur. Erreger überspringen Artgrenzen, wenn wir natürliche Ressourcen respektlos ausbeuten. Machen wir so weiter, scheitern wir.« Auf einer Tagung des Auswärtigen Amtes zum Thema »One Health« erlebte ich vor Coronazeiten, wie sich globale Gesundheitsgefahren nicht an unsere

Klima und Gesundheit **305**

Denkmuster oder die Zuständigkeiten einzelner Ressorts und Disziplinen halten. Endlich kamen Virologen und Artenschützer, Human- und Tiermediziner, Kommunikationsexperten und Klimaforscher zusammen, um ihre jeweilige Expertise zu vereinen. Aus heutiger Sicht schon fast zum Schmunzeln: Christian Drosten konnte auf dem Kongress praktisch unerkannt und ohne zehn Kameras und Mikros vor der Nase reden.

Nach meinem Vortrag über die Frage, wie man bei bedrohlichen Erkenntnissen psychologisch aus der Lähmung ins Handeln kommt, lernte ich Kim Grützmacher kennen. Sie ist Program Manager für die globalen Gesundheitsthemen bei der Wildlife Conservation Society, einer der großen weltweiten Naturschutzorganisationen. Sie veranschaulichte mir, wie wir Menschen diesen Planeten plattmachen: »Stell dir vor, wir würden alle Wirbeltiere auf der Erde auf eine Waage stellen. Was glaubst du, wie viele Anteile hätten Wildtiere und Nutztiere im Verhältnis zu uns?« Ich hatte keinen Schimmer und staunte nicht schlecht, als ich erfuhr, dass vor 10 000 Jahren die paar Menschen, die es damals gab, einen Gewichtsanteil von etwa einem Prozent gegenüber den 99 Prozent der Wildtiere hatten. Dann wurden wir sesshaft, begannen mit der Vermehrung, dem Ackerbau, der Viehzucht und stellten damit die Verhältnisse komplett auf den Kopf. Nun haben die Wildtiere gerade mal noch ein Prozent für sich. Dafür machen Menschen 32 Prozent und unsere Nutztiere 67 Prozent aus. Die ganzen Rinder, Schweine und Hühner trampeln, fressen, koten und flatulieren alles aus dem Gleichgewicht.

Die Wildtiere werden in ihren natürlichen Lebensräumen so eingeschränkt, dass sie buchstäblich mit dem Rücken zur Wand stehen, gestresst und anfällig werden und sich an uns »rächen«, indem sie uns auf ihren letzten Metern noch ihre Viren dalassen, bevor sie für immer verschwinden. Und die nächsten Erreger und Überträger stehen schon bereit. Durch die warmen Nächte überlebt inzwischen die asiatische Tigermücke bei uns und breitet sich aus. Sie ist potenzieller Träger von Tropenkrankheiten, die mit dem nächsten internationalen Flieger bei uns landen könnten. Das West-Nil-Virus macht sich breit in Deutschland, obwohl es, wie der Name schon vermuten lässt, ursprünglich hier nichts zu suchen hat. Und auch die Populationen allergener Pflanzen und

Tiere nehmen zu, wie Ambrosia oder auch der Prozessionsspinner. Wer spinnt hier eigentlich? »There is no glory in prevention« – es gibt keinen Ruhm für Krankheiten, die man verhindert. Das stimmt, ist aber unglaublich dumm. Und deshalb möchte ich diesen Beitrag auch nicht beenden, ohne zu zeigen, wie jeder von Ihnen gesünder mit sich und mit dem Planeten umgehen kann. Win-win!

Haben Sie schon von der »Planetary Health Diet« gehört? Die »Gesunde-Erde-gesunde-Menschen-Ernährung« – es gibt noch kein gutes deutsches Wort dafür – verbindet das, was gut für den Körper ist, mit dem, was gut für den Planeten ist. Und dabei handelt es sich vor allem um weniger Fleisch, weniger Zucker und weniger Milchprodukte, dafür mehr Nüsse, Hülsenfrüchte und buntes Gemüse. Das kann man den Menschen nicht »vorschreiben«, wohl aber »verschreiben«. Denn so verhindert man Millionen Herzinfarkte und Schlaganfälle, wenn wir uns dazu auch noch mehr bewegen und abspecken. Wir müssen viel stärker betonen, welche Vorteile wir selber haben, wenn wir für den Klimaschutz handeln. Wenn wir unsere krank machenden Konsummuster unterbrechen, geht es nicht um Mangel oder Verzicht, sondern um einen Zugewinn an Lebensqualität.

Das Gleiche beim Thema Mobilität. Wenn wir gerade in halbwegs leeren Städten entdecken, wie schön es ist, mit dem Rad zu fahren, wenn einen keine Autoabgase und abbiegenden Lkw gefährden, dann geht es doch auch nicht um »Verzicht«. Städte wie Kopenhagen und Münster haben es vorgemacht – jetzt ziehen Brüssel und Madrid hinterher –, und Holland war uns da schon immer voraus. Sich aus eigener Kraft zu bewegen, ist gut für alle! Und E-Mobilität heißt mehr E-Bikes, die den Radius erweitern und tatsächlich das Auto ersetzen können. Lastenräder zu fördern, ist sinnvoller als jede Abwrackprämie.

Durch die Kontaktsperre und die Absage meiner Bühnenshows habe ich wieder entdeckt, wie gut mir ein simpler Spaziergang durch den Wald tut. Eine intakte Natur ist für die Kühlung des Planeten so wichtig wie die Schweißdrüsen auf unserer Haut für die Kühlung unseres Körpers. Und in den Städten ist es um viele Grad heißer als im Wald. Grün ist auch für unsere seelische Gesundheit enorm förderlich, denn bei all dem, was Sie in diesem

Buch gelesen haben, kann einen auch ein Gefühl von Hilflosigkeit beschleichen, dass alles schon zu spät ist.

Ist es nicht! Wir haben noch eine Chance, wenn wir in den nächsten Jahren die Transformation hin zu einer nachhaltigen Wirtschaft wirklich hinbekommen. Nicht »fürs Klima«, sondern für uns. Unsere Gesundheit! Und die aller Generationen, die es nach uns schön haben wollen. Was ich in den letzten beiden Jahren gelernt habe: Nur bei sich selber anzufangen, reicht nicht. Klar kann man weniger Fleisch essen und mehr Radfahren, auf unnötige Flugreisen verzichten und sein Haus isolieren, um weniger Strom und Energie zu verbrauchen. Aber der größte und wirksamste Hebel sind gute Gesetze, die neue Rahmenbedingungen für alle bringen.

Als die FCKW verboten wurden, schloss sich das Ozonloch. Hätte man auf die Haarspraydosen »Bitte sparsam verwenden, denkt an die Umwelt« geschrieben, wäre nichts passiert. Sinnvolle Verbote sind besser als ihr Ruf. Der Markt regelt nur Dinge, die einen Preis haben. Und wenn wir alle mit unserer Gesundheit einen Preis zahlen, der nicht eingepreist ist, müssen wir uns öffentlich dafür engagieren, das zu ändern. Ich kann nicht als Einzelner dafür sorgen, dass endlich Bahnfahren günstiger und angenehmer wird, als innerdeutsch zu fliegen. Dafür ist Politik da. Und wir als Zivilgesellschaft. Deshalb mein letzter ärztlicher Rat: nicht aufregen, sondern was tun! Keine Panik, aber Priorität – für die eigenen Entscheidungen ebenso wie für unsere Demokratie in Deutschland und Europa. Engagiert Euch! Vor Ort, in der Gemeinde, in den Umweltverbänden, in den Vereinen, in den Parteien, in der Schule, auf der Straße bei Demonstrationen – sobald sie wieder erlaubt sind. Ich selber habe eine Stiftung gegründet »Gesunde Erde – Gesunde Menschen« und danke dem Westend Verlag, dass es für diesen Text eine Spende gibt!

Ach – und ich schulde Euch noch die Geschichte von der Frau, die mir damals die Augen geöffnet hat. Es war Jane Goodall. Sie wurde als junge Frau für ihre Arbeit in der Verhaltensforschung von Schimpansen berühmt und ist jetzt mit 85 Jahren immer noch eine der wichtigsten Umweltaktivistinnen. Sie stellte mir eine sehr einfache Frage: »Wenn der Mensch die intelligenteste

Art ist, die es auf der Erde gibt – warum zerstören wir dann unser Zuhause?« Gute Frage. Wichtige Frage.

Dieses Buch ist ein Teil der Antwort – denn es geht auch anders! Wenn wir wollen und alle an dieser Aufgabe mitarbeiten – mit aller Intelligenz, Wissenschaft und Kreativität, die uns zum Menschen macht. Wenn wir das nicht hinbekommen – das wäre echt affig, oder?

In diesem Sinne – keine heiße Luft – kühlen Kopf bewahren und aktiv werden.

Ihr
Dr. Eckart von Hirschhausen*

---

* Eckart von Hirschhausen ist Arzt, Autor und Gründer der Stiftung »Gesunde Erde – Gesunde Menschen«.

Wie wollen wir die Welt?

Eckart von Hirschhausens Beitrag – danke, Ecki! – hat auch mir noch einmal stark verdeutlicht: Unsere eigene Gesundheit und die Gesundheit dieses Planeten hängen eng zusammen und wie wichtig sie ist, sehen wir in Zeiten von Corona mehr denn je. Um eine völlige Katastrophe durch das Virus zu verhindern, trafen und treffen Regierungen die aus ihrer Sicht notwendigen Entscheidungen. Dabei handelt es sich um Maßnahmen, die wir uns Monate zuvor nicht einmal im Traum hätten vorstellen können, die wir aber aushalten, weil wir sie meist nachvollziehen können. Zentrale Grundlage dafür sind die Aussagen von Forschern und Experten, getroffen nach bestem derzeitigen Wissensstand.

Durch all das bekommen wir eine Ahnung davon, wie zerbrechlich die Sphäre unseres Alltags ist. Doch was wird dieser Augenblick bewirken? Und wovor müssen wir uns, wenn die Krise abgeklungen ist, mehr fürchten: vor der Erkenntnis, dass uns die Dinge, die wir in diesen Monaten nicht gekauft haben, gar nicht fehlen – oder vor der, dass wir immer noch keinen Plan entworfen haben, wie eine Gesellschaft ohne unablässigen und stetig wachsenden Konsum aussehen könnte? Und damit landen wir beim Schaden, den dieser auf Dauer in der Welt hinterlässt.

Stephen Hawking, einer der berühmtesten Physiker und Visionäre unserer Zeit, benannte als die drei seiner Meinung nach größten Risiken für die Menschheit: Asteroideneinschlag, Atomkrieg und Klimawandel. Den ersten müssen wir aktuell nicht fürchten, der zweite wäre grotesk, aber der Klimawandel könnte die Dinge tatsächlich völlig aus der Spur bringen. Das sage ich als Meteorologe nicht einfach so dahin. Wenn das Klima unseres Planeten in einen gänzlich anderen Zustand kippen sollte, greift nämlich Hawkings ergänzende Anmerkung zum Klimawandel: »Wenn wir so weitermachen, könnte die Menschheit in 100 Jahren in ihrer Existenz bedroht sein.«

Eine andere Entwicklung ist also nötig und vor allem möglich! Dafür müssen wir jetzt gemeinsam an einem Strang ziehen. Es gilt, zwei unserer größten gesellschaftspolitischen Errungenschaften zu erhalten und – mehr noch – auszubauen, nämlich Demokratie und Diplomatie. »Jeder gegen jeden« funktioniert nicht, und funktionierte auch noch nie und nirgends. Wir brauchen Solidarität. Global und lokal, wir alle untereinander! Auch Solidarität mit einer Politik, die erstmals vorsichtig versucht, Klima und Umwelt ernsthaft zu einem ihrer wesentlichen Bestandteile zu machen. Dafür ist es nämlich höchste Zeit, wie die jungen Menschen uns an so vielen Freitagen vor Augen geführt haben. Doch steht eine solche Politik auch unter Beschuss, vielfach wohl aus Angst um den erreichten Wohlstand. Ja, es geht uns viel besser als im Mittelalter, der Renaissance und zuzeiten der Industrialisierung. Die Nutzung fossiler Energieträger hatte daran einen erheblichen Anteil. Doch nun drohen uns die »erprobten« Konzepte in eine Sackgasse zu führen. Denn eine fortgesetzte, zunehmend schnellere Zerstörung der Umwelt kassiert genau diesen Wohlstand am Ende wieder ein. Also gerade um ihn zu behalten, brauchen wir jetzt eine Transformation, die nahezu all unsere Lebensbereiche berührt! Das 21. Jahrhundert muss ganz anders funktionieren als das letzte. Die gute Nachricht ist – und das kann man nicht oft genug wiederholen – wir haben je nach zugrunde gelegter Berechnung und gesetztem Ziel nun 10 bis 20 Jahre, um diese Transformation zu bewerkstelligen.

Aber das geschieht nicht durch Reden allein. Wir müssen handeln! Und wie motiviert man dazu ist, hat immer damit zu tun, wie man auf die Dinge schaut: Ist das Glas halb voll oder halb leer? Sehen wir nur eine sich langsam zuziehende Schlinge und lassen uns von der Angst, Altes zu verlieren, lähmen, oder sind wir als Gesellschaft fähig, die vielen Stellschrauben zu erkennen, durch die wir aus dem Schlamassel herauskommen können, in den wir uns hineinmanövriert haben? Viele dieser Stellschrauben haben Sie in diesem Buch gefunden, doch es gibt noch viele weitere. Bleiben Sie also interessiert! Sprechen Sie miteinander über die Zukunft! Gestalten Sie diese! Denken Sie die verschiedenen Möglichkeiten zu Ende! Alle gemeinsam können wir gute Antworten finden. Für uns selbst und unsere Kinder.

Danksagung

Ein Buch zu schreiben, bedeutet nicht nur allein im stillen Kämmerlein zu sitzen, zu recherchieren und vor sich hin zu formulieren, sondern es ist vor allem Teamarbeit. Für den ständigen Austausch mit vielen sehr geschätzten Menschen möchte ich mich deshalb herzlichst bedanken.

Allen voran bei Andreas Schlumberger, studierter Biologe und Gründer der Umweltkommunikationsagentur 214grad, für seine intensive Arbeit an den Abschnitten, in denen es um die großen Stellschrauben für eine klimafreundlichere Gesellschaft geht. Außerdem für die langen, inspirierenden Gespräche zu einer Vielzahl von Themenfeldern, die mit unserem Erdsystem zusammenhängen.

Ebenso gebührt ein großer Dank meiner guten Freundin Dr. Kira Vinke, die sich am PIK vor allem mit dem Thema Migration als Folge des Klimawandels beschäftigt, sowie ihrem Vater Hermann Vinke. Beide haben gemeinsam den Gastbeitrag »Klima, Krieg und Frieden« verfasst. Sehr gefreut hat mich, dass Dr. Eckart von Hirschhausen bei einem unserer Zusammentreffen ganz spontan vorschlug, einen Gastbeitrag über Klimawandel und Gesundheit für dieses Buch zu schreiben. Nochmals danke, Ecki!

Besonders wertvoll war für mich der reichliche Input von Stephanie Schleß, die mich mit ihrer Agentur Brainworx und ihrer Mitarbeiterin Nadine Biehl seit über 20 Jahren hervorragend beruflich unterstützt. Meinem langjährigen Freund Prof. Dr. Ludger Santen möchte ich für viele Denkansätze danken, die dieses Buch sehr bereichert haben. Beeindruckt hat mich zudem ein Vortrag von Prof. Dr. Hans Joachim Schellnhuber im Dezember 2019 in Potsdam, der den ersten Teil des Buches an einigen Stellen mit beeinflusst hat. Ebenso sei all jenen Wissenschaftlern gedankt, mit denen ich bei der Arbeit an diesem Buch wegen diverser Einzelfragen im Austausch stand.

Bedanken möchte ich mich auch bei Rüdiger Grünhagen und Philipp Müller vom Westend Verlag in Frankfurt am Main, sowohl für das Lektorat als auch für das Fingerspitzengefühl im Umgang mit einem eigenwilligen Autor!

Last, but not least geht ein ganz großer Dank an meine Frau, an viele Freunde und Kollegen sowie an meine Schwester, die immer wieder bereit waren, mit mir über den Klimawandel und Ansätze für Problemlösungen zu sprechen und dadurch manche meiner Ausführungen durchaus kritisch begleitet haben. Bei dieser Gelegenheit möchte ich auch den vielen Zuhörern meiner Vorträge und den Zuschauern meiner Wettersendungen für ihre zahlreichen Anmerkungen, aber auch Fragen danken. Sie haben dadurch an der Entstehung dieses Buches fleißig mitgewirkt. Und wie immer danke ich meinen lieben Eltern dafür, dass es mich gibt!

Sachregister

Abgase 48, 237 f., 307
Aerosole 84, 91, 109 ff., 117, 138 ff.
Agrarfläche 59, 111, 204
Allerödzeit 102
Antarktis 99 f., 111–125, 148, 154–159, 165–168, 192
Arktis 55 f., 99 f., 106, 111, 125, 148, 154–161, 165–168, 192, 201 f.
Artensterben 98, 148, 187, 216
Atmosphäre 20–27, 31, 34, 45–51, 63, 65, 79, 81, 84, 88–99, 102 ff., 107–111, 115–121, 124–129, 133, 136–147, 152, 157, 162–168, 171, 181–184, 197, 202, 205, 209, 220 f., 225 f., 232, 236, 240, 244 ff., 280 f., 286, 296 f.
Attributionsforschung 85
Auto 59–63, 69 ff., 74 f., 97, 172 f., 192, 229, 234, 238, 240, 265, 270–276, 281–285, 307

Bevölkerung 17, 19, 24, 32, 36–40, 105 f., 175, 200, 214, 223, 226, 246, 260, 279, 283
Bevölkerungszuwachs 32, 35, 39 f., 200, 214
Biolandbau 248, 297, 300

Biosphäre 51, 81, 84, 98, 124
Börse 54, 150
Braunkohle 46, 58, 245, 251 f., 256, 260
Brennendes Eis 117, 146 f.

Chemie 65, 73, 84, 97, 125, 139 f., 143, 146, 163, 166
CO_2 24, 27, 32 ff., 38, 41, 47, 58, 65–68, 75, 89 ff., 95 f., 109, 114–117, 125 f., 135, 141–149, 168, 174, 178, 181 ff., 200, 220, 226–229, 232, 236–240, 244–258, 261–268, 270–288, 292, 295 f., 299–303
CO_2-Emission 17, 32 ff., 38, 45, 53, 57 f., 67 ff., 90 f., 200, 216, 222, 225, 244 f., 251, 258, 261 ff., 268, 271, 276, 278 f., 282, 284, 295
CO_2-Emittenten 41, 58, 217, 228
CO_2-Steuer 67 ff., 272, 284, 286
Coronavirus 7–10, 14–19, 40, 45, 67, 69, 74, 193, 198, 223, 272, 281, 285, 304 f., 310

Demokratie 16, 43, 52 f., 59, 63, 75, 173, 190, 225, 246, 303, 308, 311
Demonstration 62, 308

314 Zieht euch warm an, es wird heiß!

Dürre 19 ff., 28, 49, 80 ff., 106 f., 111 ff., 129, 135, 153 f., 187, 192, 195, 201–206, 210–214, 223, 298

Eis 49, 55, 81, 84, 95–102, 105 f., 116 f., 124 ff., 131 ff., 145–161
Eisflächen 149 ff., 159 f., 192
Eiszeit 48 f., 93, 96, 99–103, 108 ff., 132 ff., 148, 160, 185
Ekliptikschiefe 101
Emissionshandel 31, 53, 65–67, 223, 279
E-Mobilität 275, 285, 307
Energiebedarf 32, 71, 121, 261 ff., 292, 296
Energiebilanz 104
Energieversorgung 122, 268
Energiewende 29, 71 f., 251–254, 258 ff.
Entwicklungspolitik 35, 39
Erdsystem 23, 78, 81, 84 ff., 91, 110 f., 124, 140, 171, 180, 200
Erdumlaufbahn 88, 101 f., 117, 121, 183, 191
Ernährung 40, 240, 259–299, 307
erneuerbare Energien 18, 35, 56, 176, 229, 234, 251–254, 257–260, 265, 275, 285–294
Extremwetter 21 ff., 47, 85, 201, 207, 210

Fahrrad 70, 186, 281 f., 285, 308
Fauna 18, 49, 211, 220, 226, 229
FCKW 89 ff., 163–168, 181 f., 308
Fleischkonsum 60, 232, 240, 297 ff.

Flora 18, 49, 211, 220
Flugverkehr 66, 238, 245, 261, 270, 276–279, 286, 292
Flugzeug 21,39, 45, 69, 153, 270, 278 ff., 304
Flut 19, 154, 163, 203, 215
Forstwirtschaft 203, 230 f.
Fridays for Future 73 ff.
FSC 230 f.

Gesundheit 16 ff., 41, 205, 303–312
Gleichberechtigung 27, 38
Gletscher 49, 102, 105, 111, 134, 148, 151 f., 156–161, 201–204
Global Dimming 111
Golfstrom 102 f., 128, 131 ff.
Green Deal 18, 45 f., 269
Grönland 102–107, 131–135, 148, 151 f., 155, 158, 161
Grundwasser 24, 128, 299

Heizen 17, 71, 92, 226, 244 f., 251, 268, 288–292
Hitzerekord 19, 32, 111, 192, 236, 245
Hitzewelle 49, 85, 186, 201–205, 236
Hochwasser 28, 82, 154, 205
Holozän 100–104
Hydrosphäre 81, 124, 136

Immobilien 71, 287
Industrialisierung 58, 145, 311
Industrie 204, 210, 217, 221, 228, 230–234, 239, 246 ff., 252 f., 269–279, 285, 292–300
Industrielle Revolution 41, 115

Sachregister 315

Internet 75, 172, 176, 188 f.,
201, 255, 261–263, 267 ff.,
283, 290

Kaltzeit 100 ff.
Klimadebatte 91, 126, 141, 258
Klimaforscher 21, 42, 178 f.,
215, 304 ff.
Klimaforschung 21–26, 31, 49,
60, 104, 110, 171–178, 197,
201 ff., 212
Klimageschichte 93, 100, 104,
117 ff., 148, 160, 179, 183–
187
Klimakonferenz 17, 20, 33, 35,
41, 54 ff., 72 ff., 249
Klimamodell 84 ff., 136 ff., 174,
200, 208
Klimaprojektionen 15, 85, 114,
178, 200
Klimarahmenkonvention 41
Klimaschwankungen 90, 93,
98, 103 f., 107, 117, 178, 187,
208
Klimaskepsis 26, 31, 171, 175–
179, 182, 227
Klimawissenschaft 27, 172 ff.,
196
Klimaziel 46 f., 235, 259, 270,
281, 293, 299
Kohle 20, 141, 147, 228, 245,
251 f., 260, 275
Kohlendioxid 24, 46 f., 73, 89,
94–97, 114, 125 f., 140–147,
183
Kohlenstoff 84, 92, 119, 138–
144, 216, 221, 225 ff., 236–
246, 249 f., 279
Kohlenstoffkreislauf 84, 119,
143, 221, 225 ff.

Kohlenstoffquellen 144, 183,
221, 226, 239, 270, 287
Kohlenstoffsenken 183, 221,
225 f., 236–242, 249
Konsum 222, 246, 254, 263,
268, 299, 310
Kryosphäre 81, 124, 148, 152

Lachgas 41, 66, 89, 114 ff., 182,
233, 244, 295 f., 300
Landeis 148–151, 154, 158,
161 f.
Landwirtschaft 204, 213, 221,
226 ff., 237, 240, 248 f., 295–
301, 305
Lkw 71, 271 f., 285, 307

Meere 87, 129, 132, 149, 151–
156, 161, 165, 221, 236–242,
276
Meereis 149 ff., 158–161
Meeresspiegel 42, 49, 100,
154 f., 161 ff., 185 ff., 192,
201 f., 215, 303
Meteorologie 78, 83 ff., 111,
149, 154, 167, 171, 176 ff.,
188, 210, 310
Methan 41, 89 ff., 95, 98, 114–
117, 125, 145–148, 182, 204,
239, 244, 251 f., 278, 295 f.,
299
Moore 221, 225, 244–250, 295

Nachhaltigkeit 32, 55, 60, 234,
280
Neoproterozoikum 96 ff.
Niederschlag 21, 78 f., 84, 97,
102, 113, 128 ff., 133, 139,
159, 161, 174, 187, 200–207,
227

Niederschlagsmenge 130, 154,
160 f., 205 f.

Obliquität 101
Ökosysteme 18, 210 ff., 227,
233, 237 f.
Öl 68, 133, 141, 174, 245, 270,
287 f., 293
Ordnungsrecht 260, 301
Ostantarktis 106, 155, 157 f.,
161
Ozon 88 f., 95, 163–168
Ozonloch 24, 30, 90, 109, 155,
164–168, 181, 192, 308
Ozonschicht 109, 164–168, 296

Pandemie 16, 305
Papierverbrauch 230, 235
Pariser Abkommen 32, 234
Physik 23–27, 30, 36, 43, 50, 67,
74, 90, 100, 104, 123, 126,
133 f., 142, 171 f., 175, 178,
193, 201, 210, 236–240, 285,
295, 310
Pkw 119, 249, 271 ff., 282
Plastik 60, 91, 238–243
Plattentektonik 96 ff., 144
Polarkreis 19, 56, 100
Prognosen 23 f., 39, 51, 83 ff.,
167, 200, 208 f.
Projektion 15, 85, 114, 162, 178,
200, 270

Rebound-Effekt 223, 253, 263 f.
Regen 14, 19, 21, 24, 49, 79–84,
93, 101–105, 111 ff., 127 f.,
135–140, 195, 203 ff., 212 ff.,
225–234, 237, 269, 277, 298
Regenwald 58 ff., 187, 225–234,
246, 298 ff.

Reisen 17, 59 ff., 72, 87, 154,
176, 240, 279 ff., 286, 308
Ressourcenschutz 39, 264

Schiffe 45, 106, 149, 151, 270,
277
Schifffahrt 238 f., 270, 276 ff.,
284
Sedimente 96, 142 f., 147
Shutdown 17 f., 62
Solarenergie 122, 256 f., 260,
275, 292
Sonne 47, 78 ff., 87 ff., 94 f., 101,
109 ff., 119–123, 135–138,
152, 164 ff., 178 ff., 184, 305
Sonnenflecken 88, 109, 123,
179, 184
Sonnenintensität 109 f., 117,
122, 141, 179, 184
Sonnenstrahlung 87 ff., 95 f.,
109, 119, 135, 139 f., 166
Starkregen 21, 49, 82, 111, 205,
214
Strom 66 ff., 75, 121 f., 251–277,
285–294, 308
Stromverbrauch 68, 75, 252–
261, 264, 267 f., 291
Stürme 19 f., 84, 97, 150, 159,
187, 200, 204 f., 207–210,
215
SUV 59 ff., 271 f., 285, 297

Technik 35, 57, 221, 287, 289
Temperaturanstieg 20, 73, 110,
114 ff., 135, 147, 151 f., 156 f.,
160, 179 f., 183, 186, 200 ff.,
207 ff., 220
Tempolimit 70 f., 273, 285
Treibhauseffekt, natürlicher 89–
95, 125 f.

Treibhauseffekt, anthropogener
21, 91, 97, 111, 116 f., 123–
126, 141, 176, 182, 201, 209,
225
Treibhausgas 32,38, 45 ff., 66,
86, 89 ff., 100, 104, 110 f.,
114–118, 126, 138–141, 144,
147 f., 168, 172 ff., 182 f., 201,
220, 226 f., 239, 245–248,
251, 278 f., 295 ff.
Treibhausgasemissionen 21, 28,
32, 45, 67, 100, 111, 117, 123,
163, 172 ff., 200 f., 225, 229,
240, 261 ff., 268, 273, 280,
295, 298

Überschwemmung 19, 49, 82,
105, 108, 111 f., 136, 192,
204 f., 210, 214
Umweltfreundlichkeit 35, 53,
60, 69, 76
Umweltschädlichkeit 72
Unwettermanagement 83
Urknall 89, 94

Veganismus 61, 299
Verkehrswende 70, 270, 276,
281 ff.
Vulkane 14, 94–99, 103, 109 f.,
117, 138 f., 144, 148, 183

Wachstum 26, 30 ff., 39 f., 54,
65, 144, 159, 200, 205, 214,
225, 233, 264, 279, 282
Waldbrände 19, 82, 112, 192,
205, 227
Wälder 20, 23, 108, 112 f.,
116 ff., 187, 192, 204 f., 221,
225–235, 238 ff., 246, 295–
300, 307

Warmzeit 93, 100 ff., 106 f., 148
Warnsysteme 28, 148
Wasser 19, 24, 28, 38, 47 ff., 72,
81, 88 f., 94 ff., 99–103, 107,
112 f., 116, 119, 124–146,
150–166, 176, 181 f., 202–
209, 215, 225 ff., 236–239,
242, 254 ff., 269 f., 274, 277,
287, 291 f., 299, 304 f.
Wasserflächen 28, 103
Weichsel-Kaltzeit 100
Weltklimakonferenz 20, 35
Westantarktis 155, 157 f., 161
Wetteraufzeichnungen 111 ff.
Wetterstation 19, 113, 157, 186
Wettervorhersage 83, 178
Wolkenbildung 90, 126, 136,
184 f.
Würm-Kaltzeit 100, 102 f.

Zeitskala 15, 50, 125, 148, 152,
185
Zentralpazifik 215